Tilo Pfeifer (Hrsg.) · Koordinatenmeßtechnik für die Qualitätssicherung

Tilo Pfeifer (Hrsg.) · Koordinatenmeßtechnik für die Qualitätssicherung

Koordinatenmeßtechnik für die Qualitätssicherung

Grundlagen – Technologien –
Anwendungen – Erfahrungen

Herausgeber:

Prof. Dr.-Ing. Dr. h.c. Tilo Pfeifer

Autoren:

Dipl.-Ing. W. Beuck, Aachen

Dipl.-Ing. R. Brinkmann, Stuttgart

Dipl.-Ing. T. Eßwein, Oberkochen

Dr.-Ing. A. vom Hemdt, Aachen

Dipl.-Ing. H.-J. Hesper, Düsseldorf

Dr.-Ing. H.-J. Krumholz, Krefeld

Dipl.-Ing. H.-J. Neumann, Oberkochen

Prof. Dr.-Ing. Dr. h.c. T. Pfeifer, Aachen

Dipl.-Ing. R. Rausch, Stuttgart

Dipl.-Ing. T. Roth, Wetzlar

Dipl.-Ing. R. Seitz, Stuttgart

Prof. Dr.-Ing. H.-R. Wollersheim, Gummersbach

SPRINGER-VERLAG BERLIN HEIDELBERG GMBH

Die Deutsche Bibliothek – CIP-Einheitsaufnahme

Koordinatenmesstechnik für die Qualitätssicherung:
Grundlagen – Technologien – Anwendungen – Erfahrungen /
Hrsg.: T. Pfeifer. Autoren: W. Beuck ... – Düsseldorf: VDI-
Verl., 1992
    ISBN 978-3-540-62415-8   ISBN 978-3-662-01070-9 (eBook)
    DOI 10.1007/978-3-662-01070-9
NE: Pfeifer, Tilo [Hrsg.]; Beuck, W.

ISBN 978-3-540-62415-8

Vorwort des Herausgebers

Mit Koordinatenmeßgeräten lassen sich unterschiedlichste Prüfaufgaben an Werkstücken mit höchster Genauigkeit ausführen und die Ergebnisse transparent dokumentieren. In den letzten Jahren wurden bedeutende Fortschritte bei der Entwicklung neuer Hard- und Softwarekonzepte gemacht, die zum Ziel haben, möglichst alle denkbaren Meßaufgaben abzudecken und die Prüfung schnell, wirtschaftlich und in der Handhabung einfach zu gestalten.

Das Buch vermittelt umfassende Kenntnisse dieser komplexen Materie, die Voraussetzung für die erfolgreiche Anwendung der Koordinatenmeßtechnik sind: Prüfplanung, Prüfprogrammierung, technische Grundlagen von Meßgerät und Rechner sowie die richtige Interpretation der Prüfergebnisse. Daneben wird auf Fragen der Einbindung von Koordinatenmeßgeräten in ein Qualitätssicherungssystem und in Flexible Fertigungssysteme eingegangen.

Praktische Erfahrungen aus Einführung und Einsatz von Koordinatenmeßgeräten ergänzen das Buch. Der Leser wird damit in die Lage versetzt, sich einen umfassenden Überblick über das noch junge Gebiet der Koordinatenmeßtechnik zu verschaffen, Koordinatenmeßgeräte richtig auszuwählen und mit Erfolg einzusetzen.

Das vorliegende Werk dokumentiert den Großteil der Vorträge des Seminars „Koordinatenmeßtechnik", das vom VDI-Bildungswerk über mehrere Jahre hinweg erfolgreich zusammen mit dem Laboratorium für Werkzeugmaschinen und Betriebslehre (WZL) der RWTH Aachen durchgeführt wurde.

Ich möchte an dieser Stelle allen Autoren für ihren engagierten Einsatz danken, ohne den dieses Werk nicht entstanden wäre. Dies gilt insbesondere für Herrn Dipl.-Ing. W. Beuck, der für die Gestaltung des Buches und die Ausarbeitung der druckfertigen Vorlage verantwortlich zeichnet.

Aachen, im Februar 1992 T. Pfeifer

Inhaltsverzeichnis

10 Das Koordinatenmeßgerät im Qualitätsregelkreis   **241**

1 Einführung in die Koordinatenmeßtechnik

Prof. Dr.-Ing. Dr. h.c. T. Pfeifer, Aachen

1.1 Einleitung

Messen und Prüfen sind Tätigkeiten im industriellen Produktionsprozeß, denen eine zunehmende Bedeutung zukommt. Der Trend zu höheren Anforderungen an das Produkt führt u.a. auch zu höheren Anforderungen an die Qualität der Einzelteile und ihrer Herstellung.

Mit der Entwicklung von Koordinatenmeßgeräten wurde die Möglichkeit geschaffen, den Meßvorgang für die am häufigsten auftretenden Längenmeßaufgaben zu beschleunigen und dabei die subjektiven Einflüsse auf die Meßergebnisse zu verringern.

Die Einführung der Koordinatenmeßtechnik, insbesondere der CNC-Koordinatenmeßgeräte, kann im Bereich der Fertigungsmeßtechnik als ebenso bedeutend angesehen werden, wie seinerzeit die Einführung der NC-Technik in die Fertigung. Beiden Technologien ist gemeinsam, daß die Geometrie des Werkstücks durch charakteristische Punkte beschrieben wird, die auf ein definiertes Koordinatensystem bezogen sind. Diese Sollpunkte bilden die Grundlage des zu programmierenden Bearbeitungsprogramms für die Werkzeugmaschine einerseits und das Meßprogramm zur Überprüfung des Werkstücks auf Maß-, Form- und Lageabweichungen andererseits.

Charakteristisch für die Koordinatenmeßtechnik ist also, daß die Geometrie des Werkstücks durch Punkte in einem räumlichen Koordinatensystem bestimmt wird (Bild 1.1).

Das Referenzkoordinatensystem, in dem jeder beliebige Punkt im Raum durch seine Koordinaten eindeutig festgelegt wird, ist durch drei rechtwinklig zueinander angeordnete Verfahrachsen realisiert. An jeder Verfahrachse ist ein lineares Meßsystem angebracht, das die jeweilige Koordinate verkörpert. Zusätzlich kann noch ein motorisch steuerbarer Rundtisch mit einem Winkelmeßsystem montiert werden, wodurch sich die Achsenzahl auf vier erhöht. Mit Hilfe der Verfahrachsen wird eine Relativbewegung zwischen Tastsystem und Antastpunkt am Werkstück durchgeführt. Die Antastung selbst

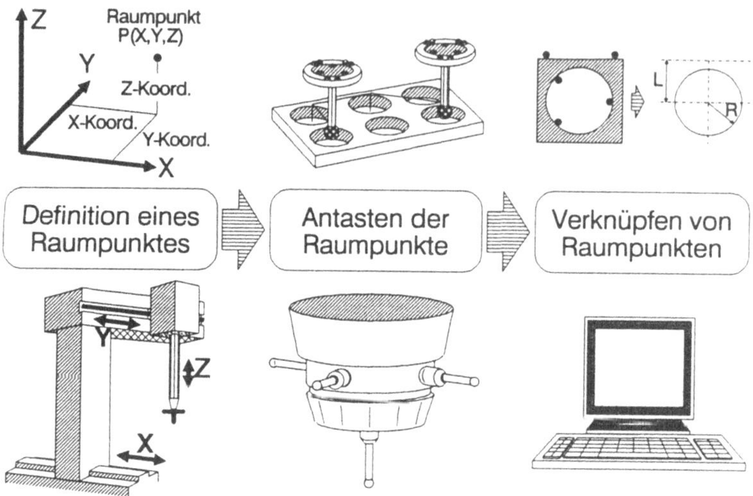

Bild 1.1: Prinzip der 3-D-Meßtechnik

wird dann je nach Lage des Meßpunktes durch unterschiedliche Tasterformen durchgeführt, deren Geometrie in einem vorangegangenen Einmeßvorgang ermittelt wurde. Die Verknüpfung der erfaßten Meßwerte zu geometrischen Kenngrößen und deren Protokollierung erfolgt durch den angekoppelten Rechner mit entsprechenden Peripheriegeräten.

1.2 Systemkomponenten eines Koordinatenmeßgerätes

Ein Koordinatenmeßgerät besteht im wesentlichen aus folgenden Komponenten (Bild 1.2):

- Grundgestell mit den Maßverkörperungen (Maschinenkoordinatensystem)

- Tastsystem zur Erfassung der Meßpunkte

- Rechner mit problemorientierter Software zur Steuerung und zur Erzeugung der Meßprotokolle

Die Komponenten sind je nach Bauart des Meßgerätes, Automatisierungsgrad des Meßablaufs und der Meßdatenverarbeitung unterschiedlich ausgeprägt.

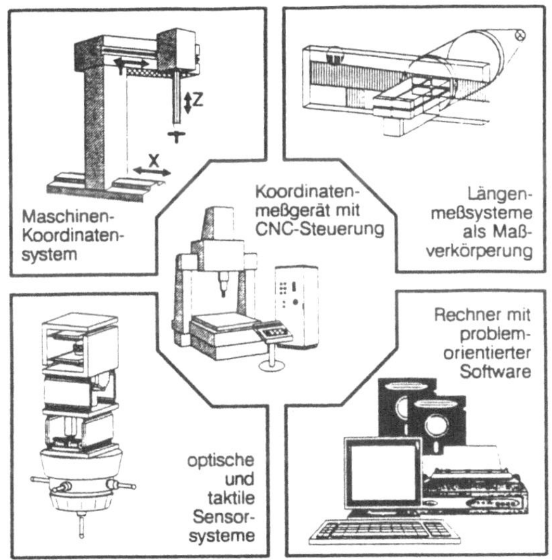

Bild 1.2: Systemkomponenten eines Koordinatenmeßgerätes

1.3   Bauarten von Koordinatenmeßgeräten

Für den Anwender ergeben sich in Abhängigkeit von seinem Prüfspektrum unterschiedliche Anforderungen an die Meßlänge in den einzelnen Achsen sowie an die Zugänglichkeit des Meßraumes des Meßgerätes. Aufgrund dessen ist die heute angebotene Palette der technischen Ausführungsformen der Koordinatenmeßgeräte sehr vielfältig, insbesondere in Bezug auf die Anordnung der Verfahrachsen, denn dies beeinflußt die Meßunsicherheit und Zugänglichkeit des Gerätes in besonderem Maße und legt den jeweiligen Einsatzbereich in gewissen Grenzen fest. Vier verschiedene Bauartausführungen haben sich im wesentlichen durchgesetzt [1] (Bild 1.3).

Auslegerbauart (A): Bei Koordinatenmeßgeräten dieser Bauart ist ein Maximum an Zugänglichkeit realisiert. Allerdings muß – je nach geforderter Meßunsicherheit – die unterschiedliche Durchbiegung des Auslegers über dem Meßbereich kompensiert werden, was sich besonders beim

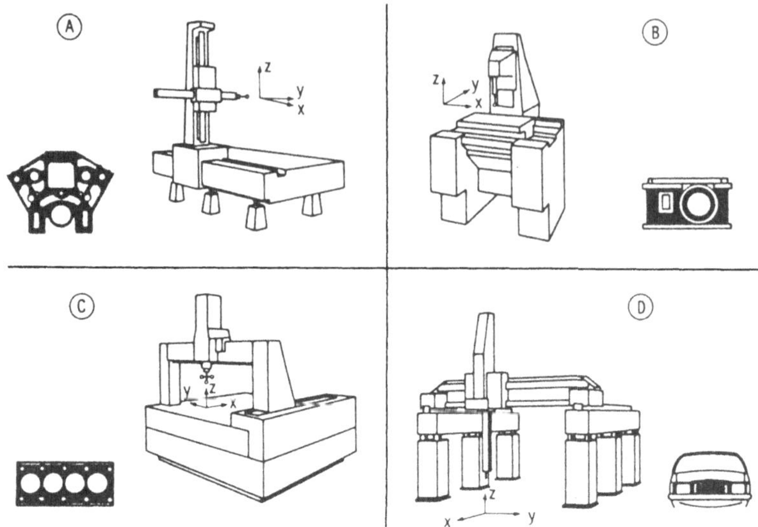

Bild 1.3: Darstellung typischer Koordinatenmeßgeräte unterschiedlicher Bauart

Einsatz mehrerer Tastköpfe unterschiedlichen Gewichtes recht schwierig gestaltet.

Ständerbauart (B): Diese Bauart läßt im allgemeinen nur die Prüfung kleinerer Meßvolumina zu. Die dabei zu erzielende Meßunsicherheit ist im Vergleich zu den anderen Bauarten sehr gering.

Portalbauart (C): Meßgeräte in Portalbauart stellen die inzwischen am häufigsten anzutreffende Bauart dar. Sie ist geeignet, Meßprobleme an mittleren bis großen Teilen zu lösen, da sie in der Regel über eine massiv ausgeführte Werkstückaufnahme verfügt. Als Ausführungsformen sind zwei Arten anzutreffen:

- Im einen Fall fährt das Portal und es steht der werkstücktragende Tisch.

- Bei der anderen Art wird der Tisch mitsamt dem Werkstück bewegt und das Portal steht.

Brückenbauweise (D): Dies ist die größte aller Bauformen. Je nach Größe und Meßunsicherheit wird sie für genaue Großteile, aber auch im

Karosserie- und Formenbereich eingesetzt (z.B. bei Windkanalmodellen). Sie ist i.a. nicht für Präzisionsmessungen ausgelegt.

Je nach Anforderung kommen auch noch Mischformen dieser Grundtypen hinzu.

1.4 Automatisierungsstufen von Koordinatenmeßgeräten

Entsprechend dem derzeitigen Stand der Technik lassen sich hinsichtlich der hard- und softwaremäßigen Ausstattung der Koordinatenmeßgeräte fünf Automatisierungsstufen unterscheiden [2]. Bild 1.4 verdeutlicht dies in Form einer Matrix, in der die Beurteilungskriterien über den Automatisierungsstufen aufgetragen sind.

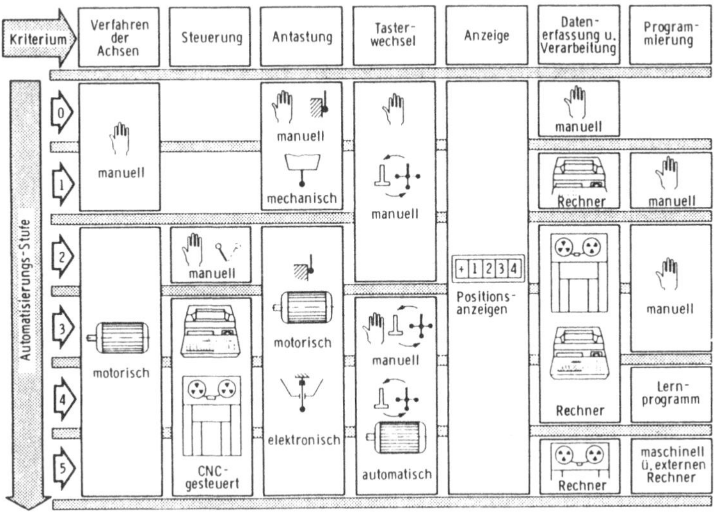

Bild 1.4: Automatisierungsstufen in der Koordinatenmeßtechnik

Aus den zu automatisierenden Kriterien, die vom Verfahren der Achsen über die Antastung des Prüflings bis hin zur Datenauswertung und Programmierung des Meßablaufes reichen, lassen sich drei Schwerpunkte ableiten:

• Verfahren der Achsen einschließlich Objektantastung

- Datenerfassung und Auswertung

- Programmierung und Steuerung des Meßablaufs

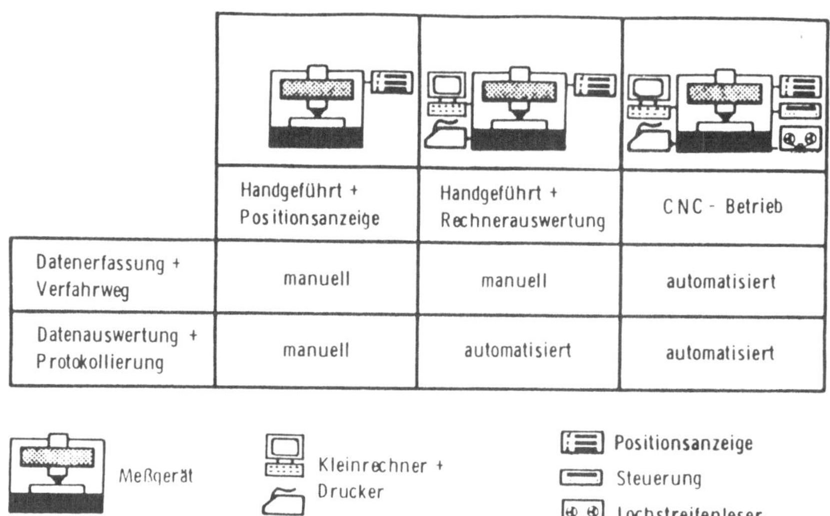

Bild 1.5: Automatisierungsstufen von Koordinatenmeßgeräten

Diesen Schwerpunkten können im wesentlichen drei Varianten unterschiedlich automatisierter Koordinatenmeßgeräte zugeordnet werden, die heute am
Markt anzutreffen sind und zunehmend Eingang in die industrielle Praxis
finden. Die Varianten lassen sich, wie in Bild 1.5 dargestellt ist, in

- handgeführtes Koordinatenmeßgerät mit Positionsanzeige der einzelnen
  Achsen,

- handgeführtes Koordinatenmeßgerät mit rechnerunterstützter Meßdatenauswertung und -protokollierung sowie

- CNC-Koordinatenmeßgerät

untergliedern. Der Trend geht heute mehr und mehr zum CNC-geführten
Meßgerät mit der Option zum vollautomatischen Betrieb.

1.5 Wirtschaftlichkeit

Der Vorteil beim Einsatz von Koordinatenmeßgeräten im Vergleich zu konventionellen Meß- und Prüftechniken ist darin zu sehen, daß eine Vielzahl unterschiedlicher Meßaufgaben in einer, maximal 2 Aufspannungen teil- oder vollautomatisch abgewickelt werden kann (Bild 1.6).

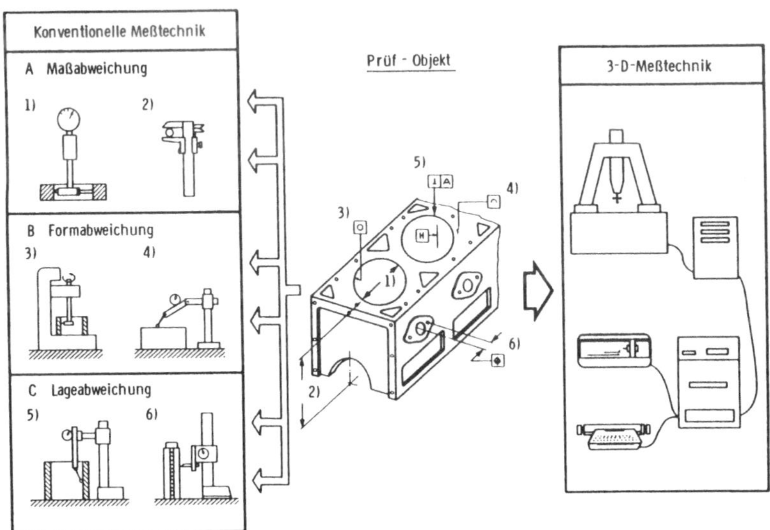

Bild 1.6: 3-D-Meßtechnik im Vergleich zur konventionellen Meßtechnik

Bei der konventionellen Fertigungsprüfung gibt es fast für jede Meßaufgabe ein bestimmtes spezifisches oder aber sogar mehrere alternative Meßgeräte. Es bleibt meist dem Prüfer überlassen, welches Meßmittel und Meßverfahren eingesetzt wird. Dies erfordert umfangreiche Erfahrung des jeweiligen Prüfers und ergibt in jedem Fall subjektiv beeinflußte Meßergebnisse. Die konventionellen Prüfmittel verursachen häufig hohe Nebenzeiten an der Prüfzeit, da in der Regel der Meßablauf nicht automatisiert ist und oft nach der eigentlichen Messung Rechenvorgänge durchzuführen sind, die bei nichtverkörperten Maßbestimmungen sehr schnell umfangreich werden können.

Diesen Nachteilen der konventionellen Meß- und Prüftechnik steht auf dem Gebiet der universellen Koordinatenmeßgeräte der Nachteil der hohen Anschaffungs- bzw. Betriebsstundenkosten gegenüber. Ein wirtschaftlicher Einsatz von Koordinatenmeßgeräten kann also nur dann sichergestellt werden, wenn erhebliche Meßzeiteinsparungen zu erzielen sind und eine gute Auslastung des Gerätes erreicht werden kann.

Erfahrungswerte aus der industriellen Praxis zeigen, daß bereits mit handgeführten Koordinatenmeßgeräten durchschnittlich ca. 60% Meßzeiteinsparung zu erzielen sind. Bei einem vollautomatischen Ablauf im CNC-Betrieb (Repetierbetrieb) kann die verbleibende Meßzeit nochmals beträchtlich reduziert werden. Darüber hinaus ist die Fehlerrate aufgrund von Bedienereingaben geringer. Als besonderer Vorteil der CNC-Geräte ist auch die Reproduzierbarkeit und Objektivität der Meßergebnisse herauszustellen [3, 4].

Zwei Beispiele unterstreichen diese Aussage. Im ersten Fall (Bild 1.7) handelt es sich um mechanische Teile für die Computerherstellung, die bisher mit konventionellen Meßmitteln wie Meßschieber, Mikrometerschraube, Profilprojektor, Meßmikroskop etc. geprüft wurden.

Das Beispiel in Bild 1.8 bezieht sich auf ein mittelgroßes Teil aus der mechanischen Fertigung (Einzel- bzw. Kleinserienfertigung). Zu prüfen sind 376 Merkmale. Das Spektrum reicht von einfachen Größen wie Distanzen, Winkeln, Schnittpunkten über Kreis-, Ebenen-, oder Zylinderbestimmungen [5, 6, 7] etc. bis hin zu Form- und Lageprüfungen nach DIN 7184 [8].

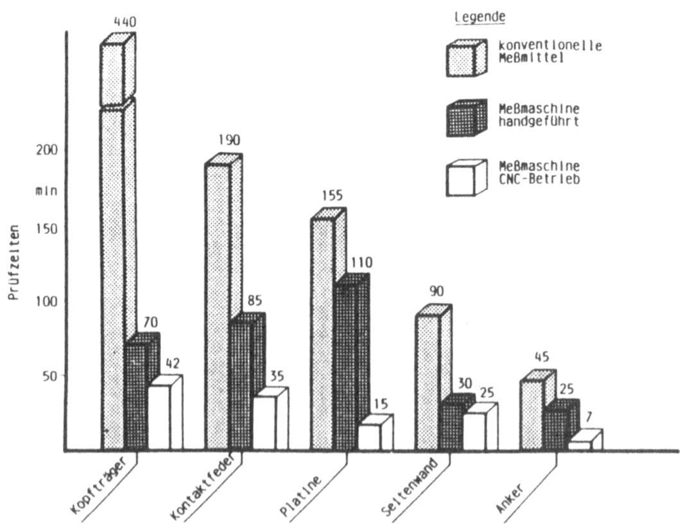

Bild 1.7: Meßzeiten verschiedener Prüfverfahren
        für Bauteile der Computerbranche

Meßzeiten decken allerdings nur einen für die Wirtschaftlichkeitsbetrachtungen wesentlichen Aspekt ab. Wichtige weitere Kriterien sind z.B. Prüfplatzkosten und Nutzungsdauer. Natürlich sind auch diese Kennwerte stark vom jeweiligen Anwendungsfall abhängig und nur schwer auf ein allgemeingültiges Schema für eine Wirtschaftlichkeitsrechnung übertragbar. Aus diesem Grund sollen auch hier wieder die wesentlichen Aspekte und Aussagen anhand eines konkreten Beispiels verdeutlicht werden.

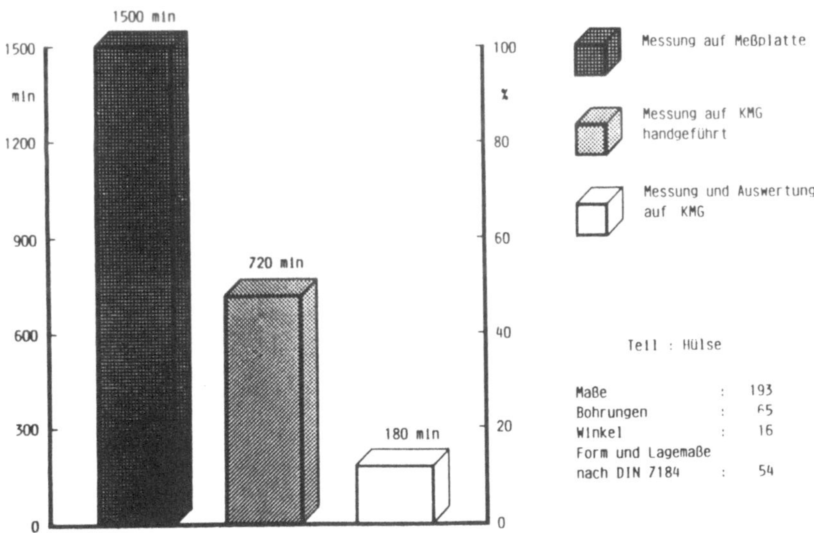

Bild 1.8: Meßzeitvergleich:
           Koordinatenmeßtechnik / konventionelle Prüftechnik

Dem in Tabelle 1.1 dargestellten Vergleich der Meßkosten für die konventionelle und auf Koordinatenmeßgeräten abgewickelte Prüfung liegt wiederum das prismatische Werkstück (Bild 1.8) mit 376 Prüfmerkmalen zugrunde. Die Zahlen machen deutlich, daß bei einer gleichbleibenden Auslastung des Meßgerätes sowie vorliegenden Meßprogrammen eine Amortisation der Anlage bereits in wenigen Jahren möglich ist.

Handelt es sich bei dem zu prüfenden Teilespektrum in starkem Maße um Erstmusterprüfungen oder sind sogar überwiegend nur Einzelteile zu messen, so wird die Wirtschaftlichkeit des Verfahrens wesentlich durch die Zeit- und Kostenanteile für die Meßvorbereitung beeinflußt. Für die Durchführung von Messungen insbesondere auf CNC-Koordinatenmeßgeräten ist die Erstellung eines Meßablaufes sowie eines teilespezifischen Meßprogramms erforderlich.

Tabelle 1.1: Meßkostenvergleich:
Koordinatenmeßtechnik / konventionelle Prüftechnik

Kostenstellen / -arten			Meßplatte mit Prüf- mitteln	KMG mit Rechner
Wert der Prüfeinricht.	(1)		80000.-	640000.-
Abschreibungsjahre	(2)		8.0	8.0
jährl. Abschreibung	(3)	(1)/(2)	10000.-	80000.-
jährl. Zinsen	(4)	(p/2)*(1)	4000.-	32000.-
jährl. Instandhaltung	(5)	5%*(1)	4000.-	32000.-
jährl. Raumkosten in DM/m^2	(6)	$F * K_r$	6500.-	3250.-
jährl. Prüfplatzkosten	(7)	$\sum$(3)...(6)	24500.-	147250.-
jährl. Nutzungsgrad in h	(8)		3200.0	3200.0
Prüfplatzkosten in DM/h	(9)	(7)/(8)	7.6	46.0
Lohnkostensatz in DM/h	(10)		60.0	60.0
Kapazitätskosten in DM/h	(11)	(9)+(10)	67.6	106.0
Meßzeit / Werkst. in DM/h	(12)		25.0	3.0
Meßkosten / Werkst. DM	(13)	(11)*(12)	1691.5	318.1

Der Meßablaufplan enthält die Angaben über die logische Folge aller Meß-
schritte sowie die dazugehörigen Auswertefunktionen. Das Meßprogramm
stellt die Umsetzung des Meßablaufplanes in einen entsprechenden Datensatz für die Steuerung des Meßgerätes sowie die Auswertung der gemessenen
Größen dar. Die Erstellung des Meßprogramms kann nach drei Methoden
erfolgen: Manuelle Programmierung, Lernprogrammierung unter Einbeziehung des Meßgerätes selbst und Offline-Programmierung mittels spezieller,
problemorientierter Programmiersprache.

Ein Beispiel aus der Automobilindustrie verdeutlicht exemplarisch die Zeit-
anteile, die für die Meßablaufplanung sowie die Programmerstellung – in diesem Fall mittels Lernprogrammierung – zu berücksichtigen sind (Tabelle 1.2).
Den dargestellten Werten liegt ein Aluminium-Scheibenrad (Felge für einen
Autoreifen) zugrunde. An dem Teil waren etwa zu prüfen:

80	Längenmaße
150	Winkel
170	Radien
20	Durchmesser
4	Form- und Lagemaße (DIN 7184)

Tabelle 1.2: Zeitaufwand für die Vorbereitung und Durchführung von
Messungen auf Koordinatenmeßgeräten (nach H. Kirstein)

Tätigkeit		CNC-Koordinaten-meßgerät	konventionelles Koordinaten-meßgerät
1.1	Meßablaufplan	80 h	8 h
1.2	Programmerstellung	80 h	—
	Vorbereitungszeit $\sum 1.1 + 1.2$ (Stückzahl unabhängig)	160 h	8 h
2.	Meßdurchführung auf KMG	8 h	40 h
3.	Meßauswertung von KMG	1 h	16 h
4.	Ergänzungsmessungen	8 h	(in 2.)
5.	Berichterstattung	8 h	8 h
	Durchführungszeit $\sum 2. + \ldots + 5.$ (Stückzahl abhängig)	25 h / Teil	64 h / Teil

1.6 Auswahlkriterien

Die Entscheidung, ob und in welcher Konfiguration der Einsatz der Drei-Koordinatenmeßtechnik eine Optimierung seiner Prüfaufgaben ermöglicht, ist für den Anwender im allgemeinen nicht ohne weiteres eindeutig. Man kann jedoch einige generelle Auswahlkriterien angeben, an denen sich der Anwender in einer ersten Phase orientieren kann (Bild 1.9).

Der Einsatz des Koordinatenmeßgerätes ist im Bereich der Großserienfertigung nur dann sinnvoll, wenn es sich um Stichprobenprüfungen mit geringer Prüfschärfe bei gleichzeitig großer Komplexität der Meßaufgaben handelt; in der Regel sind Sonderprüfgeräte (z.B. Vielstellenmeßgeräte), die speziell auf das zu prüfende Teil abgestimmt und ggfs. in das Fertigungsverfahren integriert sind, wirtschaftlicher. Darüber hinaus kann natürlich ein Koordinatenmeßgerät allein für die Überprüfung von Einzelmaßen an Werkstücken mit einfacher Teilegeometrie nicht ausgelastet werden.

Im Bereich der Klein- und Mittelserienfertigung sowie bei komplexen Werkstücken und enger Toleranz, d.h. notwendigerweise geringer Meßunsicherheit, kann das Koordinatenmeßgerät praktisch für alle Meßaufgaben wirtschaftlich eingesetzt werden [9, 10, 11, 12].

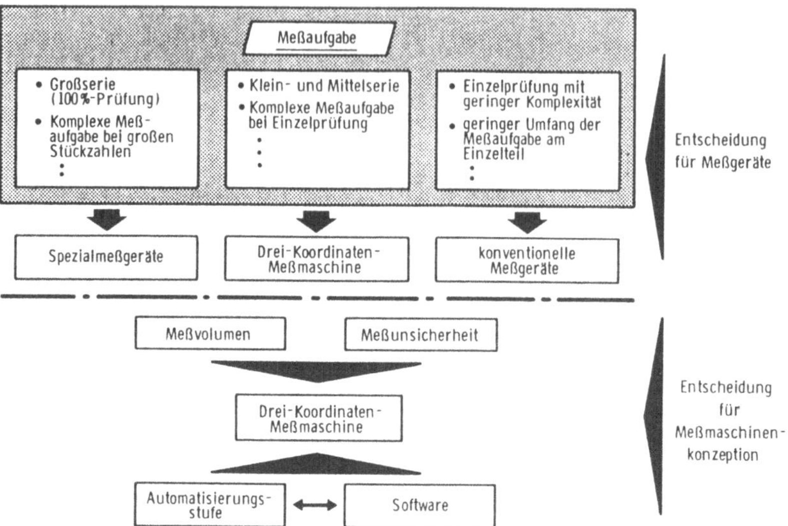

Bild 1.9: Auswahlkriterien für den Einsatz von Koordinatenmeßgeräten

Hat sich der Anwender für den Einsatz eines Koordinatenmeßgerätes ent-
schieden, so stellt sich für ihn die Frage nach der geeigneten Systemkonfigu-
ration. Hier stehen als erstes die Kriterien des benötigten Meßvolumens und
der zulässigen Meßunsicherheit für das Prüfteilespektrum im Vordergrund.
Bezüglich des Meßvolumens ist zu beachten, daß es durch die jeweilige Tasterkonfiguration bzw. durch das Verhältnis der einzelnen Meßachsenlängen
zueinander eingeschränkt werden kann; hinsichtlich der Meßunsicherheit gilt,
daß eine eindeutige, dreidimensionale Meßunsicherheit bisher nicht angegeben
werden kann. Stattdessen wird im allgemeinen die Meßunsicherheit in den
einzelnen Maschinenkoordinaten angegeben. Da in der Praxis aber eine Vielzahl der Messungen eindimensional ist, also „Längenmessungen im Raum"
darstellen, sind diese „eindimensionalen Werte" doch zumindest wichtige Ent-
scheidungsmerkmale (Siehe hierzu auch VDI/VDE 2617: „Genauigkeit von
Koordinatenmeßgeräten") [13, 14, 15, 16, 17].

Schließlich sind unter Beachtung von Faktoren wie:

- Prüfteilestückzahl,

- Komplexität des Prüfteilespektrums,

- Aufwand für die Meßablaufplanung und Prüfprogrammerstellung,

- Auslastung des Meßgerätes sowie

- Anforderungen an Meßdatenauswertung und Protokollierung

der Automatisierungsgrad und die Softwareunterstützung festzulegen.

Auf die möglichen unterschiedlichen Automatisierungsstufen mit ihren wesentlichen Auswirkungen auf die Meßvorbereitung und -durchführung wurde schon eingegangen, so daß im folgenden noch kurz der Software-Aspekt angesprochen werden soll.

1.7 Software

Bei der Software ist zu unterscheiden zwischen der Auswerte- und Protokollierungssoftware (einschließlich Graphikunterstützung) sowie der Software zur Unterstützung der Meßablaufplanung und -umsetzung in Steuer- und Auswerteanweisungen für das Koordinatenmeßgerät [18].

Für die Programmierung von KMG (Umsetzung des Meßablaufes in Steuer- und Auswertefunktionen) bieten die Hersteller inzwischen zahlreiche Softwarepakete an. Es fällt auf, daß unter den Herstellern bis auf wenige Ausnahmen keine Eindeutigkeit im Aufbau bestimmter Softwarebausteine herrscht; daraus resultiert der Nachteil, daß die bis heute entwickelte Software maschinenspezifisch ist. Vorhandene Meßprogramme für gleiche Meßaufgaben sind daher nicht ohne weiteres übertragbar, das heißt, für jede Anlage und Meßaufgabe ist ein besonderer Programmieraufwand notwendig.

In Bild 1.10 ist das Spektrum der mit den verschiedenen Automatisierungsstufen verbundenen Software aufgezeigt. Unterschieden werden Programm-Module, die technologische Anweisungen, wie z.B. Tasterkorrekturen und Koordinatentransformationen, in Ebene und Raum ausführen, und Auswerteprogramm-Module, die nach erfolgter Meßpunkterfassung die Daten zu Kenngrößen wie Längenmaße, Winkel usw. verarbeiten. Die Protokollierung erfolgt in Form von Tabellen und/oder graphischen Darstellungen.

Grundsätzlich lassen sich die folgenden Programmierverfahren für Koordinatenmeßgeräte unterscheiden: die manuelle Programmierung, bei der der Operator am maschinennahen Rechner die notwendigen Fahr- und Antastanweisungen programmiert, für die Auswertung die entsprechenden Module aufruft und so das werkstückspezifische Meßprogramm zusammenstellt.

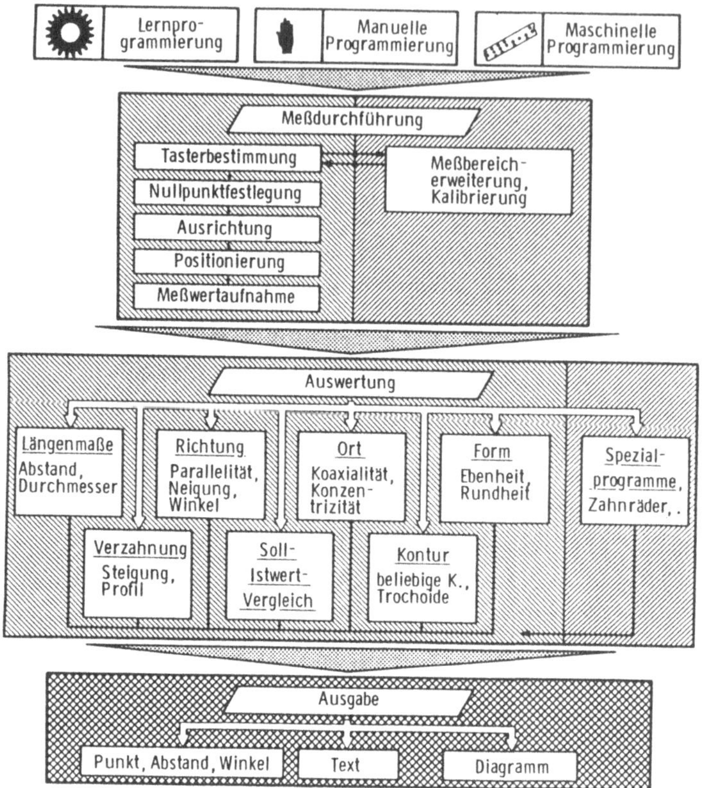

Bild 1.10: Software-Module für rechnergesteuerte Koordinatenmeßgeräte

Eine wesentliche Erleichterung – bei Stückzahlen größer Eins – stellt der sogenannte Repetierbetrieb dar, bei dem der an einem ersten Werkstück vorgenommene Meßvorgang in allen Punkten vom Rechner in Form eines Lernprogrammes so verarbeitet wird, daß alle folgenden Werkstücke eines Loses vollautomatisch gemessen werden können (Bild 1.11).

Zur Auswertung und Protokollierung bieten heute praktisch alle Hersteller von Koordinatenmeßgeräten Softwarepakete an, die die Lösung aller Standard-Meßprobleme ermöglichen. Darüber hinaus wird in zunehmendem Maße Spezialsoftware zur Messung komplizierter Geometrien, wie z.B. Nockenwellen oder Kegelradverzahnungen, bereitgestellt [19].

Eine echte Alternative zu den gegenwärtig weitverbreiteten Techniken einer manuellen Programmierung sowie der Lernprogrammierung (Repetierbetrieb)

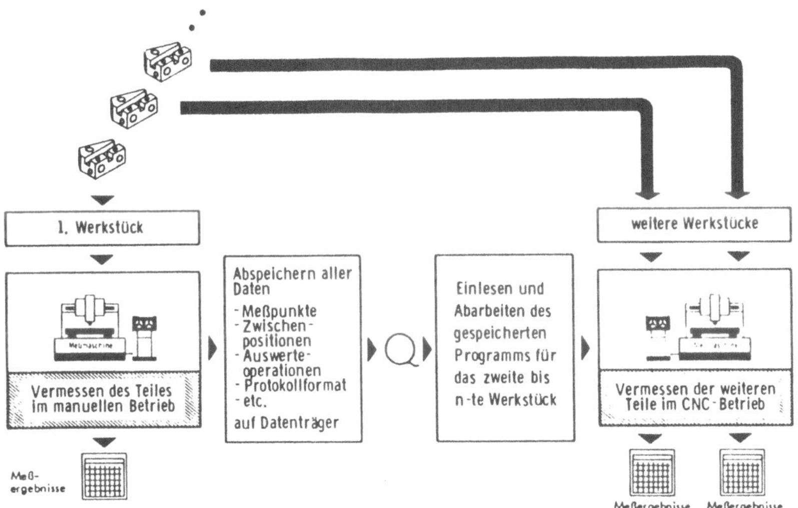

Bild 1.11: Ablauf bei der Prüfung eines Loses mit dem Meßgerät unter Benutzung der Lernsteuerung

bietet die maschinelle Programmierung von NC-Meßgeräten. Hierbei werden wesentliche Anteile planerischer und vorbereitender Tätigkeiten bis hin zur Bereitstellung der Steuer- und Auswerteinformationen zur Durchführung der Messungen von einem Programmsystem übernommen. Das maschinelle Programmiersystem geht von der Ähnlichkeit der Aufgabenstellung „Fertigen eines NC-Teiles" zum „Messen desselben Teiles" aus (Bild 1.12).

Für diese Art der Programmierung stehen herstellerspezifische Systeme bereits zur Verfügung. Zukünftig wird jedoch verstärkt eine CAD-unterstützte Programmierung eingesetzt werden, die als herstellerneutralen Code auch eine Programmiersprache erzeugt. Diese wird dann durch Postprozessoren auf die CNC-Steuerdaten der einzelnen Hersteller umgesetzt [20].

Mit Hilfe der EXAPT[1]-ähnlichen Programmiersprache N.C.M.E.S.[2] wird z.B. vom Programmierer ein Teileprogramm erstellt, das Informationen über die Geometrie des zu messenden Werkstücks, Steuerinformationen für notwendige Tasterwege und Auswerteinformationen der gewünschten Ergebnisdarstellung enthält. Das Teileprogramm wird in eine EDV-Anlage eingege-

---

[1]EXAPT: Extended APT. APT: Automatic Programming language for Tools.
[2]N.C.M.E.S.: Numerical Controlled Measurement and Evaluation System-language

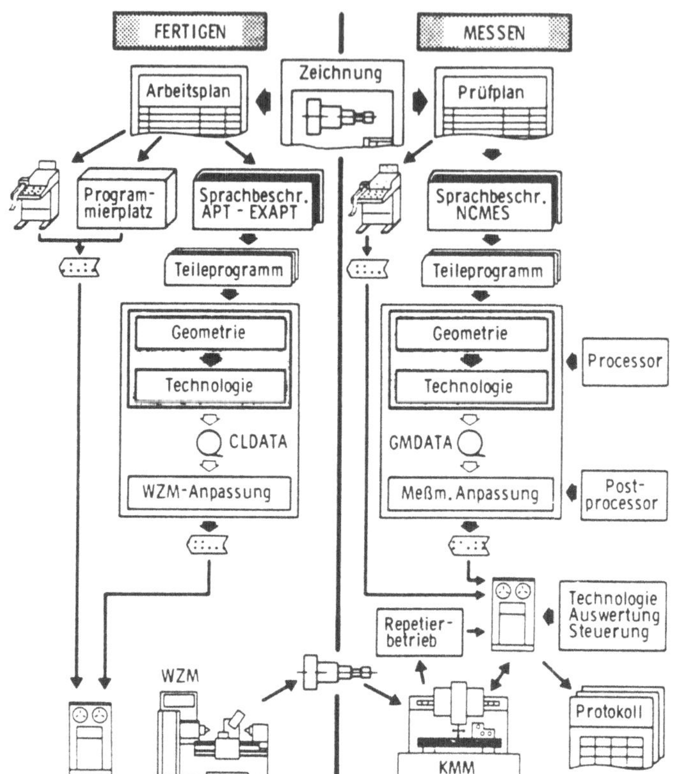

Bild 1.12: Programmiersysteme für Fertigung und Qualitätssicherung

ben, wo es die dort implementierten Programmteile aufruft und die Meßaufgabe im Zusammenwirken mit dem Meßgerät selbständig abarbeitet.

Für diese Art der Meßgeräteprogrammierung sprechen zwei gewichtige Vorteile: Das kapitalintensive Meßgerät wird seiner eigentlichen Aufgabe, dem Messen von Werkstücken, voll zugeführt, ohne sie für die Zeit der Prüfvorbereitung wie der Programmierung der Meßaufgabe zu belegen. Außerdem garantiert dieses Konzept weitgehende Rechner- und Meßgeräteunabhängigkeit, so daß einmal und vor allem einheitlich erstellte Teileprogramme ohne besonderen Aufwand auch auf mehreren Rechner-/Meßgerätekonfigurationen lauffähig sind. Hinzu kommt, daß durch maschinelle Programmierung eine zumindest teilweise Objektivierung des Meßvorgangs unabhängig von der Qualifikation des Bedienpersonals an dem Meßgerät eintritt.

1.8 Einsatzbereiche von Koordinatenmeßgeräten

Zunächst wurden Koordinatenmeßgeräte primär für den Einsatz im Meßraum konzipiert. Im Zuge moderner, insbesondere automatisierter und rechnergeführter Fertigungseinrichtungen hat sich der Einsatzbereich der Koordinatenmeßgeräte jedoch darüber hinaus wesentlich erweitert. Aufgrund der Flexibilität und Universalität des Koordinatenmeßprinzips ist es möglich, durch entsprechende Anpassung, Erweiterung oder Weiterentwicklung der grundlegenden Hard- und Softwarekomponenten unterschiedliche Ausführungsformen des Koordinatenmeßgerätes zu realisieren, die den Aufgabenstellungen in praktisch allen Bereichen gerecht werden können (Bild 1.13).

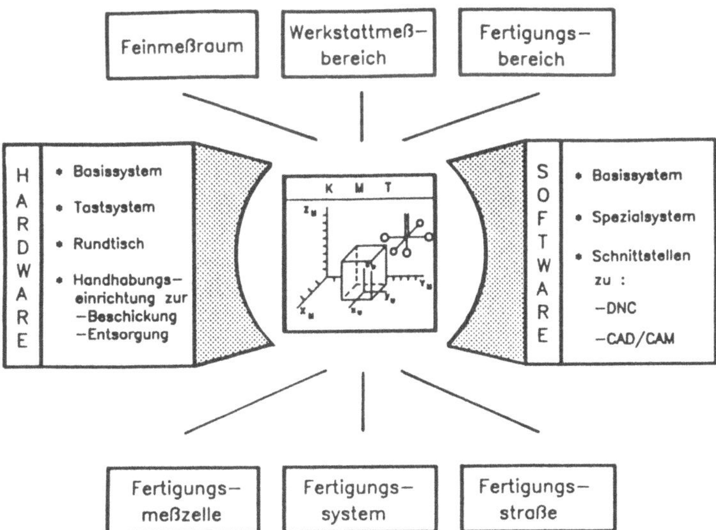

Bild 1.13: Einsatzgebiete für Koordinatenmeßgeräte

Im Feinmeßraum werden Präzisions-Koordinatenmeßgeräte eingesetzt. Sie sind konstruktiv auf geringstmögliche Meßunsicherheiten hin ausgelegt, was auch klimatisierte und erschütterungsfreie Umgebungsbedingungen für das Koordinatenmeßgerät und einen automatischen Antastvorgang, also den motorischen Antrieb der Verfahrachsen, sowie ein elektronisches Tastsystem bedingt. Die Meßmöglichkeiten sind sehr universell. Neben beliebigen am Tastsystem angebrachten Taststiftkombinationen sind auch in ihrer Lage z.T. motorisch verstellbare Tastsysteme zur mechanischen Antastung nach unterschiedlichen Meßstrategien möglich. Bei geeigneter Ausstattung können verschiedene Betriebsarten (definierte Punktantastung, selbstzentrierende Antastung, Scanning) gewählt werden. Desweiteren wird mittels motorisch angetriebenem Rundtisch die Realisierung einer zusätzlichen Drehachse angeboten. Bild 1.14 zeigt ein derartiges Präzisions-Koordinatenmeßgerät.

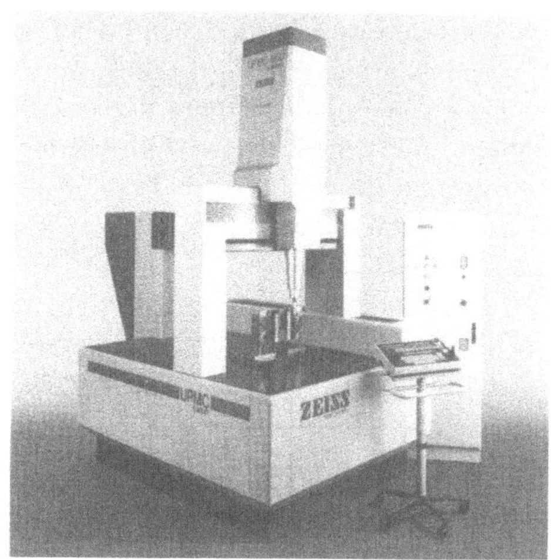

Bild 1.14: Präzisions-Koordinatenmeßgerät UPMC Carat

Für den normalen Werkstattbetrieb werden einfache, preiswerte Koordinatenmeßgeräte benötigt. Der mechanische Aufbau der hierfür entwickelten Koordinatenmeßgeräte ist robust und weitestgehend unempfindlich gegenüber den in der Werkstatt üblichen Umgebungsbedingungen. Hier werden häufig schaltende Tastsysteme an den Meßgeräten eingesetzt (Bild 1.15). Der Automatisierungsgrad ist normalerweise gering, jedoch ist auch hier ein Trend hin zur CNC-geführten Anlage zu erkennen. Die CNC-Version eines Werkstatt-Koordinatenmeßgerätes ist beispielhaft in Bild 1.16 wiedergegeben.

Im Bereich hochautomatisierter flexibler Fertigungseinrichtungen, z.B. Fertigungszellen oder Flexible Fertigungssysteme, bietet es sich an, das Koordinatenmeßgerät direkt in das System zu integrieren. Die mit dem Gerät gemessenen Abweichungen können dann unmittelbar für einen korrigierenden Eingriff (Rückkopplung zum Fertigungssystem) in die Fertigungsanlage verwendet werden. (Bild 1.17). Die Funktion der Bewegung der Koordinatenachsen ist von der Funktion der Werkstückaufnahme völlig getrennt, so daß letztere zum Bestandteil des Materialflußsystems werden kann und so die

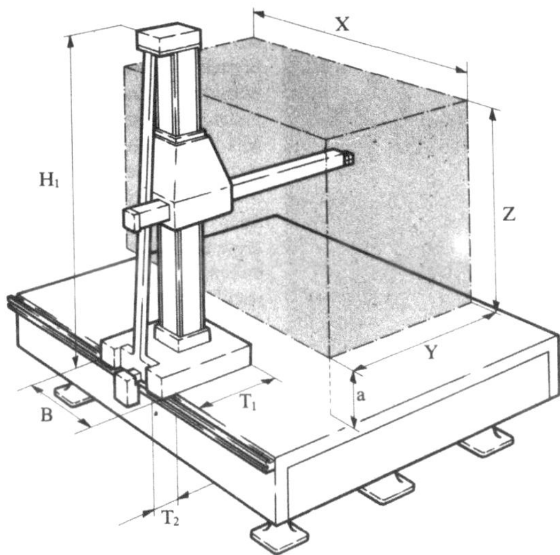

Bild 1.15: Handgeführtes Koordinatenmeßgerät
mit schaltendem Tastsystem

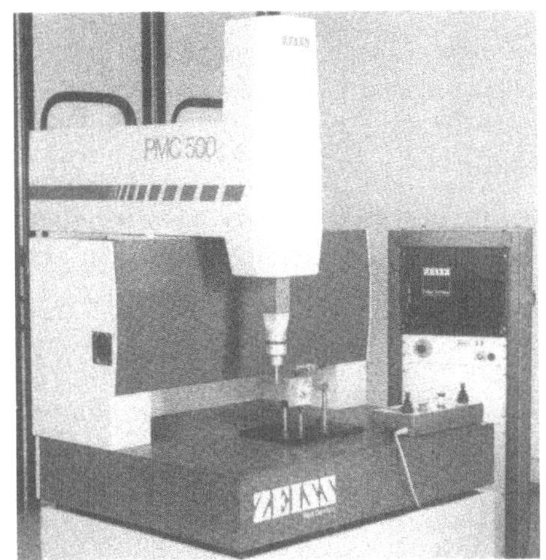

Bild 1.16: Werkstatt-Koordinatenmeßgerät

automatische Bestückung des Koordinatenmeßgerätes mit Paletten möglich ist, auf denen sich die Prüfobjekte an indizierten Positionen befinden.

Bild 1.17: Fertigungsintegriertes Koordinatenmeßgerät

Durch dieses Konzept eventuell bedingte Einschränkungen der möglichen Antastpositionen werden durch Integration eines Rundtisches ausgeglichen. Durch eine klimatisierte Kapselung des Meßgerätes kann der optimale Einsatz auch im Fertigungsbereich gewährleistet werden.

Eine noch weitergehende Anpassung an den Fertigungsprozeß ist bei den sogenannten Meßrobotern (Bild 1.18) gegeben. Sie sind für den Einsatz an der Fertigungsstraße konzipiert. Ihre mechanische Konstruktion entspricht im Prinzip derjenigen üblicher translatorische Bewegungen ausführender Manipulatoren; statt einer Greifermechanik wird in diesem Fall ein Tastsystem eingesetzt. Die Meßroboter ermöglichen sehr hohe Verfahrgeschwindigkeiten in den einzelnen Koordinatenachsen und sind absolut flexibel bezüglich ihres Einsatzortes. Es hat sich jedoch gezeigt, daß die im Fertigungsbereich geforderten Meßunsicherheiten – als Faustregel gilt: mindestens 1/5 der erreichbaren Fertigungstoleranz – häufig nicht erreicht werden.

Ein anderes Konzept ermöglicht die Integration des Koordinatenmeßgerätes in beliebige Fertigungssysteme dadurch, daß Bearbeitungseinrichtungen und Koordinatenmeßgeräte neben dem eigentlichen Fertigungsprozeß über Handhabungseinrichtungen gekoppelt werden, so daß die Beschickung und Entsorgung des KMG durch die Fertigungssteuerung koordiniert automatisch erfolgen kann.

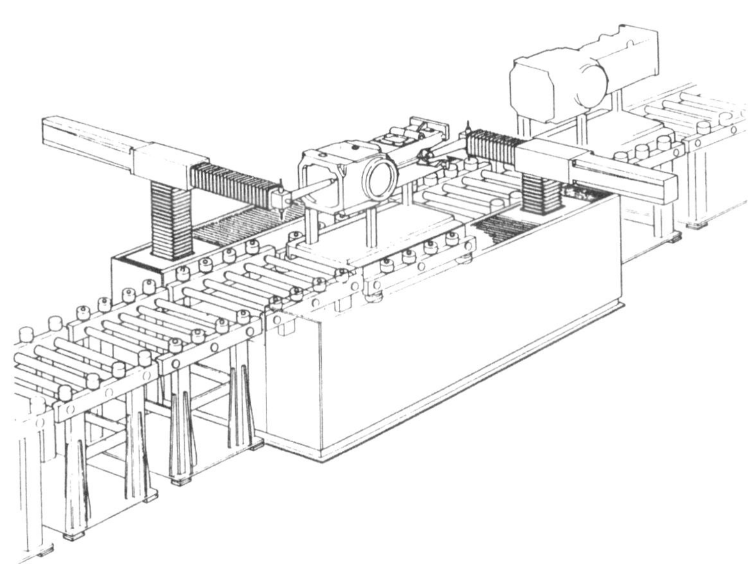

Bild 1.18: Werkstückmessung mit Meßrobotern im Fertigungsprozeß

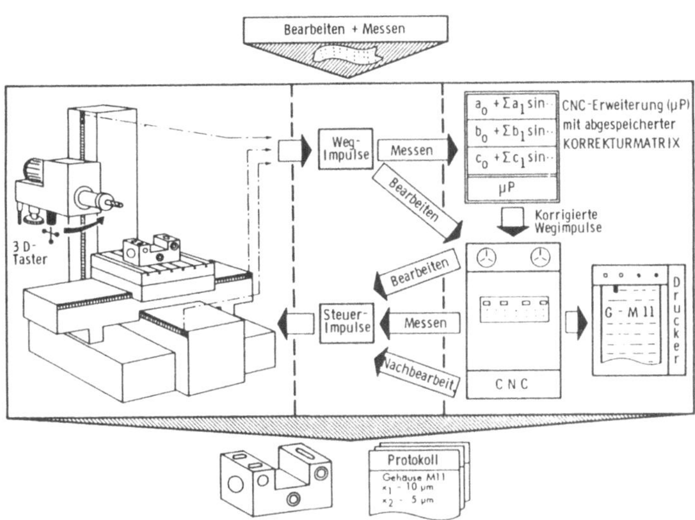

Bild 1.19: Prozeßintermittierende Werkstückmessung
auf einer NC-Werkzeugmaschine

Ein weiteres Konzept sieht vor, in letzter Konsequenz die CNC-gesteuerte
Werkzeugmaschine selbst als Koordinatenmeßgerät zu verwenden, indem
statt eines Werkzeuges ein Tastsystem eingewechselt wird (Bild 1.19).
Mittlerweile stehen hierfür spezielle Tastsysteme zur Verfügung; auch die
Verknüpfung der Tastersignale mit der CNC-Steuerung ist bereits realisiert
[21]. Gemäß dem Grundsatz der Meßtechnik ist das Messen mit der Werkzeugmaschine allerdings nur zulässig, wenn deren Meßunsicherheit 5–10 Mal
kleiner ist als die Arbeitsunsicherheit, d.h. also, wenn man die Eigenfehler
der Maschine kennt und, wenn notwendig, beim Messen z.B. in Form einer
Korrekturmatrix kompensieren kann.

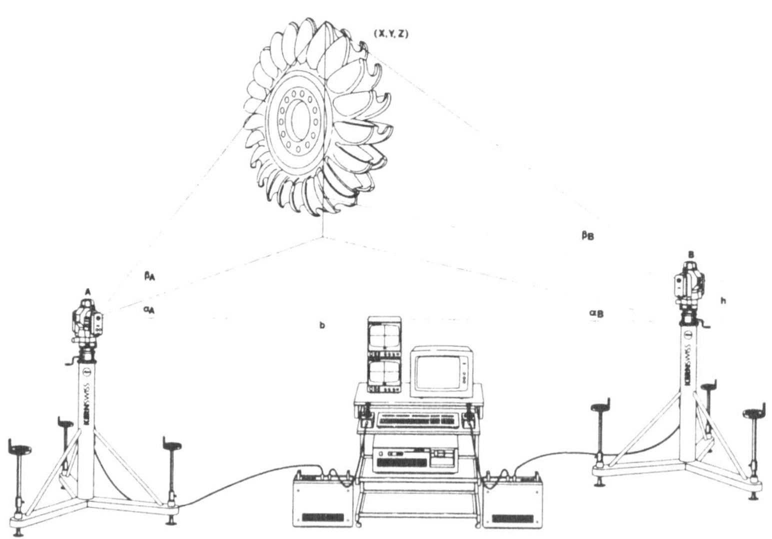

Bild 1.20: Berührungslose Koordinatenmessung mit Theodoliten

Da Koordinatenmeßgeräte nur für den stationären Betrieb ausgelegt sind
und darüberhinaus die maximale Werkstückgröße durch das Meßvolumen beschränkt ist, müssen für die Erfassung sehr großer Geometrien andere Verfahren zum Einsatz kommen. Für diese Aufgabe haben sich mobile Theodoliten-
Meßsysteme bewährt, die berührungslos auch unzugängliche Werkstückober-
flächen mit geringer Meßunsicherheit erfassen (Bild 1.20).

1.9 Ausblick

Koordinatenmeßgeräte sind wegen ihrer Flexibilität und der erzielbaren Meßgenauigkeit in Kombination mit einem Steuer- und Auswerterechner ein universelles Meßmittel der Längenmeßtechnik. Sie finden sowohl in handgeführter Version als auch im vollen Automatikbetrieb (CNC-Ausführung) für nahezu alle Aufgaben der Maß-, Form- und Lageprüfung Verwendung. Ihr Einsatzbereich ist schon lange nicht mehr nur auf den Feinmeßraum beschränkt, sondern erstreckt sich sowohl auf den Werkstattbereich als auch auf die direkte Integration in Fertigungsanlagen.

2 Mathematische Grundlagen der Koordinatenmeßtechnik

Dr.-Ing. A. vom Hemdt, Aachen

2.1 Einleitung

Grundlage der Koordinatenmeßtechnik ist die Erfassung von Punkten auf der Prüflingsoberfläche in einem meist kartesischen Koordinatensystem und die weitere mathcmatische Verarbeitung dieser Koordinatenwerte [1, 22]. Die gesuchte Istgeometrie eines zu prüfenden Werkstücks ergibt sich aus der Verknüpfung von Oberflächenpunkten zu geometrischen Elementen und der Verbindung dieser zu neuen Elementen. Die mathematische Beschreibung der Elemente beinhaltet Angaben über Maß, Form und Lage, die ein objektives Urteil über die Qualität des Prüflings erlauben. Dieses Grundprinzip der Koordinatenmeßtechnik zeigt Bild 2.1.

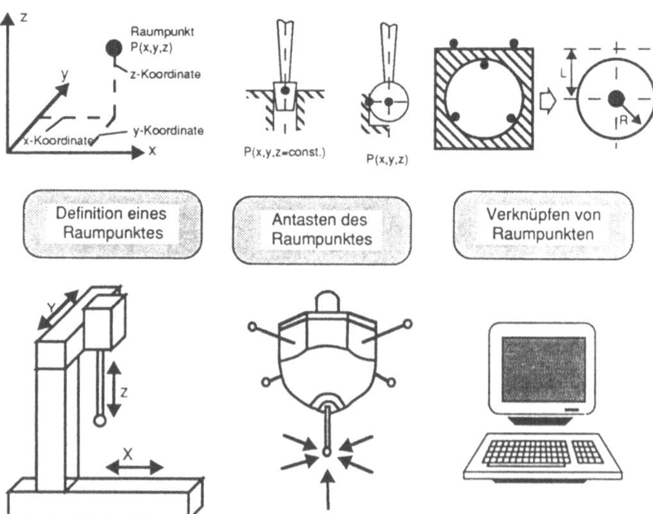

Bild 2.1: Grundprinzip der Koordinatenmeßtechnik

Das Referenzkoordinatensystem, in dem jeder beliebige Punkt im Raum durch seine Koordinaten eindeutig festgelegt wird, ist durch drei rechtwinklig zueinander angeordnete Verfahrachsen realisiert. An jeder Verfahrachse ist ein lineares Meßsystem angebracht, das die jeweilige Koordinate verkörpert. Zusätzlich kann ein motorisch steuerbarer Drehtisch mit einem Winkelmeßsystem eingesetzt werden, wodurch sich die Zahl der Bewegungsachsen auf vier erhöht. Eigenfehler dieses Referenzkoordinatensystems können innerhalb gewisser Grenzen durch eine geeignete Software korrigiert werden [23].

Mit Hilfe der Verfahrachsen wird eine Relativbewegung zwischen Tastsystem und Antastpunkt am Prüfling durchgeführt. Die Antastung selbst wird dann durch unterschiedliche Tastergeometrien realisiert. Diese Tastergeometrien werden zu Beginn einer Messung durch einen Einmeßvorgang ermittelt.

Die Verknüpfung der erfaßten Meßwerte zu geometrischen Elementen und deren Protokollierung erfolgt dann durch den angekoppelten Rechner mit entsprechenden Peripheriegeräten wie Bildschirm, Drucker oder Plotter. Der Einsatz von Rechnern zur Meßdatenverarbeitung erfordert komplizierte Algorithmen und setzt somit die Kenntnis mathematischer Methoden zur Meßwertverarbeitung voraus.

Dabei sind neben einer Bedienoberfläche und einer vernünftigen Ausgabe der Meß- bzw. Berechnungsergebnisse drei Grundaufgaben zu erfüllen, deren Lösung im folgenden detaillierter beschrieben werden:

1. Tasterradius-Korrektur

2. Transformation der Koordinatensysteme

3. Berechnung der geometrischen Elemente

Das folgende Beispiel soll eine einfache Messung mit einem Koordinatenmeßgerät und die erforderlichen Operationen zeigen. In Bild 2.2 sind kurz das Meßproblem und seine Lösung skizziert. Auf einer Platte soll das Stichmaß zwischen zwei Bohrungen gemessen werden.

Um potentielle Fertigungsfehler eingehender analysieren zu können, sollen auch Lage und Maß der Bohrungen im Zeichnungskoordinatensystem ausgegeben werden.

Die Messung und die Auswertung können dann wie folgt aussehen:

- Antasten von 5 Punkten (P1 ... P5) auf der *Deckelebene*

- Berechnung der *Deckelebene* aus den Punkten P1 ... P5

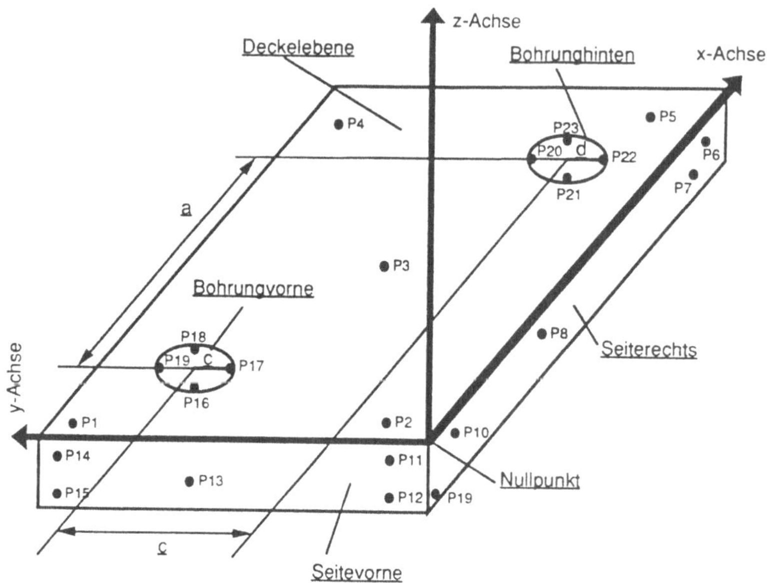

Bild 2.2: Messung eines Stichmaßes

- Wahl der Normalen der *Deckelebene* als Hauptrichtung, d.h. als Z-Achse des Werkstückkoordinatensystems

- Antasten von fünf Punkten (P6 ... P10) auf der Ebene *Seiterechts*

- Berechnung der Ebene *Seiterechts*

- Bildung der Schnittgeraden *Kanterechts* zwischen *Deckelebene* und *Seiterechts*

- Wahl des Richtungsvektors der Geraden *Kanterechts* als Nebenrichtung, d.h. als X-Achse des Werkstückkoordinatensystems

- Antasten von fünf Punkten (P11 ... P15) auf der Ebene *Seitevorne*

- Berechnung der Ebene *Seitevorne*

- Berechnung des Schnittpunktes *Nullpunkt* aus der Ebene *Seitevorne* und der Geraden *Kanterechts*

- Wahl dieses Schnittpunktes als Ursprung des Werkstückkoordinatensystems

- Antasten von vier Punkten (P16 ... P19) in der *Bohrungvorne*

- Berechnung des Kreises *Bohrungvorne* in der Ebene *Deckelebene*

- Antasten von vier Punkten (P20 ... P23) in der *Bohrunghinten*

- Berechnung des Kreises *Bohrunghinten* in der Ebene *Deckelebene*

- Ausgabe der Radien c und d

- Berechnung und Ausgabe der Abstände a und b

Erhebliche Probleme bringt der Vergleich zwischen konventioneller Meßtechnik und Koordinatenmeßtechnik in der Praxis mit sich. Wie Bild 2.3 zu entnehmen ist, wird bei der Messung einer Länge mit einem Meßschieber der maximale Abstand zwischen zwei Flächen in einer festgelegten Aufspannung ermittelt.

Anders in der Koordinatenmeßtechnik:

Hier wird eine endliche Anzahl von Oberflächenpunkten erfaßt und beispielsweise zu Geraden verknüpft. Es lassen sich nun unterschiedliche Abstandsmaße definieren, die sehr von der benutzten Software oder von der Auswertestrategie abhängen.

Dieser Effekt ist besonders dann erheblich, wenn der Prüfling eine nennenswerte Formabweichung aufweist. In den späteren Abschnitten wird aufgezeigt, wie eine Aussage über die Formabweichung getroffen werden kann, die einen qualitativen Schätzwert für die resultierende Meßunsicherheit darstellt.

2.2 Tasterradius-Korrektur

In der taktilen Koordinatenmeßtechnik wird die Oberfläche eines Prüflings mittels eines mechanischen Tastelementes, meist einer geschliffenen Rubinkugel, angetastet. Durch Verrechnung der Informationen „Verfahrweg" und „Auslenkung" kann die räumliche Lage des Tastkugelmittelpunktes bestimmt werden. Wie in Bild 2.4 am Beispiel einer Welle dargestellt ist, ist dieser Tastkugelmittelpunkt nicht identisch mit dem Antastpunkt. Daher sind Berechnungsoperationen erforderlich, um den Antastpunkt an der Oberfläche des Prüflings zu bestimmen.

Durch die Tastkugelmittelpunkte wird zuerst ein idealgeometrisches Element berechnet und mit diesem dann die Tastkugelradius-Korrektur durchgeführt, die wie folgt abläuft (siehe Bild 2.5):

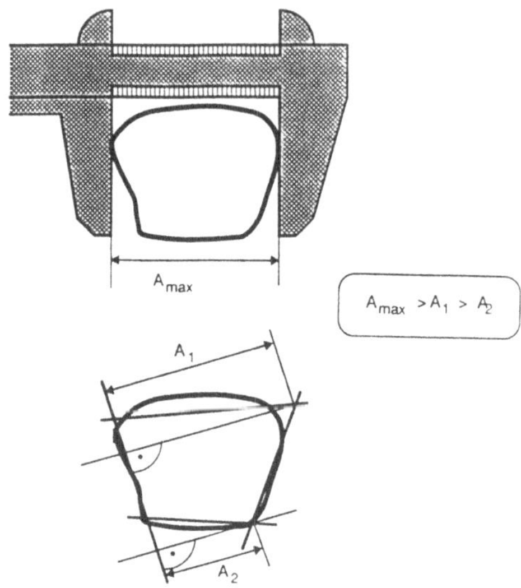

Bild 2.3: Konventionelle Meßtechnik vs. Koordinatenmeßtechnik

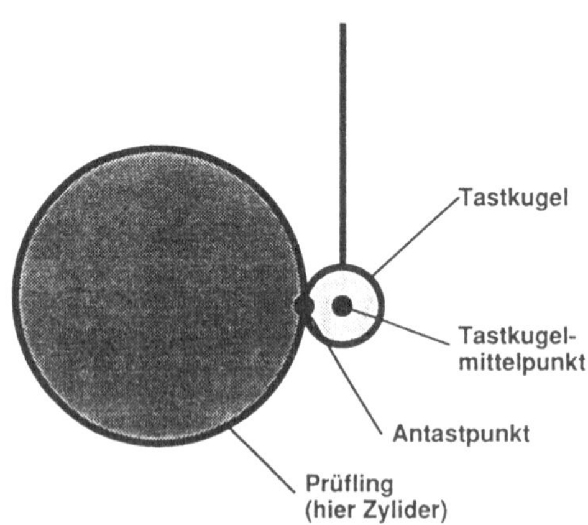

Bild 2.4: Tastkugelmittelpunkt und Antastpunkt

- Gerade und Ebene:
  Das berechnete Element wird in Normalenrichtung um den Betrag des Tastkugelradius verschoben.

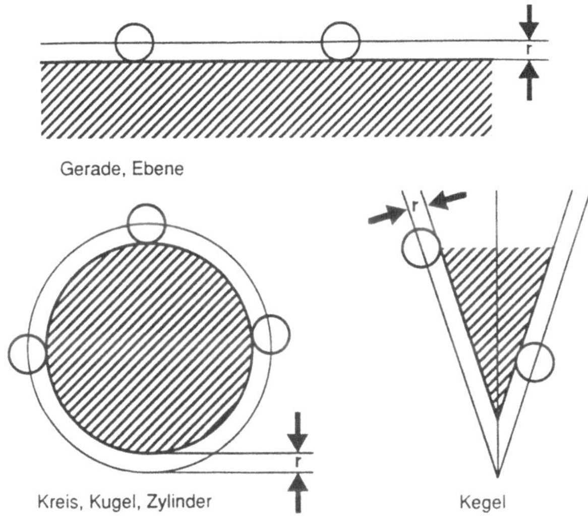

Bild 2.5: Tasterradius-Korrektur

- Kreis, Kugel und Zylinder:
  Abhängig von Innen- oder Außenantastung (Welle oder Bohrung) wird
  der Tastkugelradius auf den Radius des Elementes addiert oder von ihm
  subtrahiert.

- Kegel:
  Die Lage der Kegelspitze wird um den Tasterradius, dividiert durch den
  Sinus des Kegelwinkels, in Richtung der Kegelachse verschoben.

Mit dieser Methode ist jedoch das Problem der Tasterradius-Korrektur noch
nicht vollständig gelöst, da der Taststift kein ideales Element ist. Je nach
den geometrischen Abmessungen des Taststiftes sind Biegungen bis zu einigen 10 μm möglich. Stand der Technik ist die Berechnung eines effektiven
Tastkugeldurchmessers (siehe Bild 2.6), der durch Einmessen des Tasters an
einer Normalkugel, die aus allen Richtungen angetastet wird, bestimmt wird.
Dieser effektive Tastkugelradius berücksichtigt dann eine „mittlere" Taststiftbiegung.

Von entscheidender Bedeutung für die Korrektheit des Meßergebnisses ist
die Frage, mit welchem Richtungs- oder Normalenvektor die Tasterradius-
Korrektur durchgeführt wird. In Bild 2.7 sind zwei Methoden dargestellt:

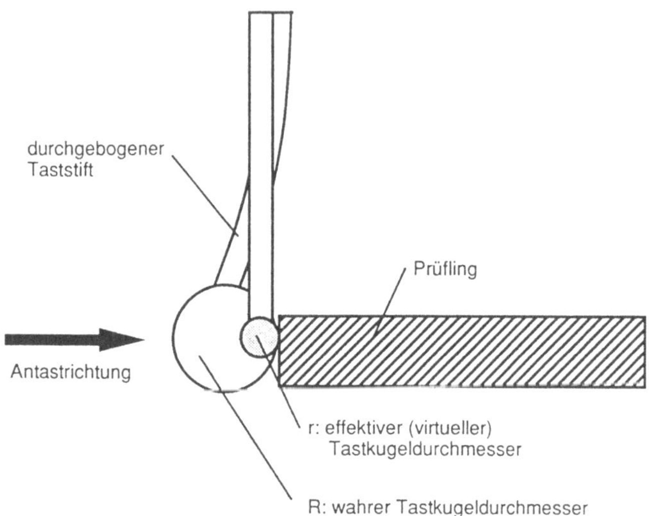

Bild 2.6: Wahrer und effektiver Tastkugeldurchmesser

- Bei der *Tasterradius-Korrektur mit der Elementnormalen* wird zuerst durch die Tastkugelmittelpunkte ein idealgeometrisches Ersatzelement gelegt. Mit Hilfe der Normalenrichtung dieses Ersatzelementes werden die Antastpunkte berechnet. Hierbei handelt es sich um die korrekte Vorgehensweise (siehe auch Bild 2.5).

- Bei der *achsparallelen Tasterradius-Korrektur* wird als Richtung eine Maschinenachse ausgewählt. In Bild 2.7 ist der daraus resultierende Tasterradius-Korrektur-Fehler eindeutig zu erkennen, der schnell einige Millimeter betragen kann.

Daher ist bei einer konkreten Messung anhand der Bedienungsanleitung zu prüfen, welche Richtung oder Normale eingesetzt wird, da eine achsparallele Tasterradius-Korrektur verlangt, daß das Werkstück mechanisch parallel zu den Maschinenachsen ausgerichtet wird.

2.3   Koordinatensystem

Zu prüfende Werkstücke sind durch die Konstruktion in einem einheitlichen Maßsystem festgelegt. Diese Fertigungszeichnung bildet das gemeinsame Be-

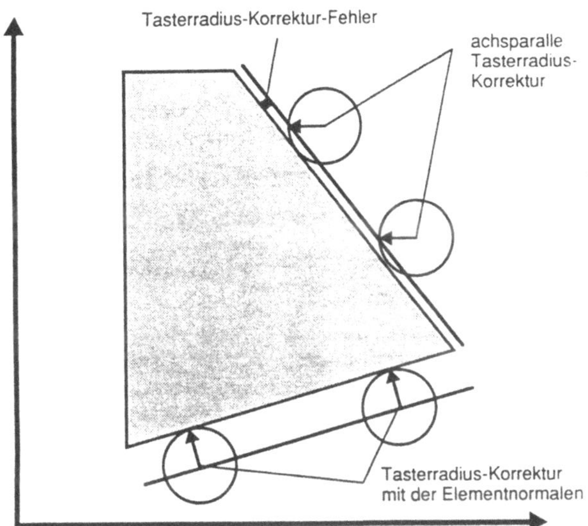

Bild 2.7: Einfluß der Tasterradius-Korrektur

zugssystem sowohl für die Fertigung als auch für die anschließende Qualitätssicherung.

In der konventionellen Meßtechnik muß daher ein Prüfling mechanisch aufwendig ausgerichtet werden, um einen Soll-/Istvergleich durchführen zu können. Dies bedeutet für die Praxis, daß oft komplizierte und teure Vorrichtungen erforderlich sind.

Ein großer Vorteil und eine nennenswerte Kostenersparnis der Koordinatenmeßtechnik liegt darin, daß die mechanische Ausrichtung des Prüflings durch eine rechnerische Ausrichtung ersetzt wird. Obwohl das Koordinatenmeßgerät nur über ein eigenes Maschinenkoordinatensystem verfügt, kann durch eine Werkstücklagebestimmung zu Beginn der Messung ein Werkstückkoordinatensystem definiert werden (siehe Bild 2.8). Mathematisch formuliert heißt das, die Beziehung

$$\vec{X}_{Werkstueck} = \underline{D} * \vec{X}_{Maschine} + \vec{T} \tag{2.1}$$

wird bei jeder Berechnungsoperation im Rechner berücksichtigt. In der Gleichung (1) stecken die Rotationsmatrix $\underline{D}$ und der Translationsvektor $\vec{T}$. Die Rotationsmatrix enthält die drei möglichen Drehungen um die Koordinatenachsen und der Translationsvektor die drei möglichen Verschiebungen parallel

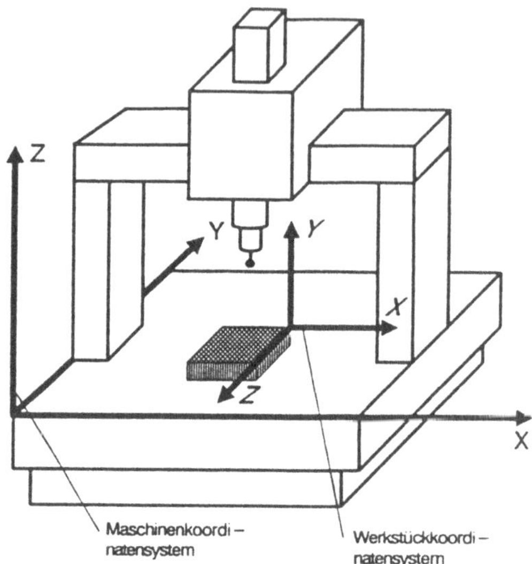

Bild 2.8: Maschinen- und Werkstückkoordinatensystem

zu den Koordinatenachsen. So sind alle sechs Freiheitsgrade im Raum mathematisch eindeutig erfaßbar.

Es stellt sich nun die Frage, wie ein Koordinatensystem sinnvoll definiert und eingemessen wird. Die Normen ISO 5459 bzw. DIN 32 880 [24, 25] empfehlen bei prismatischen Werkstücken das Drei-Ebenen-Prinzip (siehe Bild 2.9).

- Die *Hauptrichtung* bestimmt die erste räumliche Richtung des Koordinatensystems („Raumausrichtung", „Ausrichten im Raum"); sie ist die Normale der primären Bezugsebene.

- Die *Nebenrichtung* wird durch einen Vektor definiert, der senkrecht auf der Hauptrichtung steht („Ebenenausrichtung", „Ausrichten in der Ebene"); sie ergibt sich als Richtung der Schnittgeraden von primärer und sekundärer Bezugsebene.

- Der noch fehlende *Nullpunkt* des Werkstückkoordinatensystems ist der Schnittpunkt der drei Bezugsebenen.

Für nichtprismatische Prüflinge, z.B. Rotationsteile, müssen die gesuchten Richtungen durch andere Elemente vorgegeben werden. Bei dem Beispiel eines Flansches (Bild 2.10) ergibt sich die Hauptrichtung aus der Deckelebene,

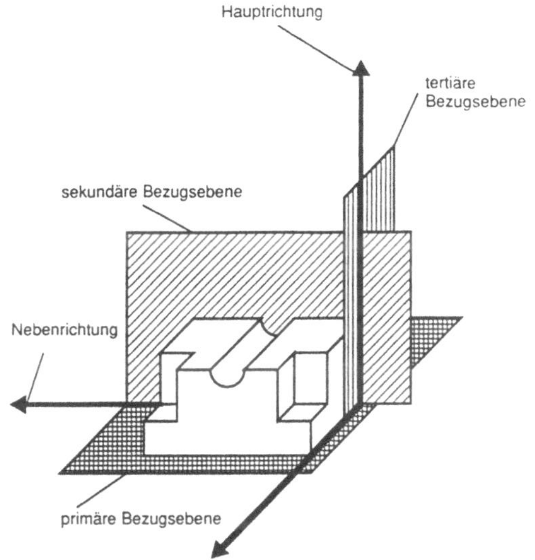

Bild 2.9: Drei-Ebenen-Prinzip nach ISO 5459 bzw. DIN 32880

der Nullpunkt wird der Mittelpunkt des Teilkreises, und die Nebenrichtung bestimmt sich durch die Verbindungsgerade von Teilkreismittelpunkt und Mittelpunkt einer Teilkreisbohrung.

Nun besteht eine Fertigungszeichnung nicht nur aus einem Koordinatensystem. Oft sind in Teilzeichnungen einzelne Maße in einem eigenen Koordinatensystem definiert. Auch dieses Problem kann flexibel gelöst werden, da es die meisten Softwarepakete gestatten, zu jeder Zeit ein neues Werkstückkoordinatensystem zu definieren, sogenannte Unterkoordinatensysteme.

So ist es bei geschickter Meßablaufplanung möglich, ein Meßprotokoll zu erhalten, in dem alle Ergebnisse in das jeweilige Werkstück- oder Unterkoordinatensystem transformiert werden. Diese Ergebnisse sind dann direkt mit den Einträgen in der Fertigungszeichnung vergleichbar, was die Meßauswertung und -beurteilung erheblich vereinfacht.

2.4 Geometrische Basiselemente

Eine Werkstückoberfläche läßt sich durch geometrische Formelemente beschreiben. Die mathematische Bestimmung dieser Elemente ist meist die Voraussetzung für die Lösung einer Meßaufgabe, z.B. den Abstand zweier

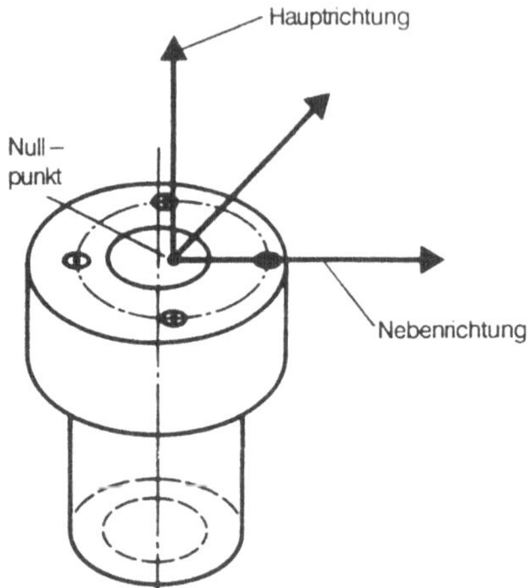

Bild 2.10: Koordinatensystem an einem Rotationsteil

Bohrungen in einer Zeichenebene zu bestimmen. Die Basiselemente der Koordinatenmeßtechnik sind:

- Ebene

- Kugel

- Zylinder

- Kegel

Diese vier Basiselemente sind dreidimensionale Elemente und können durch reale Flächen verkörpert werden. Um vereinfachte Meßdurchführungen zu ermöglichen, werden meistens noch zwei weitere Elemente, nämlich:

- Gerade

- Kreis

zugelassen, obwohl diese beiden Elemente nur als Kanten verkörpert werden und daher nicht angetastet werden können.

Dies sei am Beispiel des Kreises (siehe Bild 2.11) genauer erläutert. Da eine Kante nicht angetastet werden kann, muß der Taster exakt auf einer Ebene

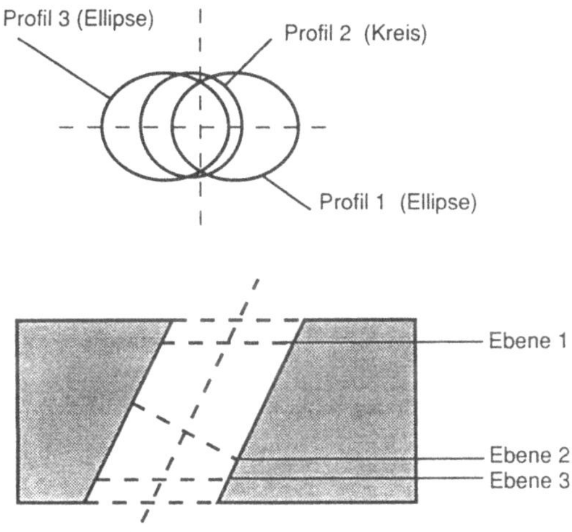

Bild 2.11: Fehler bei der Kreismessung

geführt werden, um eine Bohrung als Kreis zu messen. Diese Führungsebene muß auch exakt senkrecht zur Bohrungsachse stehen, da sonst die resultierenden Schnittfiguren Ellipsen sind.

Lautet nun die Meßaufgabe, den Bohrungsdurchmesser und die Bohrungslage zu prüfen, ist es als sehr kritisch anzusehen, wenn dann nur ein Kreis gemessen, berechnet und ausgewertet wird. Sicherer ist es, diese Meßaufgabe durch Messung einer Bohrung (Zylinder) und einer Fläche (Ebene) zu lösen. Der Durchmesser ist dann der Zylinderdurchmesser, und die Lage der Bohrung kann durch den Schnittpunkt von Zylinderachse und Ebene beurteilt werden.

Es ist bei der Meßplanung daher immer hilfreich, sich zu vergegenwärtigen, daß ein Koordinatenmeßgerät ein dreidimensionales Meßinstrument ist, und daher die Lösung eines Meßproblems auch durch dreidimensionale Messungen zu realisieren ist. Der Preis für diese höhere Genauigkeit ist jedoch ein höherer Meßaufwand, d.h. meistens müssen mehr Meßpunkte angetastet werden, und die Berechnung von dreidimensionalen Elementen benötigt mehr Rechenzeit.

2.4.1 Darstellung von Elementen

Problemlos ist die Darstellung der Lage eines Punktes, da seine kartesischen Koordinaten im aktuellen Werkstückkoordinatensystem angegeben werden;

ähnlich verhält es sich bei Abständen, Durchmessern und Winkeln, die auch direkt ausgegeben werden können.

Mathematisch wird eine Richtung (ein Vektor) durch die Angabe ihrer (seiner) drei Komponenten beschrieben, wobei der Betrag gleich Eins sein muß.

$$\vec{r} = \begin{pmatrix} r_x \\ r_y \\ r_z \end{pmatrix} \tag{2.2}$$

mit

$$\|\vec{r}\| = \sqrt{r_x^2 + r_y^2 + r_z^2} = 1 \tag{2.3}$$

Da die Angabe der Komponenten einer Richtung nur selten einen Bezug zur Fertigungszeichnung darstellt, hat sich in der Koordinatenmeßtechnik durchgesetzt, eine Richtung durch die Angabe von zwei Winkeln zu beschreiben (Bild 2.12). Da die Vorzeichen dieser beiden Winkel noch nicht einheitlich genormt sind, muß bei der Interpretation einer Richtungsangabe sehr genau auf die Bedienungsanleitung des Herstellers geachtet werden.

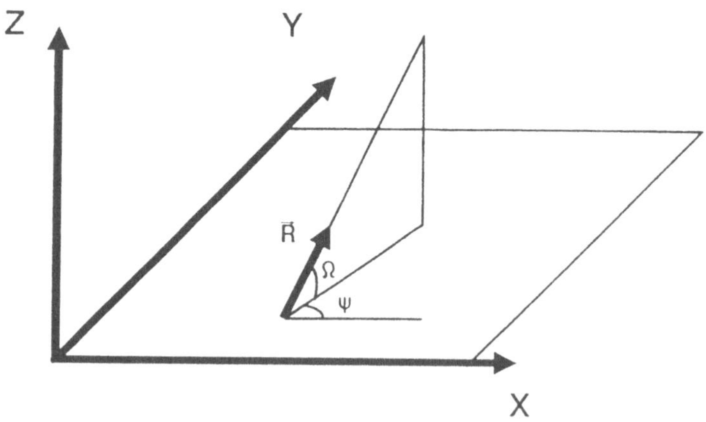

Bild 2.12: Darstellung einer Richtung

Element	mathematische Mindestpunktzahl	meßtechnische Mindestpunktzahl
Gerade	2	3
Ebene	3	4
Kreis	3	4
Kugel	4	6
Zylinder	5	8
Kegel	6	12

Bild 2.13: Anzahl von Meßpunkten

2.4.2 Meß- und Auswertestrategien

Es gibt zwei Alternativen, die notwendige Mindestpunktzahl zur Lösung einer Meßaufgabe zu ermitteln (Bild 2.13).

1. Die *mathematische Mindestpunktzahl* ergibt sich aus der Zahl der Freiheitsgrade, die ein Element besitzt. Natürlich sind auch bei der Auswahl der Meßpunkte Nebenbedingungen zu beachten; so dürfen z.B. die vier Punkte zur Berechnung einer Kugel nicht in einer Ebene liegen.

2. Die *meßtechnische Mindestpunktzahl* ergibt sich daraus, daß der Einfluß kleinerer Formabweichungen auf das Meßergebnis gering bleiben soll. Die daraus resultierenden Meßstrategien werden jeweils bei der Beschreibung der einzelnen Elemente erläutert.

Werden die mathematischen Mindestpunktanzahlen überschritten, so muß das Element mittels einer Ausgleichsrechnung bestimmt werden. Daraus resultiert die Frage nach der Definition der Ausgleichsbedingung. Aus meßtechnischen Gründen ist es sinnvoll, keiner Raumachse den Vorzug zu geben, sondern eine orthogonale Regression zu verlangen. Lange Zeit war diese Frage umstritten; jedoch wurde in dem Normenvorschlag DIN 32880 Teil 1 [25] die Ausgleichsbedingung eindeutig formuliert: *„Zur Bestimmung des Ausgleichselementes nach Gauß wird die Summe der Quadrate der Abstände d_i der gemessenen Punkte vom Ausgleichselement minimiert. Diese Abstände d_i stehen* senkrecht *auf dem Ausgleichselement."*

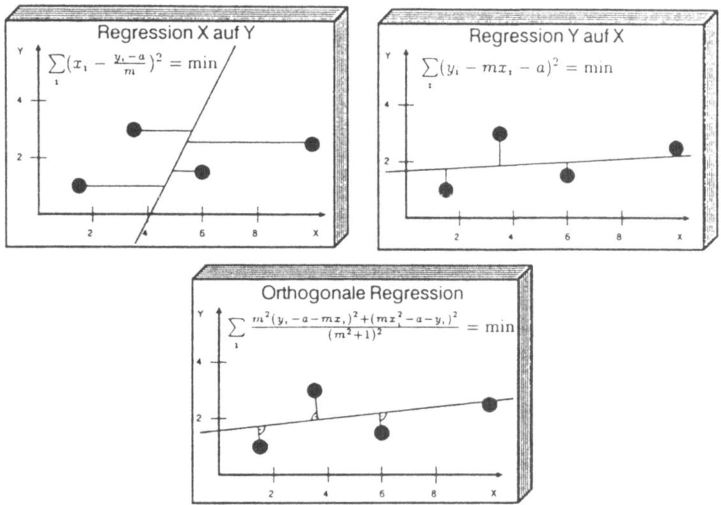

Bild 2.14: Einfluß der Regressionsbedingung auf das Ausgleichselement

Wie in Bild 2.14 am Beispiel einer Geraden dargestellt ist, hat die Wahl der Regressionsbedingung einen erheblichen Einfluß auf das berechnete Ausgleichselement. Bei der klassischen Regressionsrechnung wird einer Koordinatenachse der Vorzug eingeräumt, d.h. es wird die Regression X auf Y oder Y auf X berechnet. Dies führt zwar zu einfachen linearen Problemen, liefert aber eine schlechtere Näherung der Wirklichkeit als die orthogonale Regression.

Je nach Meßaufgabe ist es jedoch sinnvoll, auch andere Ausgleichsbedingungen zu wählen. Die vier üblichen Ausgleichsbedingungen, dargestellt am Beispiel des Kreises (Bild 2.15), lauten:

Gauß: Hier wird die Summe der Abstandsquadrate minimiert und ein „mittleres" Bezugselement berechnet. Alle Meßpunkte werden gleich gewichtet, und sowohl Lage- als auch Maßparameter sind mit gleicher statistischer Sicherheit zu interpretieren. Diese Ausgleichsbedingung ist die Standardbedingung bei der Berechnung geometrischer Elemente.

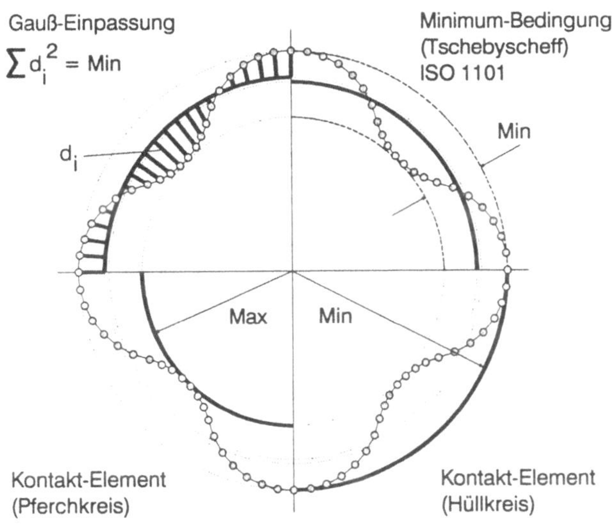

Bild 2.15: Ausgleichsbedingung am Beispiel des Kreises (nach W. Beuck)

Tschebyscheff: Ziel ist es, den größten Abstand zu minimieren. Das Resultat ist dann ein „mittleres" Formelement, dessen größte Formabweichung das Ergebnis am stärksten beeinflußt. Die hierbei berechneten Lageparameter sind sehr stark vom größten Meßfehler abhängig und daher mit großer Vorsicht zu werten.

Pferchbedingung: Das Element mit den größten Abmessungen, das noch vollständig innerhalb der Meßpunkte liegt, genügt der Pferchbedingung. Typisches Beispiel ist der größtmögliche Inkreis einer Bohrung, der zur Beurteilung einer Passung dient.

Hüllbedingung: Zur Erfüllung der Hüllbedingung wird das Element berechnet, bei dem mit kleinstmöglichen Abmessungen noch alle Meßpunkte innerhalb des Elementes liegen. Typisches Beispiel ist der Hüllkreis einer Welle bei der Passungsbeurteilung.

Im folgenden werden der Aufbau der Basiselemente dargestellt und die Berechnung gemäß DIN 32880 kurz erläutert. Weiterführende Literatur zu den Berechnungen und den Algorithmen ist in [7, 26, 27, 28, 29] zu finden.

2.4.3   Gerade

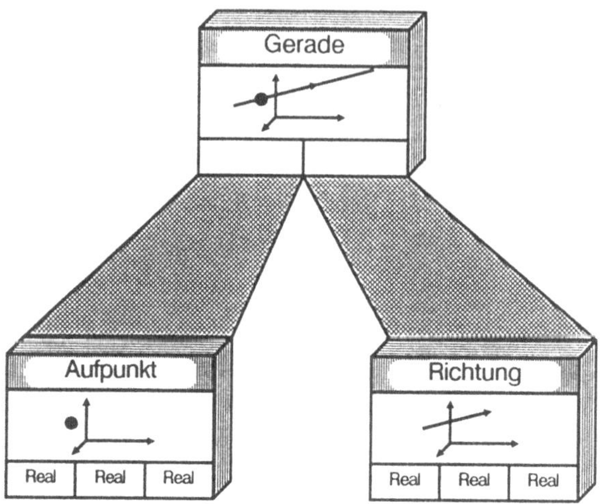

Bild 2.16: Aufbau einer Geraden

Eine Gerade wird in der „Punkt-Richtungsform" (Bild 2.16) durch die Gleichung:

$$\vec{x} = \vec{a} + \mu * \vec{r} \tag{2.4}$$

mit

$\vec{x}$: Punkt auf der Geraden
$\vec{a}$: Aufpunkt der Geraden
μ : Parameter
$\vec{r}$: Richtungsvektor der Geraden $|\vec{r}| = 1$

beschrieben.

Für den senkrechten Abstand d_i eines Meßpunktes $\vec{x}_i$ zur Geraden gilt unter der Voraussetzung ($\vec{a} = \vec{0}$), daß der Schwerpunkt von allen Meßwerten subtrahiert wurde ($\sum_{i=1}^{n} x_i = 0$, $\sum_{i=1}^{n} y_i = 0$, $\sum_{i=1}^{n} z_i = 0$):

$$d_i = |\vec{r} * (\vec{r} * \vec{x}_i) - \vec{x}_i| \tag{2.5}$$

Es muß also die Zielfunktion

$$f(r_x, r_y, r_z) = \sum_{i=1}^{n} d_i^2$$

$$= \sum_{i=1}^{n} |\vec{r} * (\vec{r} * \vec{x_i}) - \vec{x_i}|^2 \qquad (2.6)$$

unter der Nebenbedingung

$$\vec{r}^2 = r_x^2 + r_y^2 + r_z^2 = 1 \qquad (2.7)$$

minimiert werden. Dafür existiert ein geschlossener nichtiterativer Algorithmus.

Als Meßstrategie ist zu empfehlen, mindestens drei weit auseinanderliegende Punkte anzutasten.

2.4.4 Ebene

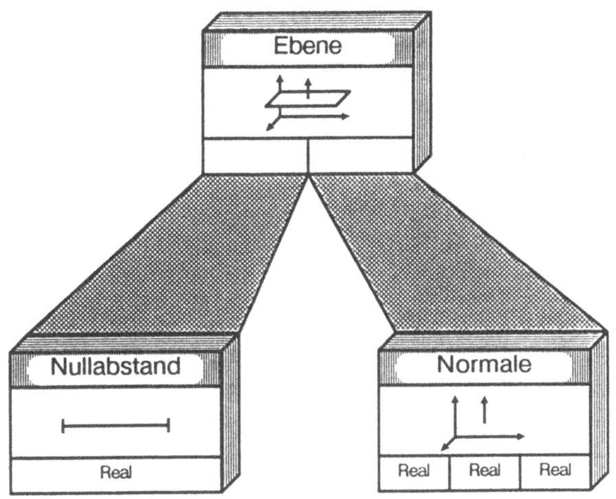

Bild 2.17: Aufbau einer Ebene

Eine Ebene wird durch die „Hessesche-Normalform" (Bild 2.17) beschrieben:

$$\vec{n} * \vec{x} - a = 0 \qquad (2.8)$$

mit

$\vec{n}$:   Normalenvektor der Ebene $|\vec{n}| = 1$

$\vec{x}$:   Punkt auf der Ebene

$\vec{a}$:   Abstand der Ebene zum Ursprung

Für den senkrechten Abstand d_i eines Meßpunktes $\vec{x}_i$ zur Ebene gilt unter der Voraussetzung (a = 0), daß der Schwerpunkt von allen Meßwerten subtrahiert wurde ($\sum_{i=1}^{n} x_i = 0$, $\sum_{i=1}^{n} y_i = 0$, $\sum_{i=1}^{n} z_i = 0$):

$$d_i = \vec{n} * \vec{x}_i \tag{2.9}$$

Es muß also die Zielfunktion

$$\begin{aligned} f(n_x, n_y, n_z) &= \sum_{i=1}^{n} d_i^2 \\ &= \sum_{i=1}^{n} (\vec{n} * \vec{x}_i)^2 \end{aligned} \tag{2.10}$$

unter der Nebenbedingung

$$\vec{n}^{\,2} = n_x^2 + n_y^2 + n_z^2 = 1 \tag{2.11}$$

minimiert werden. Auch hier existiert ein geschlossener nichtiterativer Algorithmus.

Bei der Messung sollten mindestens vier Antastpunkte auf den Ecken eines Rechtecks liegen.

2.4.5   Kreis

Zur Berechnung des Kreises im Raum ist ein Vorlauf erforderlich. Zuerst wird eine Ausgleichsebene bestimmt, da der Kreis als zweidimensionales Formelement nur in einer Ebene berechnet werden kann. Nachdem alle Punkte in diese Ebene projiziert sind, kann der Kreis in der Ebene berechnet werden.

Aus der Kreisgleichung (Bild 2.18)

$$|\vec{x} - \vec{m}| = r$$

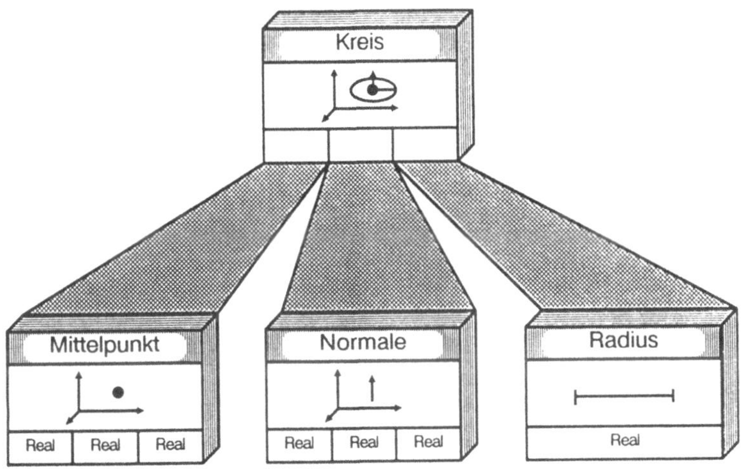

Bild 2.18: Aufbau eines Kreises

$$(x - m_x)^2 + (y - m_y)^2 = r^2 \tag{2.12}$$

mit

$$\begin{aligned}
\vec{x} = (x, y)^T &\quad : \quad \text{Punkt auf der Kreislinie} \\
\vec{m} = (m_x, m_y)^T &\quad : \quad \text{Mittelpunkt des Kreises} \\
r &\quad : \quad \text{Radius des Kreises}
\end{aligned} \tag{2.13}$$

ergibt sich für den senkrechten Abstand d_i eines Meßpunktes $\vec{x}_i = (x_i, y_i)^T$:

$$d_i = |\vec{x}_i - \vec{m}| - r \tag{2.14}$$

bzw.

$$d_i = \sqrt{(x_i - m_x)^2 + (y_i - m_y)^2} - r \tag{2.15}$$

Aus diesen Gleichungen folgt ein kompliziertes nichtlineares Gleichungssystem, das entweder mit Hilfe von Linearisierungen oder iterativ gelöst wird.

Bei der Messung sollen mindestens vier Punkte äquidistant über den Umfang verteilt werden.

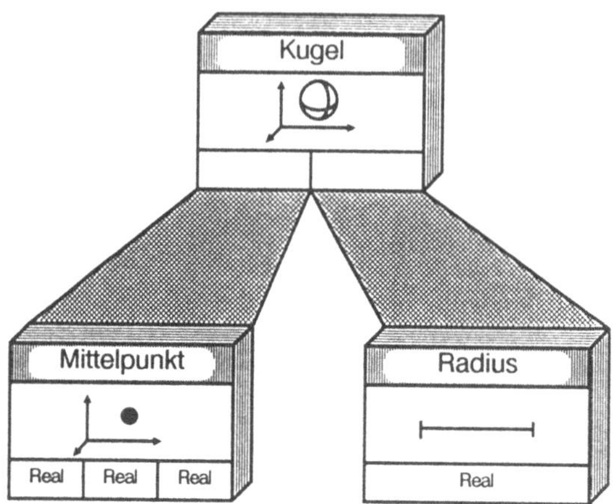

Bild 2.19: Aufbau einer Kugel

2.4.6 Kugel

Aus der Kugelgleichung (Bild 2.19)

$$|\vec{x} - \vec{m}| = r$$

$$(x - m_x)^2 + (y - m_y)^2 + (z - m_z)^2 = r^2 \qquad (2.16)$$

mit

$$
\begin{aligned}
\vec{x} &= (x, y, z)^T &&: \quad \text{Punkt auf der Kugeloberfläche} \\
\vec{m} &= (m_x, m_y, m_z)^T &&: \quad \text{Mittelpunkt der Kugel} \\
r &&&: \quad \text{Radius der Kugel}
\end{aligned}
\qquad (2.17)
$$

ergibt sich für den senkrechten Abstand d_i eines Meßpunktes $\vec{x}_i = (x_i, y_i, z_i)^T$:

$$d_i = |\vec{x}_i - \vec{m}| - r \qquad (2.18)$$

bzw.

$$d_i = \sqrt{(x_i - m_x)^2 + (y_i - m_y)^2 + (z_i - m_z)^2} - r \qquad (2.19)$$

Aus diesen Gleichungen folgt wie bei dem Kreis ein kompliziertes nichtlineares Gleichungssystem, das entweder mit Hilfe von Linearisierungen oder iterativ gelöst wird.

Die mindestens sechs Meßpunkte sollten gleichverteilt auf dem Äquator und den beiden Polen der Kugel liegen.

2.4.7 Zylinder und Kegel

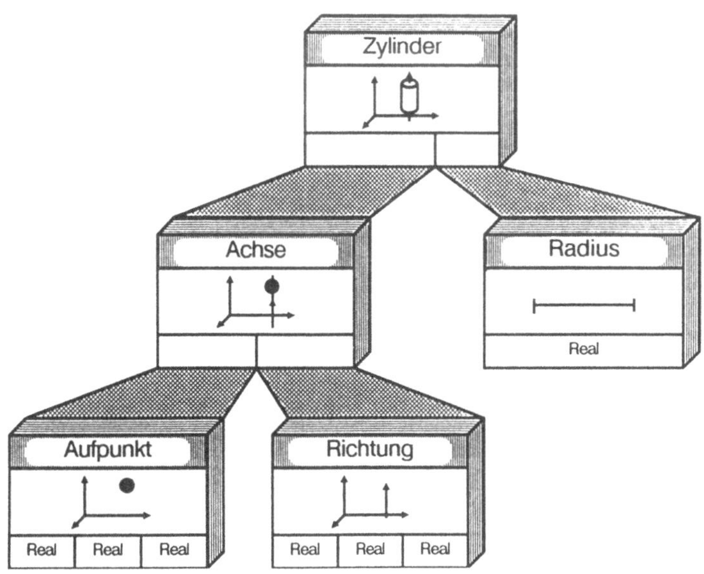

Bild 2.20: Aufbau eines Zylinders

Der Abstand von Meßpunkten zu einer Zylinder- oder Kegeloberfläche (Bilder 2.20 und 2.21) ist ein mathematisch sehr komplizierter Ausdruck, so daß eine Ausgleichsrechnung nur iterativ durchgeführt werden kann. Eine Beschreibung der zugrundeliegenden Mathematik würde im Rahmen dieser Ausführungen zu weit führen. Daher sei noch einmal auf die Literaturquellen [27, 28, 29] hingewiesen, in denen diese bzw. ähnliche Probleme gelöst werden.

Für den praktischen Einsatz bedeutet dies, daß je nach Geschick des Softwareherstellers bzw. der Leistungsfähigkeit der angeschlossenen Rechenanlage die Berechnung von Zylinder oder Kegel länger als die eigentliche Messung dauern kann.

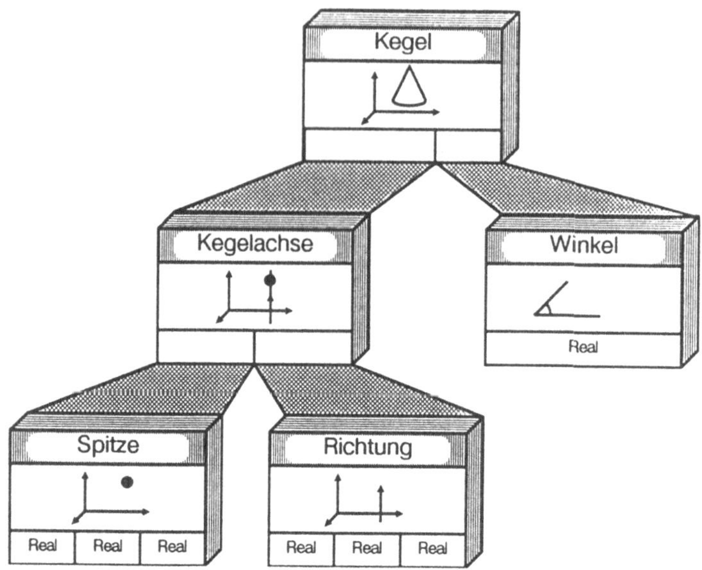

Bild 2.21: Aufbau eines Kegels

Bei der Messung eines Zylinders sollten mindestens zwei weit auseinanderliegende Kreise mit je vier Punkten angetastet werden; beim Kegel sind zur
sichereren Bestimmung von Kegelspitze und -winkel drei Kreise zu verwenden. Die beste Antaststrategie ist jedoch, eine große Anzahl von Punkten auf
einer Schraubenlinie zu verteilen; jedoch wird dann erheblich mehr Meß- und
Rechenzeit benötigt.

2.5 Beurteilung von Meß- und Berechnungsergebnissen

Ein Hilfsmittel zur Beurteilung von Meßergebnissen ist die Anwendung der
Statistik. Da in der Koordinatenmeßtechnik nicht die gesamte Oberfläche eines Prüflings erfaßt wird, sondern nur eine endliche Anzahl von Meßpunkten,
also eine Stichprobe, bietet es sich an, die Abweichungen d_i der Meßpunkte
zu dem Ausgleichselement genauer zu untersuchen.

Unter den Annahmen, daß

  1. die Abweichungen zufälliger Natur sind,

$$f(x) = \frac{1}{\sqrt{2\pi}\sigma} e^{-\frac{(x-\mu)^2}{2\sigma^2}}$$

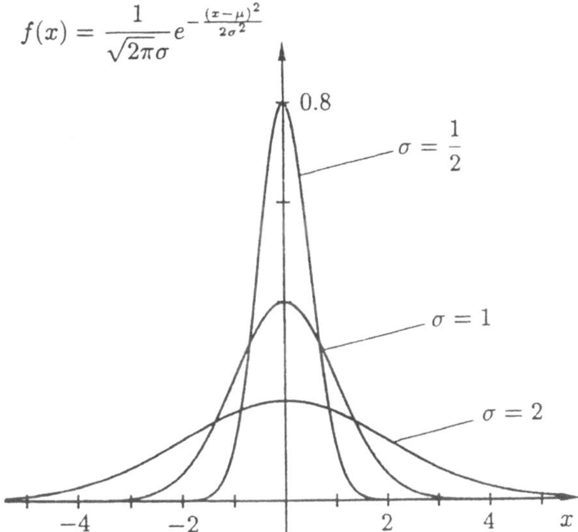

Bild 2.22: Normalverteilung für $\mu = 0$

2. die Abweichungen normalverteilt sind und

3. die Zahl der Abweichungen groß ist,

lassen sich mit Hilfe der Wahrscheinlichkeitsdichte (Bild 2.22)

$$f(x) = \frac{1}{\sqrt{2\pi}\sigma} e^{-\frac{(x-\mu)^2}{2\sigma^2}} \tag{2.20}$$

(μ : Mittelwert, σ : Standardabweichung) folgende Abschätzungen treffen:

1. 68.27% aller zu erwartenden Abweichungen liegen im Intervall $\mu \pm 1 * \sigma$

2. 95.44% aller zu erwartenden Abweichungen liegen im Intervall $\mu \pm 2 * \sigma$

3. 99.73% aller zu erwartenden Abweichungen liegen im Intervall $\mu \pm 3 * \sigma$

Da es sich bei den Abweichungen d_i um Abweichungen zu einem Gaußschen Ausgleichselement handelt, ist der Mittelwert μ gleich Null. Die Standardabweichung σ kann durch

$$\sigma \approx s = \sqrt{\frac{1}{n-k} \sum_{i=1}^{n} d_i^2} \tag{2.21}$$

abgeschätzt werden, wobei n die Anzahl der Meßpunkte und k die Anzahl der Parameter bzw. der Freiheitsgrade eines Elementes ist (Tabelle 2.1).

Tabelle 2.1: Freiheitsgrade der Basiselemente

Element	k	Element	k
Gerade	2	Kugel	4
Ebene	3	Zylinder	5
Kreis	3	Kegel	6

Oft sind die oben genannten Annahmen der Statistik verletzt, da viele Abweichungen systematischer Natur sind, z.B. n-Seiten-Gleichdick an einer Welle. Daher sollten bei der Interpretation der Standardabweichung auch immer die kleinste und größte Abweichung berücksichtigt werden.

Sehr kritisch ist auch die benutzte Software bei der Interpretation von Meßergebnissen zu betrachten. Die Europäische Gemeinschaft hat im Rahmen eines Ringversuches verschiedene Softwarepakete der Koordinatenmeßtechnik getestet [30]. Die Ergebnisse dieses Tests sind in Bild 2.23 dargestellt. Zu jedem Basiselement wurden verschiedene Meßpunktsätze generiert und die Berechnungsergebnisse mit einer Referenzsoftware verglichen. Dabei zeigten sich bei einigen Herstellern erhebliche Berechnungsfehler, die größer als die mechanischen Fehler der Meßgeräte sind. Auch konnten einige Basiselemente überhaupt nicht berechnet werden.

Da dieser Test 1985 bis 1986 durchgeführt wurde, hat sich die Qualität der Software in der Zwischenzeit verbessert, und die EG führt derzeitig weitere Ringversuche durch. Die Ergebnisse eines inzwischen abgeschlossenen zweiten Softwaretests sind in [31] beschrieben.

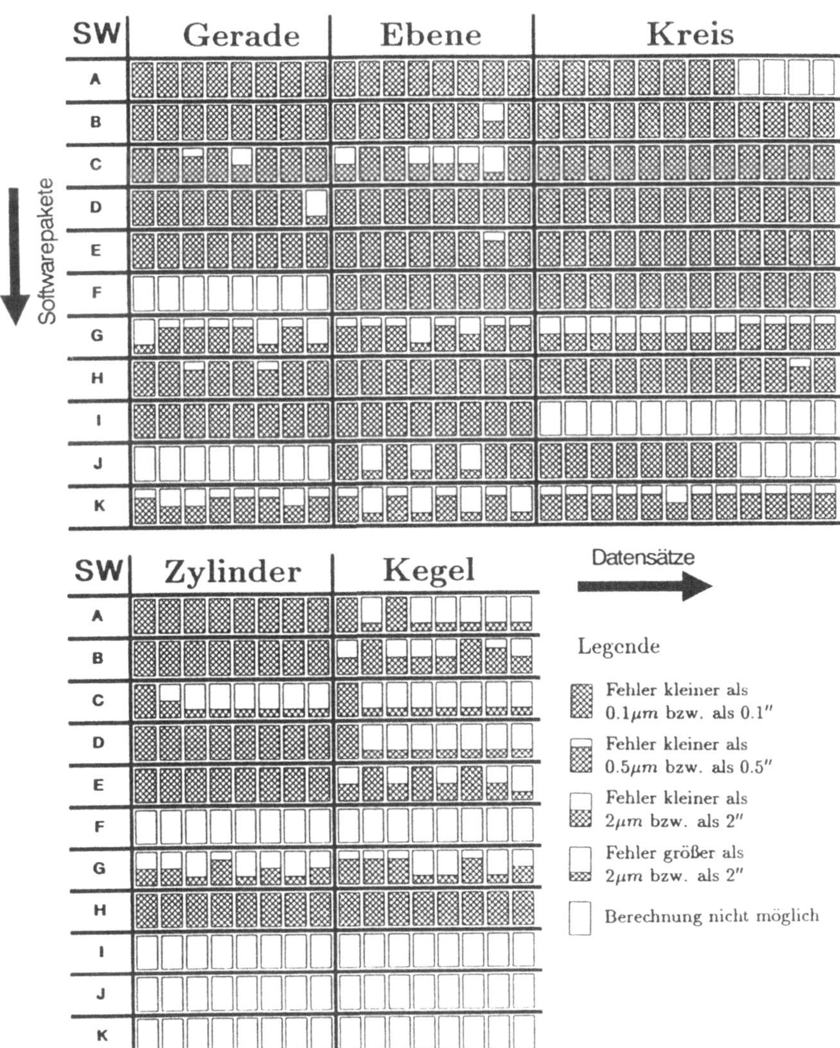

Bild 2.23: Ergebnisse des Software-Tests

3 Tastsysteme und Antastverfahren

Dipl.-Ing. T. Roth, Wetzlar

3.1 Einleitung

Die Koordinatenmeßtechnik basiert auf der Annahme, daß die Oberfläche eines Werkstücks durch endlich viele Punkte hinreichend genau beschrieben wird, um eine Qualitätsaussage zu treffen.

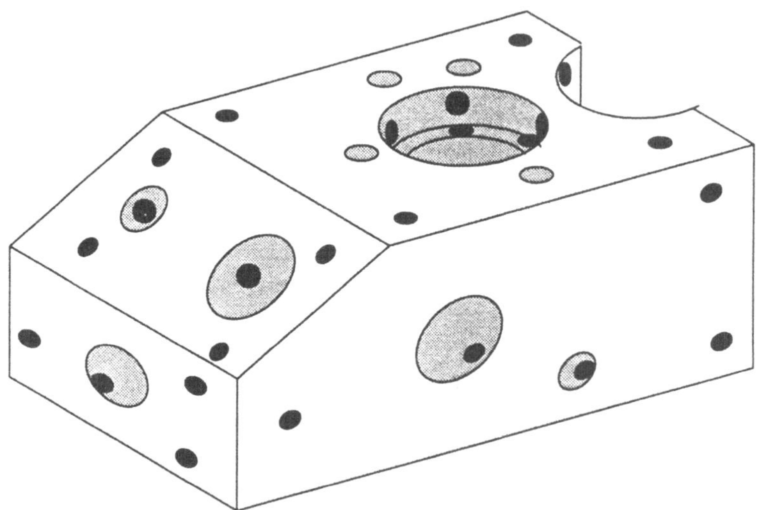

Bild 3.1: Meßaufgaben an einem Werkstück

Koordinatenmeßgeräte dienen zur Identifizierung der Oberflächenpunkte und zur Zuordnung von Raumkoordinaten in einem geeigneten Koordinatensystem. Ihre Tastsysteme stellen dabei den Bezug zwischen dem Meßpunkt am Prüfling und dem konstruktionsbedingten Gerätekoordinatensystem her (Bild 3.1).

In der Frühzeit der Koordinatenmeßtechnik wurden zunächst mechanische Taster für den manuellen Betrieb eingesetzt. Diese hatten je nach Aufgabenstellung recht unterschiedliche Formen.

Im Zuge der Automatisierung von Koordinatenmeßgeräten wurden Tastsysteme entwickelt, die selbständig die Berührung mit einem Werkstück melden. Auf Grund dieser Meldung kann der Koordinatenpunkt an den Längenmeßsystemen der Geräteachsen abgelesen werden.

Die meistverwendeten Systeme arbeiten auf mechanischer Basis, wobei schaltende und messende Ausführungen unterschieden werden. Seit einigen Jahren werden zunehmend auch optische Tastsysteme auf dem Markt angeboten, deren Anwendung allerdings gegenüber den mechanischen Systemen begrenzt ist [32] (Bild 3.2).

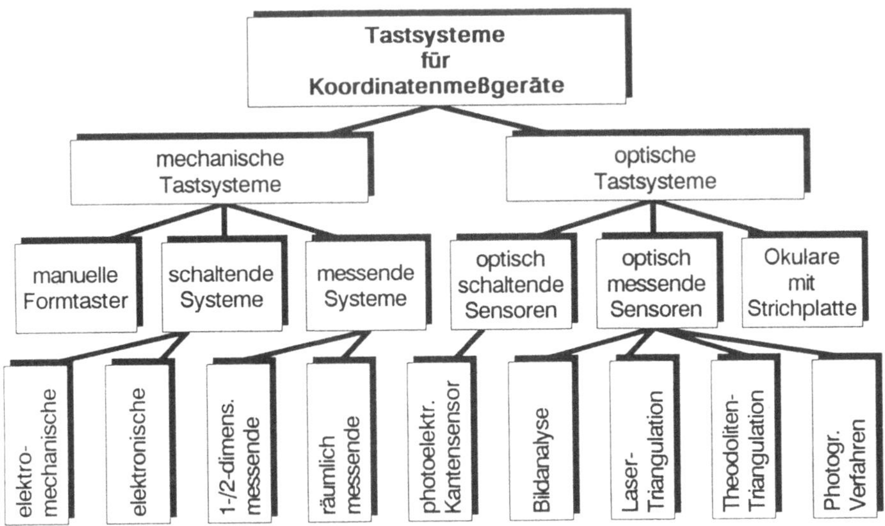

Bild 3.2: Tastsysteme für Koordinatenmeßgeräte

3.2 Schaltende Tastsysteme

Bei den mechanischen Tastsystemen werden zur Aufnahme der Meßpunkte Taststifte eingesetzt, die meist mit einer Rubinkugel versehen sind. Wegen der Reaktionszeit der Steuerung und aus Gründen des Kollisionsschutzes ist eine Auslenkung der Taststifte notwendig (Bild 3.3). Bei schaltenden Tastsystemen wird dies meist durch eine Knickstelle realisiert, während messende Tastsysteme eine Parallelführung aufweisen.

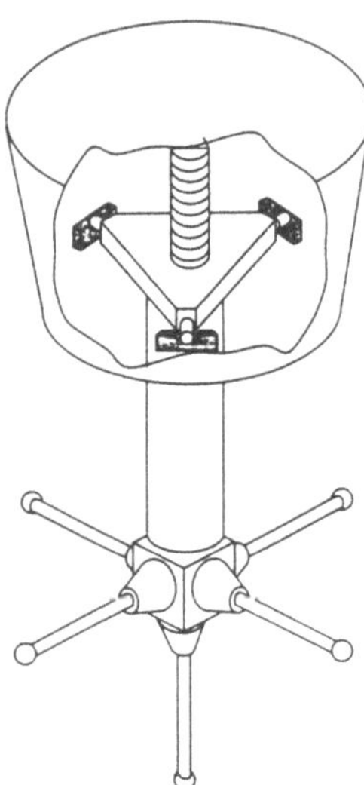

Bild 3.3: Knickstelle beim schaltenden Tastsystem

Die Steuerung hält, auch im manuellen Betrieb, bei erkannter Auslenkung die Antriebe an und übernimmt die Rückfahrt entgegengesetzt zur Anfahrrichtung. Diese Zwangssteuerung ist zum Schutz des Tastsystems vor mechanischer Zerstörung notwendig.

Schaltende Tastsysteme arbeiten grundsätzlich dynamisch, d.h. mindestens eine der Geräteachsen wird während der Meßpunktaufnahme bewegt. Sie erzeugen beim Auftreffen auf den Prüfling einen Impuls, mit dem das Ablesen der Längenmeßsysteme in den Achsen des Meßgerätes ausgelöst wird. Unter den schaltenden Tastsystemen wollen wir zwei Untertypen betrachten, die diesen Impuls auf unterschiedliche Art erzeugen.

3.2.1   Mechanisch schaltende Tastsysteme

Das typische mechanisch schaltende Tastsystem hat eine Knickstelle mit Dreipunktauflage. Die Lagerstellen sind als elektrische Schalter ausgebildet. Sie stellen eine leitende Verbindung her, die bei Auslenkung der Taststifte durch das Abheben einer der drei Kontakte unterbrochen wird. Aus der Unterbrechung wird der Schaltimpuls hergeleitet. Dabei tritt eine Schaltverzögerung auf, die abhängig von der Taststiftgesamtlänge und der Antastrichtung ist (Bild 3.4).

Bild 3.4: Elektrischer Kontakt   Bild 3.5: Piezoelektrischer Sensor

3.2.2 Elektronisch schaltende Tastsysteme

Elektronisch schaltende Tastsysteme besitzen einen piezoelektrischen Sensor, der entweder auf Druck oder Schall reagiert. Die Schaltverzögerung ergibt sich hierbei ausschließlich aus der Dauer der Schallfortpflanzung zwischen Taststift und Sensor. Sie ist daher insbesondere bei langen Taststiften geringer als bei mechanisch schaltenden Systemen (Bild 3.5).

3.3 Messende Tastsysteme

Bei den messenden Tastsystemen ist die Taststiftaufnahme an drei rechtwinklig zueinander angeordneten Federparallelogrammen angebracht. Dadurch wird eine Geradführung der Taststifte erreicht. Drei eindimensionale induktive Wegaufnehmer erzeugen eine meßbare Spannung abhängig von der Auslenkung der Federparallelogramme.

Das messende Tastsystem der Fa. Leitz [32] erzeugt die Antastkraft durch ein spezielles Federsystem. Im wirksamen Bereich der Kennlinie ist die Antastkraft proportional zur Auslenkung des Tastsystems. Dabei ist das Tastsystem in allen drei Achsen frei beweglich (Bild 3.6). Dies ermöglicht Antastungen in räumlich beliebiger Richtung senkrecht zur Werstückoberfläche und kontinuierliches Scannen mit gleichbleibender Meßkraft. Geräte mit messenden Tastsystemen ermöglichen eine ganze Reihe unterschiedlicher Antastverfahren.

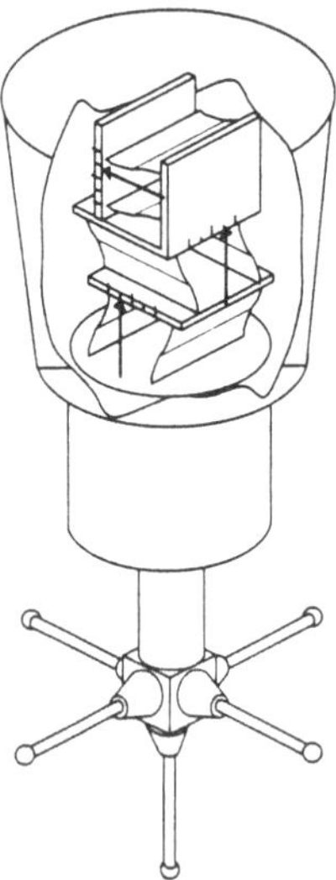

Bild 3.6: Federparallelogramm im messenden Tastsystem

3.3.1   Statisch messende Antastung

Zur statischen messenden Antastung wird das Tastsystem nach erkannter Auslenkung soweit zurückgefahren, daß die Auslenkung der gewählten Antastkraft entspricht. Nach Abklingen der Eigenschwingungen des Meßgerätes (ca. 0.4 s) werden die Längenmeßsysteme der Geräteachsen und die Werte der Tastsystemauslenkung abgelesen (Bild 3.7).

3.3.2   Dynamisch messende Antastung

Bei der dynamisch messenden Antastung wird das Tastsystem nach erkannter Auslenkung mit kontinuierlicher Geschwindigkeit zurückgefahren, wobei fortwährend die Längenmeßsysteme und die Werte der Tastsystemauslenkung abgelesen werden. Diese Werte stellen die (räumliche) Kennlinie der Antastung dar, die für eine beliebige Antastkraft zwischen 0 und 0,5 Newton abgelesen werden kann (Bild 3.8).

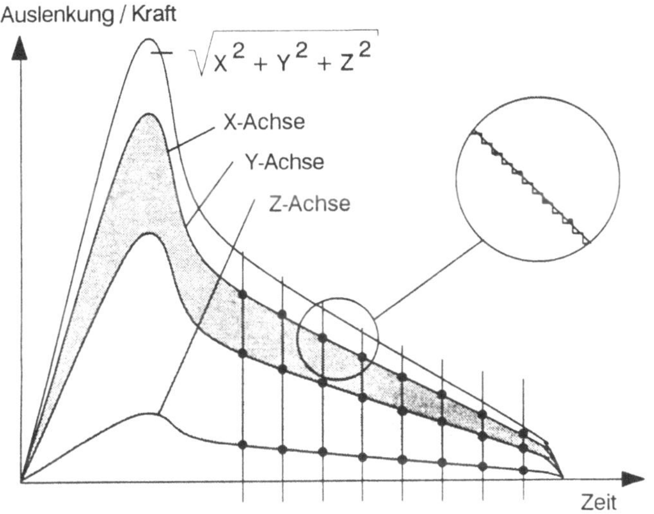

Bild 3.7: Auslenkung des Tastsystems

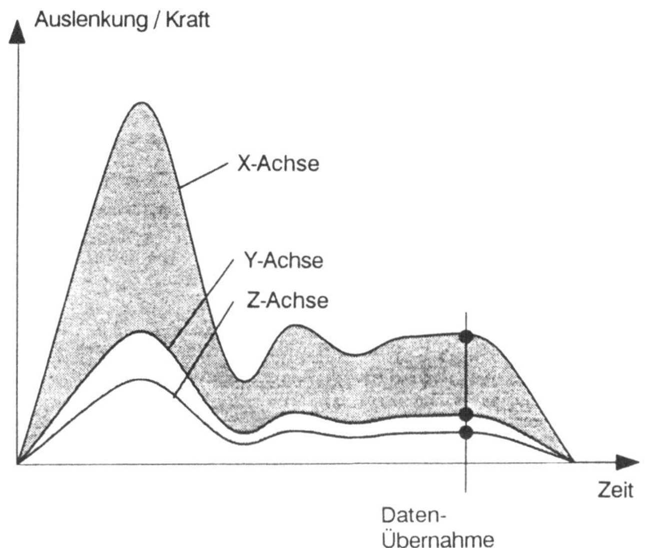

Bild 3.8: Auslenkung des Tastsystems
bei dynamischer Einzelpunktantastung

3.3.3 Kontinuierliches Scannen

Durch kontinuierliches Scannen können geometrische Elemente und beliebige ebene und räumliche Linien schnell mit einer hohen Zahl von Meßpunkten erfaßt werden. Die gemessenen Scanpunkte werden in Meßpunkt-Dateien gespeichert und sind damit jederzeit für Auswertungen zugänglich.

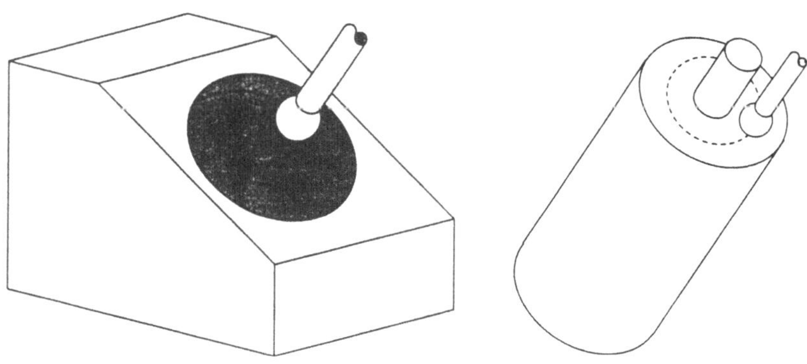

Bild 3.9: Steuerung auf   Bild 3.10: Steuerung auf
     einer Ebene   einem Zylinder

Räumliches Scannen bedeutet, daß die Scanlinien nicht in einer Koordinatenebene des Gerätes liegen müssen. Vielmehr bietet das Scannen verschiedene Steuermöglichkeiten:

Steuerung in einer Ebene: Dies ist die klassische Form des Scannens, wobei sich der Tastkugelmittelpunkt in einer Ebene bewegt. Mit dieser Steuerung lassen sich beispielsweise schräge Bohrungen auf Kreisbahnen scannen (Bild 3.9).

Steuerung auf einer Zylinderfläche: Mit dieser Steuerung ist es möglich, den Planlauf einer Stirnfläche oder auch Steuerkurven auf Mantellinien im Scannen zu ermitteln (Bild 3.10).

Steuerung auf einer Kegelfläche: Diese Steuerung erlaubt das Scannen in einer konischen Bohrung zur Ermittlung des Laufs (Bild 3.11).

Steuerung nach einer Punkt-Datei: Mit dieser Steuerung sind alle Kurven meßbar, bei denen die vorgenannten Verfahren zu ungünstigen Ergebnissen führen (Bild 3.12).

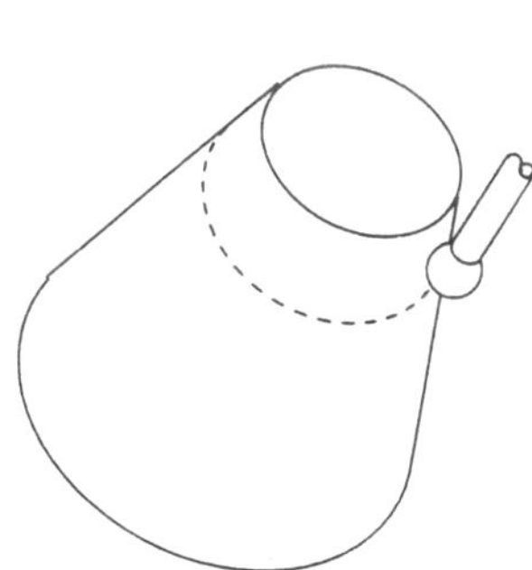

Bild 3.11: Steuerung auf
einem Kegel

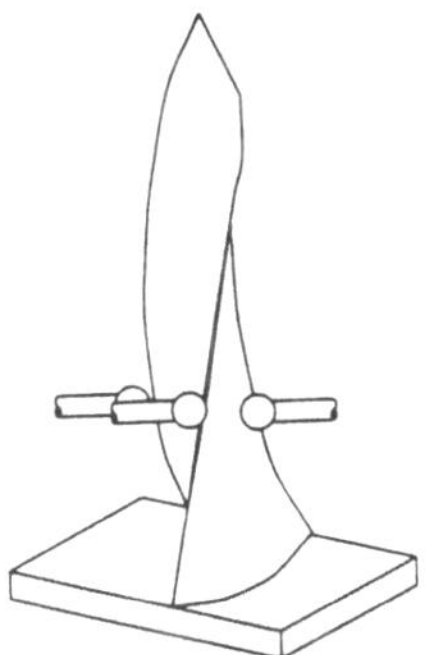

Bild 3.12: Steuerung nach
einer Datei

3.3.4   Selbstzentrieren

Selbstzentrierende Antastungen sind mit dem kontinuierlichen Scannen verwandt. Der Taster fährt an der Werkstückoberfläche entlang zu einem „niedrigsten" Punkt und übernimmt dort die Koordinaten (Bilder 3.13, 3.14, 3.15).

3.4   Lasertaster

Lasertaster basieren auf dem System der optischen Dreiecksbestimmung (Triangulation). Ein Laserstrahl wird auf die Werkstückoberfläche gerichtet. Der reflektierte Strahl trifft auf ein CCD-Array. Der Auftreffpunkt auf der Zelle beschreibt den Abstand zwischen Tastsystem und Werkstückoberfläche [33] (Bild 3.14).

Die Funktion und Genauigkeit des Lasertasters ist abhängig von der Umgebungstemperatur, der Beschaffenheit der Werkstückoberfläche und der Ausrichtung des Systems senkrecht zur angezielten Fläche.

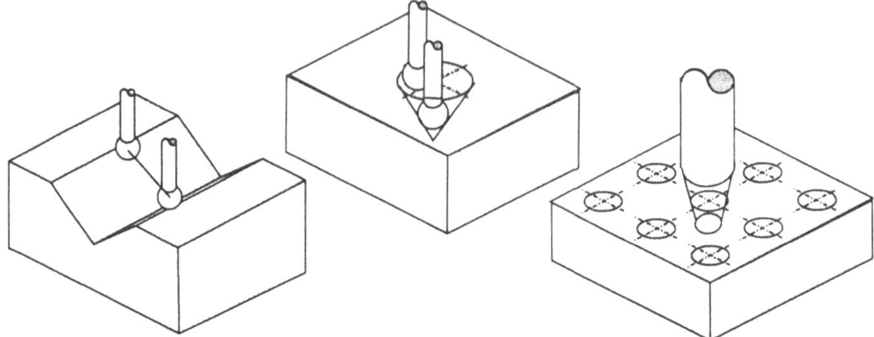

Bild 3.13: einachsig   zweiachsig   mit Kegeltaster
           Möglichkeiten zur selbstzentrierenden Antastung

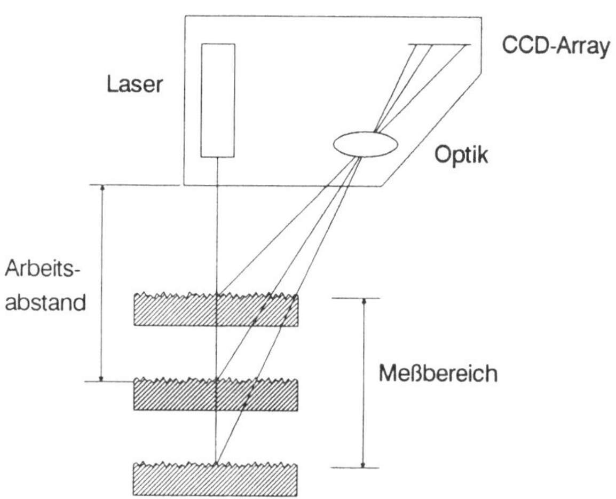

Bild 3.14: Prinzip eines Lasertasters

3.5   Photoelektrische Kantenantastung

Seit jeher werden zur Prüfung von Werkstücken, die zu klein sind für mechanische Antastungen oder sich plastisch verformen, nur optische Antastverfahren
eingesetzt. Ein schaltendes optisches System ist die photoelektrische Kantenantastung. Durch geeignete Beleuchtung wird das Werkstück so auf einen
photoelektrischen Sensor abgebildet, daß beim Überfahren einer Werkstückkante ein Hell-Dunkel-Übergang zu einer Signalveränderung führt (Bild 3.15).
Hieraus wird der Impuls zum Ablesen der Gerätekoordinaten abgeleitet.

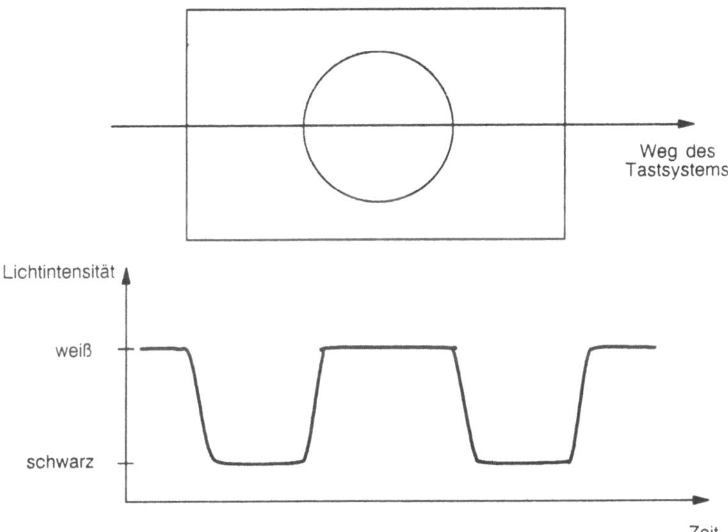

Bild 3.15: Photoelektrische Kantenantastung

3.6 Bildanalyse

Die Meßpunktaufnahme durch Bildanalyse kann zu den messenden optischen Antastverfahren gezählt werden. Mit einer Fernsehkamera wird das
Bild eines Kantenabschnittes des Werkstücks aufgenommen. Das Gesamtbild
enthält rund 300.000 Bildpunkte, von denen rund 600 die Werkstückkante beschreiben. Der räumliche Abstand der Kante zum Bildmittelpunkt dient als
Meßwert des Tastsystems (Bild 3.16). Auf diese Weise können Meßpunkte
genauso aufgenommen werden, wie mit anderen Tastsystemen [34, 35, 36].

3.7 Theodoliten

Auch Theodoliten, die gewöhnlich in der Geodäsie eingesetzt werden, sind
(paarweise) als Koordinatenmeßgerät einsetzbar (Bild 3.17). Auch sie arbeiten nach dem Prinzip der optischen Triangulation. Im Gegensatz zum
Lasertaster sind sie jedoch nicht am rechtwinkligen Koordinatensystem eines
Koordinatenmeßgerätes angebracht, sondern werden einzeln auf einem Stativ
aufgestellt. Die Basislinie zwischen den beiden Theodoliten dient hierbei als

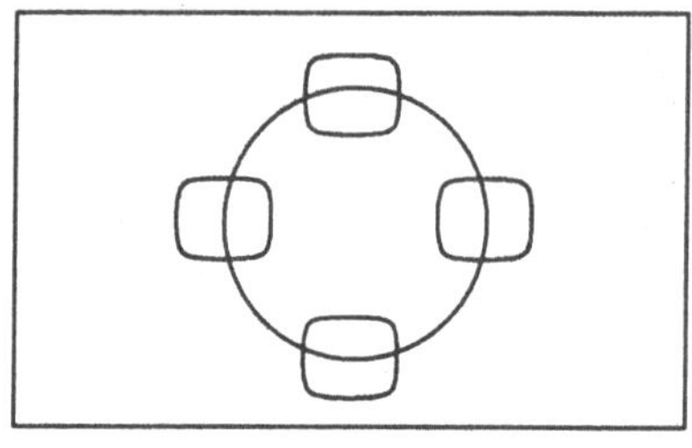

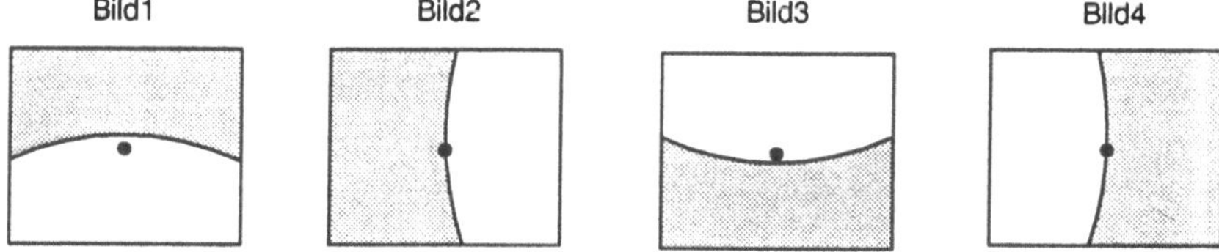

Bild 3.16: Bildanalyse

Bezug für das räumliche Koordinatensystem. Der Vorteil dieses Systems besteht in seinem mobilen Aufbau und in seinem praktisch unbegrenzten Meßvolumen.

3.8 Photogrammetrische Verfahren

3.8.1 Photogrammetrische Verfahren mit Photokameras

Als Meßgerät vor Ort wird eine modifizierte Kleinbild- oder Mittelformatkamera eingesetzt. Die Funktion der menschlichen Augen, die aufgrund ihres Abstands Objekte von verschiedenen Seiten betrachten und dadurch ein dreidimensionales Sehen ermöglichen, wird hier erweitert: beliebig viele Aufnahmen von allen Seiten des Prüflings werden zur Ermittlung der räumlichen (3D) Geometrie herangezogen.

Bei nichtflüchtigen Vorgängen werden die Aufnahmen nacheinander mit der gleichen Kamera gemacht. Bei dynamischen Vorgängen ist die Aufnahme

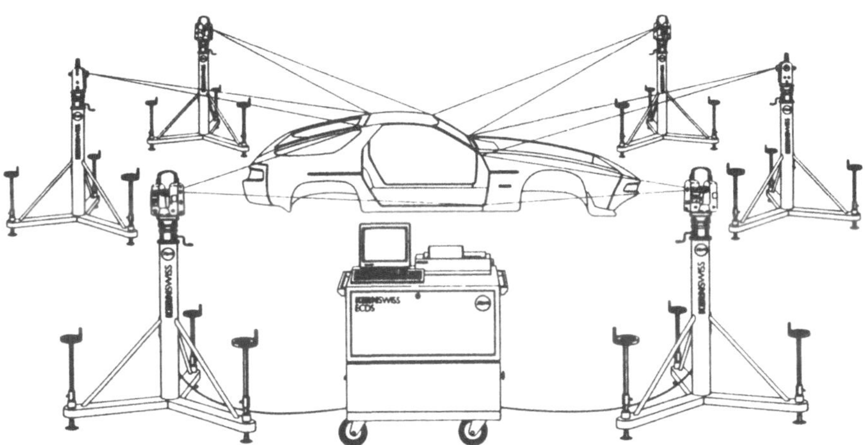

Bild 3.17: Mobiles Koordinatenmeßgerät mit Theodoliten

mit mehreren Kameras notwendig, die über einen gemeinsamen Auslöser oder einen Elektronenblitz synchronisiert werden.

Die zusammengehörenden Punkte der unterschiedlichen Aufnahmen vom gleichen Objekt werden an einem Digitizer oder Meßmikroskop aufgenommen und mit dem sog. Bündelausgleichsprogramm in dreidimensionale Punkte (mit X-, Y- und Z-Koordinaten) umgerechnet.

3.8.2 Vollautomatische photogrammetrische Verfahren mit Videokameras

Dieses System besteht aus 4 simultan arbeitenden Video-Kameras (mindestens jedoch 2) und einem Photogrammetrie-Microcomputer, der die meßtechnische Bildverarbeitung ausführt (Bild 3.18). Er berechnet aus den 2D-Bildinformationen die 3D-Raumpunkte.

Die Anordnung der Kameras ist frei, paßt sich also den Erfordernissen der Anwendung an. Sie wird so gewählt, daß alle Meßpunkte des Werkstücks von mindestens zwei Kameras erfaßt werden. Dabei helfen dem Bediener zwei Monitore am Computer. Zum Anbringen der Kameras können Normbauteile verwendet werden. Spezielle Präzisionsvorrichtungen sind nicht notwendig.

Im Meßvorgang wird zunächst vom Objekt jeweils ein Bild aufgenommen und gespeichert. Anschließend wird eine Meßmarke nacheinander an die Meß-

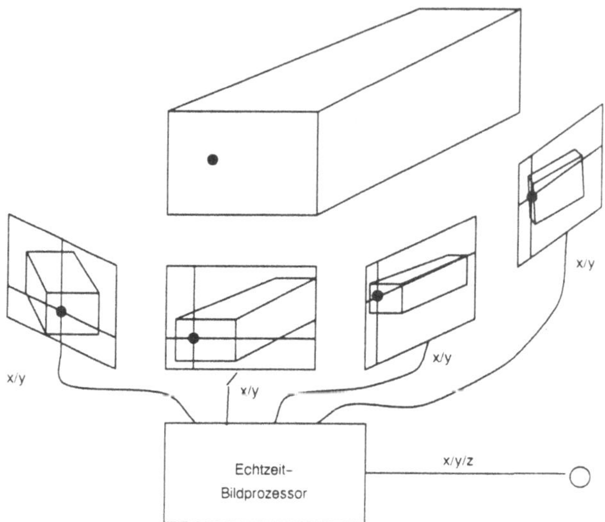

Bild 3.18:　Der Echtzeit-Bildprozessor berechnet
　　　　　　die Raumkoordinaten eines Meßpunktes

punkte angebracht oder ein Laserspot auf die Werkstückoberfläche projiziert. Jede Position der Meßmarke wird von den Kameras registriert und mit den gespeicherten Bildern verglichen. Automatisch werden die Kameras selektiert, die den Meßpunkt „sehen".

Die Meßunsicherheit hängt von der jeweiligen Meßaufgabe ab (Größe des erfaßten Objektes), nicht vom System selbst. Sie ist besser als 1:5000, d.h. an einem Objekt von 5 m Länge wird eine Meßunsicherheit von 1 mm erreicht. Die Erfassung eines einzelnen Meßpunktes nimmt insgesamt nicht mehr als eine halbe Sekunde in Anspruch.

3.9　Berechnungsvorgänge bei Antastungen

Die Steuerung der Meßgeräte beschränkt sich nicht auf das Anfahren und Übernehmen der Meßpunkte, sondern beinhaltet eine ganze Reihe von Berechnungsalgorithmen [37] (Bild 3.19). Hierzu gehören:

- die Korrektur der Durchbiegung der Taststifte

- die Korrektur von Maßstabs- und Geometriefehlern des Meßgerätes

- die Berechnung der verschiedenen Taststifte auf einen Bezugspunkt

- die Korrektur von statischen Temperaturgefällen am Meßgerät

- die Verrechnung einer vierten Achse (Drehtisch) in das dreidimensionale Koordinatensystem des Meßgerätes

- die Umrechnung des Gerätekoordinatensystems in das Werkstückkoordinatensystem

- die Korrektur von statischen Temperaturgefällen zwischen Gerät und Werkstück

3.9.1 Taststiftbiegung

Je nach Anforderung sind Taststifte unterschiedlich lang, haben unterschiedliche Schaftdurchmesser und können über beliebige Zwischenstücke angebracht sein. Bei messenden Tastsystemen, die mit einer bestimmten Antastkraft arbeiten, treten z.B. an langen, schlanken Taststiften erhebliche Durchbiegungen auf. Ohne Korrektur dieser Biegung sind exakte Messungen überhaupt nicht möglich. Daher werden beim Kalibrieren der Taststifte auch diese Biegungen ermittelt. Dies geschieht wahlweise nach unterschiedlichen Modellvorstellungen:

3.9.1.1 „Wirksamer Tastkugeldurchmesser"

Das Modell des wirksamen Durchmessers geht davon aus, daß die Biegung des Taststiftes unabhängig von der Antastrichtung immer gleich ist (Bild 3.20). Diese Annahme gilt recht gut für elektronisch schaltende Tastsysteme, deren Schaltverzögerung als Biegung angesehen werden kann.

3.9.1.2 Einachsige Biegung

Beim einachsigen Biegungsmodell wird davon ausgegangen, daß der Taststift keinerlei Stauchung aufweist und die Biegung des Taststiftes (senkrecht zu seiner Achse) in allen Richtungen gleich ist (Bild 3.21). Dies trifft auf Taststifte zu, die unmittelbar in eine der Taststiftaufnahmen eines messenden Tastsystems eingeschraubt sind.

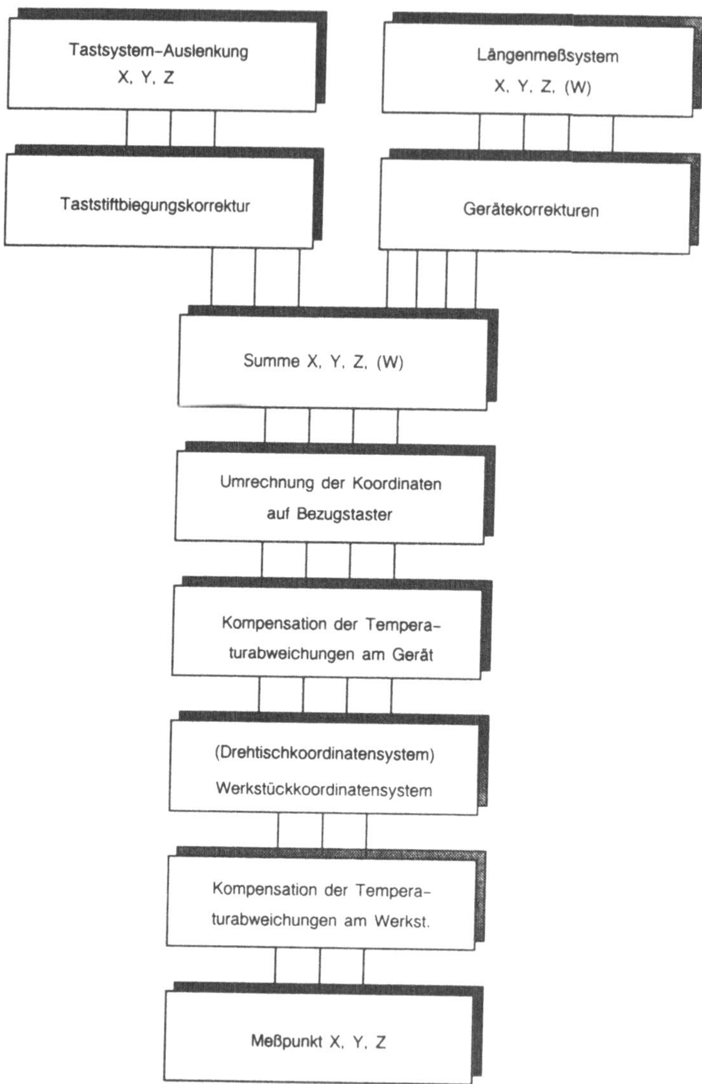

Bild 3.19: Vorgänge bei einer Antastung

3.9.1.3 Zweiachsige Biegung

Bei der zweiachsigen Biegung wird die Stauchung ebenfalls als vernachlässigbar angenommen. Die Biegung wird abhängig von der Antastrichtung er-

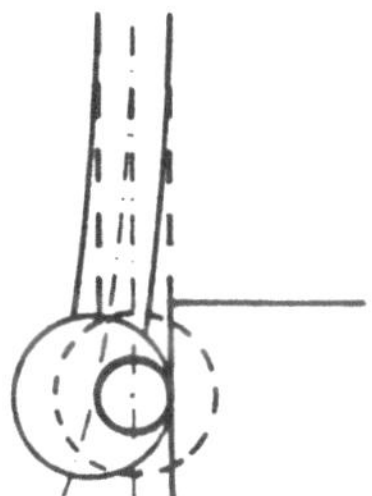

Bild 3.20: Effektiver Durchmesser

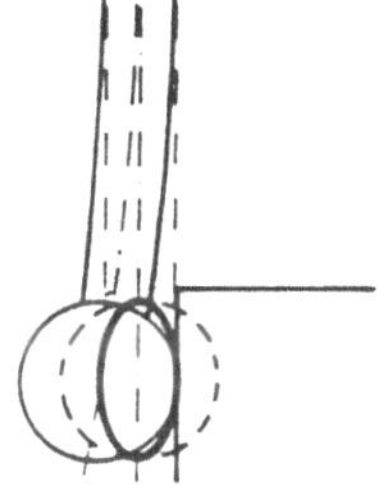

Bild 3.21: Einachsiges
Biegungsmodell

mittelt (Bild 3.22). Dieses Modell trifft auf Taststifte zu, die über eine nicht rotationssymmetrische Verlängerung (z.B. Würfelaufnahme) angebracht sind.

3.9.1.4 Dreiachsige Biegung

Bei der dreiachsigen Biegung wird auch die Stauchung des Taststiftes berücksichtigt (Bild 3.23). Dieses Modell trifft auf abgekröpfte Taststifte, Sterntaster und beliebig angeordnete komplizierte Anordnungen zu.

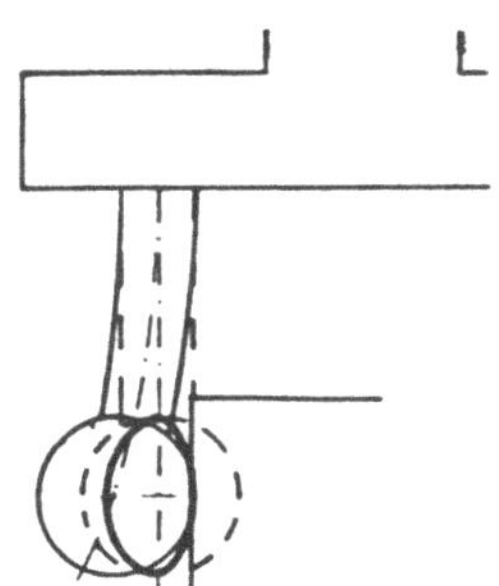

Bild 3.22: Zweiachsiges
Biegungsmodell

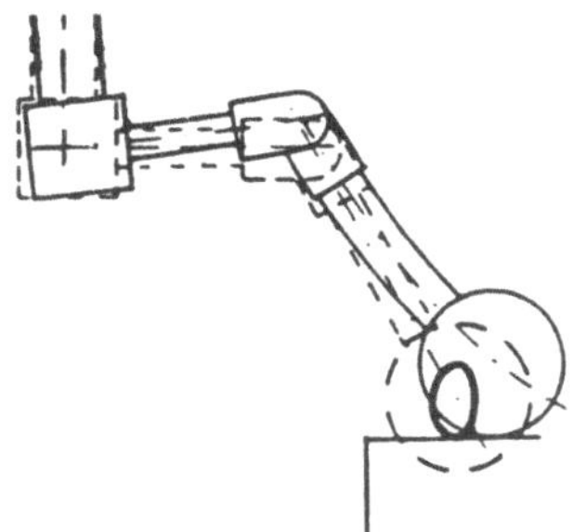

Bild 3.23: Dreiachsiges
Biegungsmodell

3.9.2 Gerätekorrektur

Meßgeräte, auch die präzisesten, sind keine idealen Gebilde. So haben auch Koordinatenmeßgeräte kein optimales Koordinatensystem: sie sind weder rechtwinklig noch gerade, kurz, sie sind krumm und schief. Je mehr die Formfehler des Gerätes reproduzierbar sind, umso besser lassen sich diese Fehler ermitteln und durch den Einsatz von Software korrigieren. Insbesondere sind dies Korrekturen für die Maßstäbe, die Rechtwinkligkeit und die Geradheit der Geräteachsen.

3.9.3 Summe von Gerätekoordinaten und Tasterdaten

Nach den Korrekturen der Taststiftbiegung und der Gerätefehler werden die Koordinatenwerte des Tastsystems und der Geräteachsen addiert.

3.9.4 Relative Taststiftlagen

Wenn eine beliebige Taststiftkombination am Tastsystem angebracht wird, weiß das Meßprogramm zunächst nicht, wo sich die einzelnen Taststifte befinden und um welche Art von Taststift es sich handelt. Diese Information ist aber notwendig, um alle Stifte für die Messungen einsetzen zu können. Sie wird im Kalibriervorgang für die einzelnen Taststifte ermittelt bzw. eingegeben. Dazu wird ein Kugelnormal mit allen Taststiften angetastet. Für die berechneten Mittelpunkte der Kugeltaststifte ergeben sich Koordinaten, die auf einen sogenannten Referenztaster bezogen werden (Bild 3.24).

Hauptsächlich bei messenden Tastsystemen können neben den Kugeltaststiften auch noch andere Arten eingesetzt werden.

3.9.5 Temperatur-Kompensation am Meßgerät

Eine gute Temperierung des Meßraums und der Prüflinge ist eine der Grundbedingungen für exaktes Messen. In der DIN 102 ist die Temperatur von 20° Celsius als Bezugstemperatur für Messungen schlechthin festgelegt. Eine entsprechende Temperierung ist also anzustreben.

Bei dauernd wechselnder Temperatur des Meßraums verändert das Meßgerät seine Form – das Gerätekoordinatensystem wird verbogen. Bei gleichbleibender Temperatur stellt sich die ursprüngliche Form wieder ein. Wenn

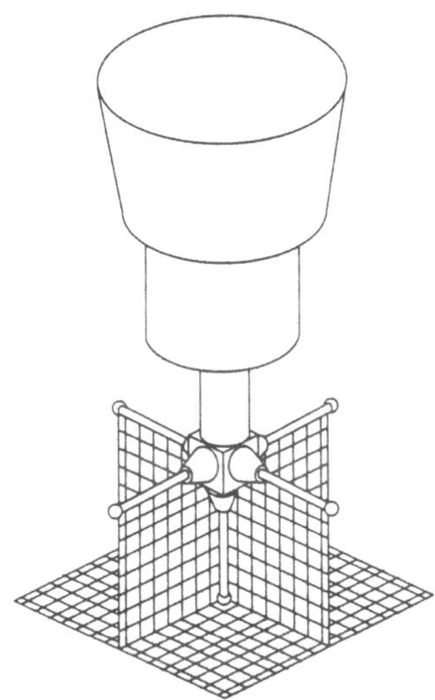

Bild 3.24: Umrechnung auf den Bezugstaster

also die zeitlichen Änderungen der Temperaturen gering sind, bleibt nur die veränderte Länge der Maßstäbe als Fehlerquelle. Ist die tatsächliche Temperatur bekannt, sind in diesem Fall die Temperaturdifferenzen zu 20°C vom Programm bei der Auswertung korrigierbar [38]. Ein Meßraum, der z.B. aus Gesundheitsgründen nicht auf 20°C sondern etwa auf 22°C temperiert ist, eignet sich daher trotzdem für die Lehrenkontrolle mit Koordinatenmeßgeräten.

3.9.6 Messen in Werkstückkoordinaten

Beim Erstellen eines Teileprogramms werden die Fahr- und Antastpositionen sinnvollerweise nicht im Geräte-, sondern im Werkstückkoordinatensystem abgespeichert. Dadurch ist der Anwender unabhängig von der Lage des Werkstücks auf dem Meßtisch. Dies beinhaltet gleichzeitig die Möglichkeit, Palettenläufe mit mehreren gleichen Werkstücken in einer Aufspannung zu messen.

3.9.7 Temperaturkompensation am Werkstück

Bei wechselnder Werkstücktemperatur wechseln die einzelnen Oberflächenpunkte ständig ihre Position bezüglich des Gerätekoordinatensystems. Diese

Positionsveränderungen verhindern präzise Messungen (Bild 3.25). Wenn die
zeitlichen Änderungen der Temperaturen am Werkstück so gering sind, daß
während der Messung die Positionsänderungen am Werkstück vernachlässigbar sind, kann auch hier mit konstanten Temperaturen gerechnet werden.

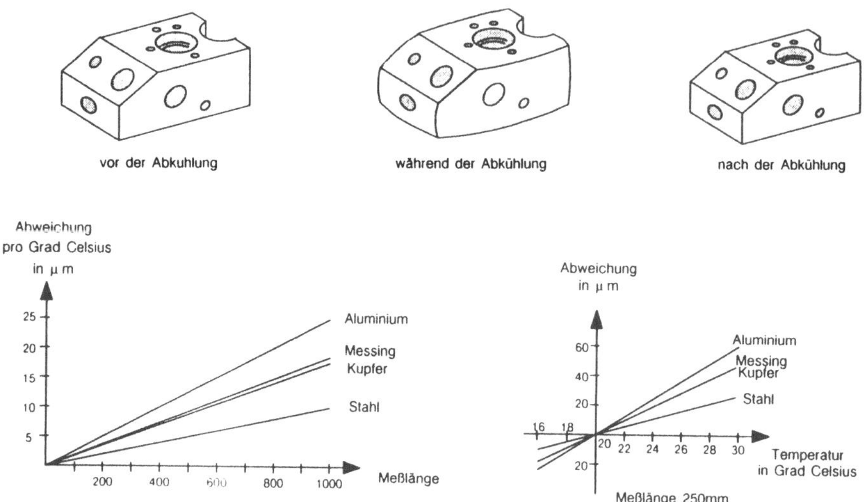

Bild 3.25: Einfluß der Temperatur auf die Gestalt des Werkstücks

3.10 Ausblick

Die Anforderungen an die Genauigkeit von Meßgeräten steigen ständig. Für
hohe Präzision muß ein beträchtlich hoher Aufwand in der Steuerung von
Antastungen und in der Berechnung der Meßpunkte getrieben werden. Die
hierbei notwendigen Korrekturen der geometrischen Fehler der Gerätes sind
allerdings nur sinnvoll, wenn durch eine stabile Konstruktion die zufälligen
Fehler gering und die systematischen Fehler stabil sind.

Neben der Genauigkeit und Universalität ist die Meßzeit ein wesentliches
Kriterium bei der Beurteilung von Meßgeräten. Weitere Systeme sind daher
in Entwicklung, die eine wirtschaftlichere Prüfung ermöglichen werden.

4 Programmierung von Koordinatenmeßgeräten

Prof. Dr.-Ing. H.-R. Wollersheim, Gummersbach

4.1 Einleitung

Der Einsatz von Koordinatenmeßgeräten in der Serienfertigung benötigt eine rationelle Methode, um häufig wiederkehrende Prüfabläufe durchzuführen. Dazu ist es notwendig, Steuerprogramme zu erstellen, die bei Werkstücken gleicher Geometrie einen CNC-Meßablauf steuern. Sowohl bei manuellem als auch bei CNC-Repetierbetrieb reduzieren Steuerprogramme den Bedienaufwand für das Koordinatenmeßgerät.

Die Eingabe der Teileprogramme ist eine Übersetzung des Meßablaufplanes mit einem vorgegebenen Programmiersystem. Im Meßablaufplan werden die Position und die Befestigung des zu messenden Teils auf dem Koordinatenmeßgerät, die Taststiftkombination und die Meßreihenfolge mit Zwischenpositionen festgelegt. Leistungsfähige Programmiersysteme stellen die Programmierbefehle für das Teileprogramm mittels einer einfach bedienbaren Oberfläche zusammen. Sie beinhalten Befehle zur

- Steuerung des Koordinatenmeßgerätes

- Berechnung geometrischer Elemente

- Bildung von Koordinaten-Systemen (zur Ausrichtung des Werkstücks auf dem Koordinatenmeßgerät)

- Verknüpfung geometrischer Elemente

- Darstellung von Meßergebnissen.

Die eingegebenen Aktionen und Daten werden vom Rechner in einen meßgerätespezifischen Steuercode umgewandelt. Diese Programme können direkt am Steuerrechner im Dialog mit dem Koordinatenmeßgerät erstellt werden. Man spricht dann von der *Lernprogrammierung* im Dialog mit dem Gerät.

Programmiert man an einem gesonderten Programmierplatz, wird ein zum Steuerrechner kompatibler Rechner benötigt. Man spricht dann auch von einer *gerätefernen Programmierung*.

Andere Programmiersysteme benutzen normale Texteditoren, die auf dem zur Verfügung stehenden Rechner genutzt werden. Diese Editoren lassen die Texteingaben wie `Kreis` oder `Kugel` zu. Bei diesen Systemen spricht man auch von *sprachorientierter Programmierung*.

Erfahrungsgemäß werden Teileprogramme nicht fehlerfrei erstellt. Außerdem ist es unwirtschaftlich, wenn nach einer Modifikation des Werkstücks das ganze Teileprogramm neu erstellt werden muß. Daher kommt den „Editiermöglichkeiten" eine besondere Bedeutung zu. „Editieren" heißt hier: ein bestehendes Teileprogramm zu verändern, d.h. einzelne Zeilen löschen, neue Zeilen einfügen, oder Zeilen modifizieren. Die erstellten Teileprogramme werden auf den üblichen Datenträgern des jeweiligen Rechners gespeichert.

4.2   Lernprogrammierung im Dialog mit dem Gerät

Teileprogramme werden bei der Lernprogrammierung am Koordinatenmeßgerät direkt an einem Musterteil durch einen vollständigen Meßvorgang erstellt. Die Eingabe der Programmschritte erfolgt über eine alphanumerische Tastatur oder ein Bedienpult. Hierbei werden die Befehle und Operationen sofort ausgeführt und das Ergebnis steht zur weiteren Verwendung zur Verfügung. Benötigte Zwischenpunkte und anzutastende Meßpunkte werden von Hand oder durch Steuerpult am Musterteil angefahren. Vorteil dieser Technik ist:

- Ausrichtung und richtige Fixierung des zu messenden Teils auf dem Koordinatenmeßgerät können sofort überprüft werden.

- Die benötigte Taststiftkombination wird in Verbindung mit dem Werkstück zusammengestellt und getestet. Die eingemessene Geometrie der Taststifte kann für den Repetierbetrieb abgespeichert werden.

- Die aufgerufenen Funktionen der Lernprogrammierung werden sofort ausgeführt. Fehler durch falsche Eingabe von Befehlen oder Zusatzangaben können sofort behoben werden.

- Die herstellerspezifische Software erkennt logisch nicht korrekt aufgebaute Befehlsfolgen sofort.

- Der Bediener kann Positionen, die während der Lernprogrammierung angefahren werden, als Zwischenpositionen oder Antastpositionen übernehmen. Durch einen anschließenden Testlauf kann erkannt werden, ob alle Zwischenpositionen für einen kollisionsfreien Ablauf gelernt wurden.

- Der Bediener hat durch die Programmierung am Musterteil die Möglichkeit, den Meßablauf zu optimieren.

- Eingabefehler bei Toleranzen werden bei einer sofortigen Toleranzauswertung am Musterteil erkannt.

4.3 Geräteferne Programmierung

Eines der wesentlichen Hindernisse für eine optimale Ausnutzung der Koordinatenmeßgeräte ist das Erstellen von Meßabläufen. Bei der gerätefernen oder maschinenfernen Programmierung wird das Koordinatenmeßgerät für die Dateneingabe nicht benötigt. Die Steuerdaten für das Koordinatenmeßgerät werden an einem separaten Arbeitsplatz, Terminal oder gerätefernen Rechner, erstellt. Diese Rechnerunterstützung durch Bereitstellung geeigneter Softwarehilfsmittel zur Erzeugung eines Teileprogrammes wird als *geräteferne* oder *maschinelle Programmierung* bezeichnet.

Die Verlagerung der Programmierung weg von der Maschine spart teure Maschinenbelegungszeit durch den Einsatz von Programmiersystemen. Sie bieten die Möglichkeiten der automatischen Meßpunktgenerierung bei gegebenen Geometrieelementen. Es können damit rechnerintern Verfahrwege ermittelt und Kollisionsbetrachtungen durchgeführt werden.

Bei gerätefernen Programmiersystemen ist zu unterscheiden zwischen *herstellerabhängigen* Programmiersystemen und *herstellerneutralen* Systemen, die auf genormten Schnittstellen und auf Programmiersprachen der NC-Technik basieren.

4.3.1 Herstellerabhängige Systeme

Die herstellerspezifischen Systeme können als Dialog-Programme bezeichnet werden. Diese Systeme laufen normalerweise auf dem gleichen oder einem gleichartigen Rechner der Koordinatenmeßgeräte. Dabei wird in der Regel auf Elemente und Routinen der vorhanden Software zurückgegriffen. Das Definieren der Meßaufgaben ist identisch mit der gerätenahen Programmierung, doch die Eingabe der Koordinaten für Antastpunkte und Zwischenpositionen ist für die meisten Anwender ein schwieriges und umständliches Unterfangen. Alle Hersteller von Koordinatenmeßgeräten bieten entsprechende Programmiersysteme an (Tabelle 4.1). Im folgenden sollen stellvertretend zwei charakteristische Systeme dargestellt werden.

Tabelle 4.1: Herstellerspezifische Systeme

Hersteller	Systemname
DEA	HELP
Ferranti	PREP
Leitz	QUINDOS
Mitutoyo	GEOPAK
Zeiss	MFT-Prog
⋮	⋮

4.3.1.1 UMESS-System der Firma Zeiss

Das im Zeiss-Universalsystem UMESS zur Verfügung stehende Maschinen-Ferne Teileprogrammiersystem *MFT-Prog* [39] orientiert sich an ihren Möglichkeiten der bereits vorgestellten Standardsoftware.

Bei der Eingabe wählt der Bediener durch Tastenaufrufe oder Tablettpick die einzelnen Befehle aus. Danach werden im Dialog Koordinatenwerte oder verschiedene Parameter abgefragt (Bild 4.1).

Nach Abschluß der Eingabe ist auch die rechnerinterne Durchführung einer simulierten Messung möglich, bei der die programmierten Meßpunkte als Antastpunkte verwendet werden. Aus dem Ergebnis kann der Anwender die Richtigkeit der eingegebenen Daten bezüglich der Meßpunktauswahl und des logischen Programmaufbaues mit seinen Ergebnisverknüpfungen überprüfen. An der Maschine kann dann die Kollisionsfreiheit der Taststiftkombinationen mit dem Werkstück überprüft werden. Eine Darstellung der generierten Verfahrwege, sowie ein formaler Durchlauf des erstellten Meßprogramms, kann ebenfalls erfolgen.

Die Ausgabe der maschinenfernen Programmierung entspricht den Steuerdaten bei der Lernprogrammierung. Vorteilhaft ist eine Ergänzung beider Eingabemethoden, bei der Korrekturen, aber auch kollisionsgefährdete Verfahrwege durch Lernprogrammierung eingefügt werden können. Dieses System ist optimal auf die Produktpalette des Herstellers zugeschnitten.

Bild 4.1: MFT-Prog Arbeitsstation

4.3.1.2 QUINDOS System der Firma Leitz

Das QUINDOS (*Quality Inspection of Dimensional Objects and Sizes*) System [40] als Mehrbenutzersystem ermöglicht das gleichzeitige Arbeiten an *gerätenahen* und *gerätefernen* Bildschirm-Arbeitsplätzen. Da die geräteferne Meßplanung ein fester Bestandteil des Software-Systems ist, kann die Vorbereitung und Erstellung von Teileprogrammen im *Editier-Betrieb* vollständig erfolgen (Bild 4.2).

Dazu verfügt QUINDOS über einen bildschirmorientierten Daten- und Text-Editor als Schnittstelle zwischen Bediener und System. Dabei stehen die Tastatur des Bildschirm-Arbeitsplatzes und das Bedienpult des Meßgerätes als Eingabegeräte zur Wahl.

Die Auswahl der Anweisungen für die meßtechnischen Aufgaben erfolgt alternativ über sogenannte Menüs, über Funktionstasten oder durch direktes Einschreiben. Um dem Anwender die Ein- und Ausgabe übersichtlich zu präsentieren, werden die Daten und Texte in entsprechenden Bildschirmformularen dargestellt, die Felder für Eintragungen und Informationen enthalten.

Mit einem Digitizer als Eingabegerät läßt sich die Bedienung auf die speziellen Bedürfnisse jedes Anwenders zuschneiden. Die Auswahl der Anweisungen erfolgt dann durch Tastendruck auf die selbst definierten Felder des Digitizers. Meßtechnische Symbole auf den Feldern verhelfen zu einer schnellen, sicheren Bedienung.

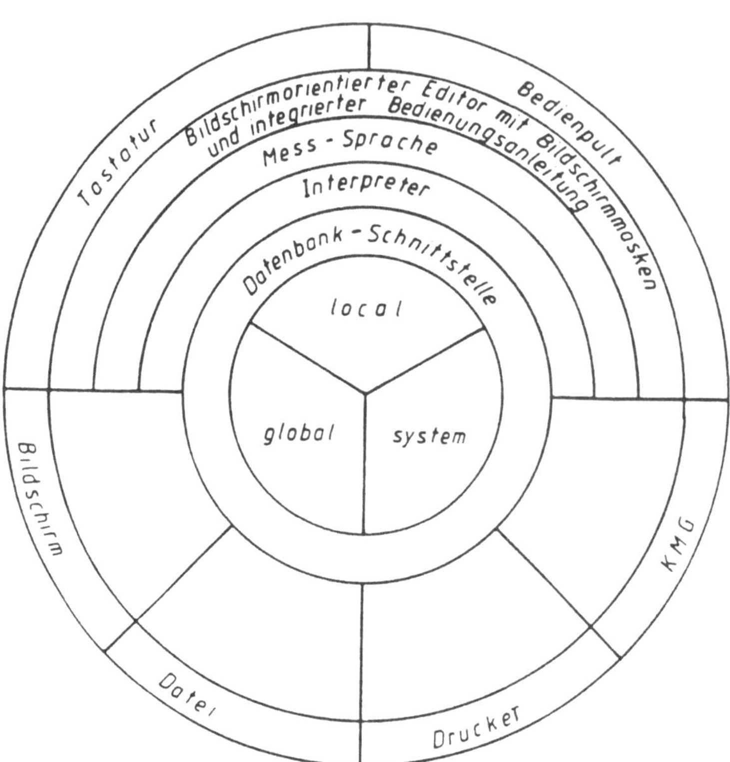

Bild 4.2: Leitz QUINDOS Betriebssystem für dimensionelles Messen

QUINDOS befindet sich immer im automatischen oder im Lernbetrieb. Alle Eingaben und Meßpunkte werden in der Datenbasis gespeichert. Dadurch gehen weder Aufgabenstellungen noch Meßpunkte verloren, sondern stehen für zusätzliche Auswertungen und Erweiterungen eines CNC-Laufes ständig zu Verfügung. Das System erkennt selbständig, ob ein Meßgerät angeschlossen ist. Der Anwender braucht sich nicht darum zu kümmern, ob er direkt am Meßgerät oder an einem gerätefernen Arbeitsplatz tätig ist. Die Bedienung ist davon völlig unabhängig.

Die Programmiersprache besteht aus meßtechnischen Anweisungen und Systemanweisungen in Form von verständlichen mnemonischen Kurzwörtern. Der QUINDOS-Interpreter bringt die Anweisungen zur Ausführung und übernimmt hierbei die vollautomatische Steuerung des Meßgerätes im CNC-Betrieb.

4.3.2 Herstellerunabhängige Systeme

Die von den führenden Herstellern angebotene Methode des gerätefernen Programmierens hat in der Praxis nur eine begrenzte Anzahl von Anhängern gewonnen. Zwar ist das Definieren der Meßaufgaben bei diesen Systemen mit der gerätenahen Programmierung weitgehend identisch, doch die Eingabe der Koordinaten für Antastpunkte und Zwischenpositionen ist für die meisten Anwender ein schwieriges und umständliches Unterfangen. Nahezu unmöglich gestaltet sich die Programmierung für ein Werkstück, welches körperlich noch gar nicht existiert, sondern von dem nur eine Zeichnung vorhanden ist.

Ein weiterer Nachteil der herstellerspezifischen zugeschnittenen Systeme liegt in der Inkompatibilität der Meßprogramme für die gleichen Meßaufgaben. Die so erzeugten Programme sind maschinengebunden und können nur mit einer bestimmten Steuerung und Software verwendet werden. Schwerwiegende Konsequenzen dieser Tatsache ergeben sich, wenn das gleiche Programm auch auf anderen Geräten laufen soll. Korrigierende Maßnahmen bis hin zur Neuprogrammierung sind notwendig. Für das gleiche Teil müssen unterschiedliche Programme gespeichert und verwaltet werden. Die Unternehmen sind so gezwungen, mehrere unterschiedliche Systeme anzuschaffen, zu schulen und zu pflegen. Der Bediener wünscht sich deshalb ein meßgeräte- und rechnerneutrales Programmiersystem zur Definition der Meßaufgabe in einer *neutralen problemorientierten* Sprache. Die gespeicherten Quellprogramme lassen sich dann mit einem Postprozessor an das entsprechende Meßgerät anpassen.

In Anlehnung an das Programmiersystem EXAPT, *ein System zur maschinellen Programmierung von Dreh-, Fräs-, Bohrbearbeitungen und sonstigen Bearbeitungstechnologien*, steht mit der technologischen Erweiterung durch N.C.M.E.S. (*Numerical Controled Measuring and Evaluation System*) für die geräteferne Programmierung von Meßgeräten ein System zur Verfügung, das auf praxiserprobte Lösungen, wie Datenstruktur, Modultechnik, Eingabesprache, Unterprogrammtechnik usw., zurückgreift. Durch seine Orientierung an den verbreitetsten und genormten NC-Programmiersystemen der Fertigungstechnik bietet es die besten Voraussetzungen für eine Integration mit anderen Systemen.

4.3.2.1 N.C.M.E.S.

Bei der problemorientierten Programmiersprache N.C.M.E.S. werden, wie bei nahezu allen NC-Programmiersystemen, die Meßaufgaben in einem Teileprogramm formuliert [41]. Eine Gliederung ist dabei hinsichtlich programmtechnischer Anweisungen zu sehen wie Geometriedefinitionen, technologische Definitionen und Anweisungen, sowie Bewegungs- und Auswerteanweisungen. Die Parallelität von EXAPT und N.C.M.E.S. ermöglicht es, viele Anweisungen in gleicher oder ähnlicher Form zu verwenden. Lediglich für meßspezifische Aufgaben sind Erweiterungen der EXAPT-Sprache durchgeführt worden. Umfangreiche Berechnungs-, Transformations- und Generierungsprogramme mit getrennter Geometrie- und Technologieverarbeitung können dabei ein Maximum an Rechnerunterstützung ermöglichen.

Systemaufbau und Sprache: Das Programmiersystem N.C.M.E.S. (Bild 4.3) gliedert sich in drei Hauptteile:

- die Geometrieverarbeitung

- die Verarbeitung von im meßtechnischen Sinne technologischen Anweisungen (Technologieprozessor)

- den integrierten Postprozessoren zur Ausgabe und Anpassung der Steuerdaten an das jeweilige Meßgerät und die Steuerung im herstellerspezifischen Steuerdatenformat.

Als Eingabe für die maschinelle Programmierung dient ein Teileprogramm, das mit Hilfe einer problemorientierten Eingabesprache formuliert wird (siehe auch [42]). Das Teileprogramm enthält die erforderlichen organisatorischen Daten, die Geometrie und die meßspezifischen Informationen, welche aus der Konstruktionszeichnung und den vorliegenden Prüfplänen entnommen werden.

Das so erstellte Teileprogramm wird direkt am Terminal in den Rechner eingegeben. Eine weitere Möglichkeit der rationellen Teileprogrammierung ist die Nutzung von vorbereiteten Bildschirm-Masken. Die einzugebende Programmzeile ist bei dieser Technik soweit vorformuliert, so daß im Vergleich zu anderen Systemen nur wenige Tastaturanschläge erforderlich sind, um die Parametereingabefelder zu beschreiben.

Der Geometrieprozessor liest zunächst das eingegebene Teileprogramm und überprüft es syntaktisch. Programmtechnische Anweisungen wie Schachtelungen, Verzweigungen und Unterprogramme werden aufgelöst oder eingefügt und dann in einer definierten Struktur abgelegt. Danach werden die geometrischen Elemente in der kanonischen Form zur weiteren Benutzung im Technologieprozessor bereitgestellt.

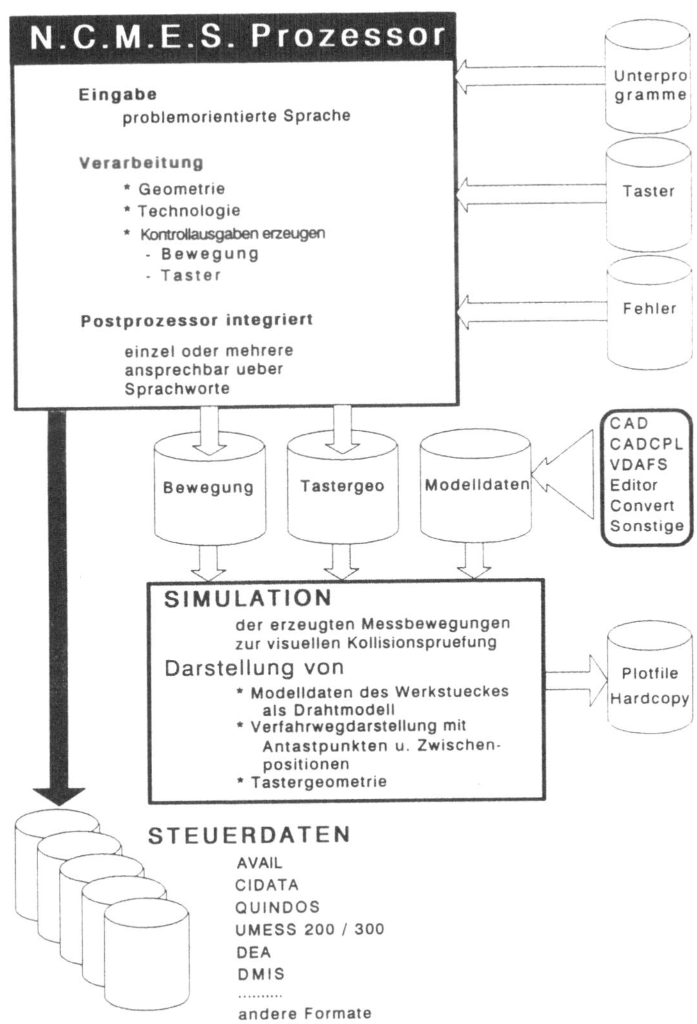

Bild 4.3: Das N.C.M.E.S.-System

Meßtechnische Anforderungen sowie eine automatische Verfahrweggenerierung setzen dabei eine dreidimensionale Darstellung und Verarbeitung der Geometrieelemente voraus.

Die Aufgabe des Technologieprozessors besteht im wesentlichen darin,

- komplexe Meßaufgaben in Einzelschritte aufzulösen,

- Meßpunkte auszuwählen,

- optimale Meßpunktreihenfolge festzulegen,

- Tasterverfahrwege optimal zu ermitteln und

- Steuerdaten im aktuellen Werkstückkoordinatensystem auszugeben.

Als Eingabeinformationen werden auf der einen Seite die vom Geometrieprozessor bereitgestellten Geometriedaten, auf der anderen Seite die eingegebenen Technologieanweisungen wie Fahr-, Positionier-, Meß-, Verknüpfungs-, Taster- und Ausrichteanweisungen benötigt.

Die Generierung und Aufbereitung aller Informationen zur Steuerung der Maschine und zur Auswertung der Meßpunktkoordinaten erfolgen zunächst maschinenunabhängig.

Erst ein spezifischer integrierter Postprozessor ist für die Ausgabe der maschinenbezogenen Steuerdaten verantwortlich, z.B. das neutrale CIDATA (*Computer Input DATA*) Format nach DIN 66025, bzw. die herstellerspezifischen Steuerdatenformate. Ferner wird dem Maschinenbediener eine Liste der verwendeten Taststifte und der im Teileprogramm gewählten Symbole mit den in den Steuerdaten zugehörigen Adressen und Namen (Cross-Reference-List) ausgegeben. Zur Verfolgung des Meßablaufs wird eine Auflistung des Steuerdateninhaltes zur Verfügung gestellt, siehe auch Programmierbeispiel.

4.3.2.2   Teilefamilien

Teilefamilien können entweder Maß- oder Gestaltsvarianten sein. Bei Maßvarianten ändert sich nicht die zugrunde liegende Gestalt, wohl aber deren maßliche Dimensionierung, z.B.: Durchmesser, Kantenlänge. Bei den Gestaltsvarianten erfolgt sowohl eine Änderung der Dimensionierung als auch der grundlegenden Geometrie ohne vom Grundtyp abzuweichen. Eine Gestaltsvarianz ist z.B. eine Bohrung als Sackloch oder Durchgangsloch.

Die Programmierung von Teilefamilien erfolgt von einem Urprogramm aus mit den entsprechenden Meßaufgaben und der Definition der variablen Maße.

Die variablen Maße werden als Parameter angegeben, siehe Programmierbeispiel. Grundlage für den Einsatz der Variantenprogrammierung bei Teilefamilien ist ein geeignetes Programmiersystem mit den Fähigkeiten der Variablendefinition, Schleifenerstellung, logischer Verzweigungen, arithmetischer Ausdrücke und Funktionen sowie der Unterprogramm- bzw. Makrotechnik.

4.3.2.3 Unterprogrammtechnik

Der Einsatz von Unterprogrammen hat sich seit Jahren in der NC-Technik erfolgreich bewährt. Die Anwendung dieser Technik zur Programmierung von Koordinatenmeßgeräten soll im folgenden kurz erläutert werden.

Definition: Der Einsatz von Unterprogrammen erfolgt für häufig wiederkehrende, gleiche oder ähnliche Problemstellungen. Sie beinhalten die Problemlösung in neutraler Form. Eine Anpassung an das spezifische Problem wird durch Parameter erreicht.

Es werden prinzipiell zwei Arten von Unterprogrammen unterschieden:

- systemexterne Unterprogramme (Subroutine, Function, Macro)

  können zur Definition von häufig wiederkehrenden Meßaufgaben und Teilefamilien dienen. Sie sind gekennzeichnet durch einen hohen Grad an Flexibilität, da sie einerseits durch die Vereinbarung variabler Parameter für unterschiedliche Anwendungsfälle eingesetzt werden können, und andererseits durch entsprechende Systemroutinen Maschinen- und Bewegungsstrategien berücksichtigt werden können. Sie werden vom Teileprogrammierer erstellt, geändert, gespeichert oder gelöscht; sie stellen eine Reihe von Teileprogrammanweisungen in der NC-Sprache dar. Sie sind i.d.R. auf einer externen Datei abgelegt.

- systemimmanente Unterprogramme (in FORTRAN oder C)

  sind fest vorgegebene Problemlösungen von Standardmeßaufgaben und Funktionen. Sie sind in den jeweiligen Programmiersystemen fest vorgegeben und können durch den Teileprogrammierer nur über Parameter in ihrer Auswirkung beeinflußt werden.

Vorteile der Unterprogrammtechnik (Makrotechnik):
Die Einführung der Makrotechnik in einem System zur maschinellen Programmierung von Meßabläufen, durch wiederholte Nutzung von einmal definierten Problemlösungen, ist eine wesentliche Programmiererleichterung.

Das folgende Beispiel verdeutlicht den Rationalisierungseffekt, welcher mit den Möglichkeiten der freien Unterprogrammdefinition möglich ist. Der konkrete Nutzen ist anwendungsspezifisch zu ermitteln, da er im wesentlichen von dem vorhandenen Teilespektrum, der Anwendungshäufigkeit, der Komplexität und dem Umfang der jeweiligen Teileprogramme sowie der Programmiererfahrung des Anwenders abhängt.

Programmierbeispiel

```
N.C.M.E.S. - PROZESSOR, VERSION  0.02 VAX/VMS 4.*  2/17/87, 10:40:03
   1      PARTNO/ NAS PROBEWERKSTUECK STEINEL
   2      CALL/ START      // CALL/ ZEISS       // LMODUL/ PPUM36
   5      TOOLNO / 103, 6 // CALIB / AUTO, 1
   7      $$--- LAENGEN-DEFINITION DER GRUNDGEOMETRIE -------------
   8      L1 = 148 // L2 = 128 // L3 = 90 // L4 = 104 // L5  = 104
  13      L6 =  30 // L7 =  50 // L8 = 12 // L9 =   6 // L10 =  12
  18      $$--- DURCHMESSER ------------------------------------------
  19      D1  = 125 // D2  =  40 // D3  =  30
  22      $$--- WINKEL -----------------------------------------------
  23      W1  =   5 // W2  =   5
  25      $$--------------------------------------------------------
  26      ZC = 10 // TR = 3 // SASURF/ ZCONST, ZC
  29      $$-------- CNC MESSBEWEGUNGEN -----------------------------
  30      FROM/ -10, -10, 100 // Z1 = -(L7+L6)/2
  32      CALL/ CUB001, ZOF=Z1, KANTE=L1, MPZ=3
  33      XY = (L1-L2)/2 // Z = -(L10+L9/2) // GODLTA/ 0, 0, (Z-Z1)
  36      CALL/ CUB001, XOF=XY, YOF=XY, ZOF=Z, KANTE=L2, $
  36      MPZ=2
  37      Y = XY       //  XY = L1/2       //     Z  = -L9/2
  40      CALL/ CUB001, XOF=XY, YOF=Y, ZOF= Z, ALPHA= 45, $
  40                      KANTE=L3, MPZ=2
  41      GOSAFE       // GOTO/ (POINT/(L1/2),(L1/2),10)
  43      CALL/ CIRFUL, XM=(L1/2), YM=(L1/2), DPZ=(-L9/2), $
  43                      RM=(D2/2), AVON=0, UML=1, HD=5, MPZ=8
  44      GOSAFE       // GOTO/ L1, (L1/2), ZC // ZCIR=-(L9+L10)/2
  47      CALL/ ZIRSEG, XM=(L1/2), YM=(L1/2), DPZ=ZCIR, RM=(D1/2),$
  47                      AVON=0, ABIS=270, TZ=(5*TR), HD=TR, MPZ=4
  48      GOSAFE
  49      FINI
```

```
N.C.M.E.S. UMESS-DATA AUSGABE
PARTNO :  NAS PROBEWERKSTUECK STEINEL
--------------------------------------------------------------------
00001           7   NAS PROBEWERKSTUECK STEINEL          KOMMENTAR
00035           1    1  0 -10.0000 -10.0000 100.0000     ZWISCHENPOS.
00192           1    1  0  -5.0000  -5.0000 -40.0000     ZWISCHENPOS.
00205           1    1  0  -5.0000  24.6667 -40.0000     ZWISCHENPOS.
00218      1  824    0                                    GERADE
00206           1    1 11   0.0000  24.6667 -40.0000     ANTASTUNG IN +X
00207           1    1  0  -5.0000  24.6667 -40.0000     ZWISCHENPOS.
00205           1    1  0  -5.0000  74.0000 -40.0000     ZWISCHENPOS.
00206           1    1 11   0.0000  74.0000 -40.0000     ANTASTUNG IN +X
00207           1    1  0  -5.0000  74.0000 -40.0000     ZWISCHENPOS.
00205           1    1  0  -5.0000 123.3333 -40.0000     ZWISCHENPOS.
00206           1    1 11   0.0000 123.3333 -40.0000     ANTASTUNG IN +X
00207           1    1  0  -5.0000 123.3333 -40.0000     ZWISCHENPOS.
00207         867    0        0        0                 N-PUNKTE FERTIG
  :                                                         :
00062           7   TEILEPROGRAMMENDE                    KOMMENTAR
00062          10                                        ENDE CNC-ABLAUF


S T A T I S T I S C H E   A N G A B E N


ZAHL DER STEUERDATENZEILEN            :      180
DIE GESAMTWEGSTRECKE BETRAEGT         :     2964.86 mm
DIE VERFAHRWEGE LIEGEN IN DEM RAUM :
XMIN : -10.00     XMAX : 153.00    MINIMALER MESSBEREICH IN X 163.00
YMIN : -10.00     YMAX : 153.00    MINIMALER MESSBEREICH IN Y 163.00
ZMIN : -40.00     ZMAX : 100.00    MINIMALER MESSBEREICH IN Z 140.00


DIE ANZAHL DER MANUELLEN MESSPUNKTE BETRAEGT :         0
DIE ANZAHL DER CNC         MESSPUNKTE BETRAEGT :        40
DIE GESAMTZAHL DER MESSPUNKTE BETRAEGT         :        40


****** END OF PROCESSOR ******
```

4.4   Programmierung mit CAD-Anschluß

Ein deutlicher Beitrag zur Reduzierung des Programmieraufwandes ergibt sich bei einer informationsschlüssigen Verbindung von der automatisierten Zeichnungserstellung und der maschinellen Programmierung für das Fertigen,

Handhaben und Messen. Zielsetzung ist die integrierte Informationsverarbeitung von CAD/CAP und CAQ durch Weiterverwendung einmal im Produktionsprozeß angefallener Daten. Die Daten werden in einer sog. „operationalen Datenbasis" gespeichert und für die unterschiedlichen Aufgabenstellungen bereitgehalten. Eine wichtige Voraussetzung hierfür ist die Anwendung eines geeigneten Datenbanksystems, in dem die Topologie des Werkstückmodells sowie Attribute, z.B. Toleranzen, gespeichert werden können. Nur wenige CAD-Systeme verfügen heute über eine geeignete Datenstruktur [43, 44, 45].

4.4.1   Prismatische Werkstücke

Die Eingabe in das NC-Programmiersystem N.C.M.E.S. erfolgt von der CAD-Ebene aus über ein Kopplungsmodul, CADCPL, welches die rechnerinterne Darstellung der Werkstückgeometrie aus dem CAD-System über einheitliche Schnittstellen in ein nutzbares Format umsetzt, z.B.: IGES. So ist es möglich, eine Reihe unterschiedlicher CAD-Systeme zu nutzen (Tabelle 4.2).

Tabelle 4.2: Herstellerspezifische Systeme

Produktname	Anbieter
AUTOCAD	Autodesk
BRAVO	APPLICON
CADEX	EXAPT
CADAM	IBM / CADAM Inc.
CADDS	CV
CATIA	IBM/ Dassault Systemes
CD2000	CDC
CONCAD	Contraves
DETAIL2	Partec
DDM	GE-Calma
EUCLID	Matra Datavision
MEDUSA	CV / Prime
ME 10	HP
TECHNOVISION	NORSK DATA
PROREN	ISYKON
UNIGRAPHICS	McDonnell Douglas

Durch die Übernahme von Geometriequelldaten entfallen gerade hier Programmier-, Duplizier-, Schreib- und Kontrollfehler. Die Planung des

Meßablaufs wird damit zuverlässiger. Das Ergebnis eines rechnerunterstützten Konstruktionsprozesses besteht aus Geometrie- und Sachinformationen, die in graphischer und alphanumerischer Form darstellbar sind. Diese Informationen beinhalten keine technologischen Angaben. Diese können im Dialog während einer Kopplung CAD/NC hinzugefügt werden. Die Zusatzanweisungen für das NC-Messen sind zum einen die *Sollwertvorgaben* wie:

- Lage der Meßstelle

- Definition des Formelementes (Kreis, Ellipse, Zylinder, ...)

- Art der Meßaufgabe (Form/Lageprüfung, ...)

- Festlegung des Sollkoordinatensystems durch Ausrichtung.

Weitere Zusatzanweisungen sind andererseits die *Istwertvorgaben*. Sie beinhalten die Angabe von Verfahrwegen und Antastrichtungen, sowie die Zuordnung von Soll- und Istelementen zur Ausrichtung. Hier können auch nicht automatisierbare individuelle Erfahrungen der Programmierer in den Meßvorgang einfließen.

4.4.2 Freiformflächen

Obwohl die auf dem Markt befindlichen CAD-Systeme z. T. beträchtliche Unterschiede bzgl. der Möglichkeiten zur Definition von Raumkurven und Freiformflächen aufweisen, beruhen die internen, mathematischen Darstellungen solcher Geometrien zumeist auf demselben Grundkonzept. Diesen Umstand machte sich der CAD/CAM-Arbeitskreis beim Verband der Automobilindustrie (Arbeitsgruppe "Geometrische Schnittstelle") zunutze und definierte eine auf diesen Daten basierende vereinheitlichte Schnittstelle für den Austausch von Geometrie-, insbesondere von Oberflächendaten zwischen Automobil- und Zuliefer- bzw. Werkzeugfirmen, die sog. VDA-Flächenschnittstelle (VDAFS).

Die Grundidee der VDAFS besteht darin, Kurven und Flächen als 3-dimensionale Polynome, also als Abbildung eines abgeschlossenen Intervalls oder eines Rechtecks in den Raum hinein zu betrachten.

Das VDA-EXAPT/NCMES-Transferprogramm VDAEX bzw. VDAMES wurde entwickelt, um Daten, die der VDAFS entsprechen, in EXAPT-Sprachworte zu transformieren. Da es sich bei VDAEX/VDAMES um ein grafisch-interaktives System handelt, werden VDA-Geometrien mit 3 Zielsetzungen abgespeichert, nämlich:

1. Identifizierende Daten (Identifizierung der Geometrien)

    (a) Geometriename

    (b) Geometriekenner (POINT, PSET, MDI, CURV, SURF)

    (c) Geometrie-Identifikationspunkt

2. Grafikdaten (graf. Darstellung der Geometrien)

    (a) Punktkoordinaten

    (b) Punktefeld

    (c) Start/Endpunktefeld

    (d) Kurvenpunkte (Anzahl)

    (e) Rand/Stützkurvenpunkte

3. Geometriedaten (mathem. Beschreibung der Geometrien)

Für eine Messung auf einem Koordinatenmeßgerät werden diese Daten zur Scanning- oder Einzelpunkt-Messung aufbereitet. Das N.C.M.E.S.-System nutzt diese Daten und stellt für eine Auswertung Sollwerte mit den entsprechenden Toleranzzonen sowie das gerätespezifische Steuerdatenformat bereit

4.4.3   Schnittstellen

Der Austausch von Produktdaten über Schnittstellen beruht auf dem Gedanken einer neutralen Datei für den Austausch mit verfügbaren Standards [46] Ein potentieller Anwender kann zwischen den Normen bzw. Normvorschläger

IGES *Initial Graphics Exchange Specification,*

SET *Systeme d'Echange Specification,*

VDAFS *VDA-Flächenschnittstelle*

DMIS *Dimensional Measuring Interface Specification*

und ihren zahlreichen Implementierungen wählen. Es bestehen Bestrebungen, alle diese Aktivitäten zu einem einzigen universellen, international Verwendung findenden Standard für den Austausch von Produktdaten zusammenzuführen. Hier ist das von der ISO/TC184/SC4[1] vorgeschlagene STEP Datenformat zu erkennen.

---

[1]International Standards Organisation / Technical Committee 184 / Sub-Comittee 4
[2]Standard for the Exchange of Product Model Data

4.4.3.1 IGES

IGES ist mittlerweile zur führender Norm [47] für den Austausch von Produktdaten geworden. IGES enthält einen relativ umfangreichen Satz von Datentypen, aber sein Datei- und Dateitypenformat führt zu ständiger Kritik. IGES besitzt die größte Anwendungsbreite in den USA und in Europa.

4.4.3.2 SET

SET enthält einen Datentypensatz ähnlich IGES und erlaubt zusätzlich eine Mehrfachdefinition für den gleichen Datentyp. Sein Dateiformat ist kompakter und reduziert damit wesentlich die Größe der Austauschdateien. SET wird innerhalb der europäischen Airbus Industries verwendet.

4.4.3.3 VDAFS

VDAFS benutzt ein Sprachkonzept zur Definition von Daten, es enthält jedoch nur einen beschränkten Satz von Datentypen. VDAFS wird primär im Bereich der deutschen Automobilindustrie benutzt. Diese Schnittstelle bietet für ein begrenztes Aufgabengebiet eine funktionsfähige Lösung an und wurde daher zur DIN-Norm erhoben [48].

4.4.3.4 DMIS

DMIS ist in den USA von der CAM-I Inc.[49] (Computer Aided Manufacturing-International, Inc.) als ein Teil des CAM-I Quality Assurance Programm (QAP) entwickelt worden.

Ziel der DMIS ist ein Standardschnittstellensystem für den Datenaustausch zwischen Computersystem und elektronischen Meßgeräten zu spezifizieren.

Das DMIS-Vokabular ist angelehnt an die Programmiersprache APT und deren Ableger. Es enthält Elemente zur Definition von Meßaufgaben und zur Beschreibung geometrischer Zusammenhänge, z.B. für Formelemente, Toleranzen, Koordinatensysteme.

4.4.4 Anforderungen an CAD-Systeme

Kürzere Produktlebenszyklen bei gestiegenen Qualitätsansprüchen in Verbindung mit einer Vielzahl von Produktvarianten beeinflußt in steigendem

Maße die Anforderungen an ein CAD-System aus Sicht der Qualitätssicherung. Namhafte CAD-Anbieter stellen heute bereits Module zur Programmierung von Mehrkoordinatenmeßgeräten innerhalb ihres Systems zur Verfügung. Eine Auflistung, die keinen Anspruch auf Vollständigkeit erhebt, ist in Tabelle 4.3 dargestellt.

Tabelle 4.3: CAD-Anbieter mit Meßmodul

Anbieter	Systemname
Ferranti	PREP
Fides	...
Computervision	AUTOMEASURE
EXAPT	CADCPL / N.C.M.E.S.
⋮	⋮

Zur Zeitreduzierung bei der Teileprogrammerstellung sowie zur Senkung der Interaktionen durch den Prüfplaner bzw. den NC-Programmierer muß ein CAD-System mit seinen Schnittstellen folgenden allgemeinen Anforderungen genügen:

- Eindeutige Berücksichtigung technologischer Daten (Toleranzen, Oberflächengüten, funktional zusammengehörende Geometrien, ...) in Form attributiver Verknüpfungen zur Fertigteilgeometrie;

- Berücksichtigung und Kennzeichnung von Ausgangszuständen, z.B. Roh- und Fertigteilgeometrie;

- Darstellung der Informationen im Werkstück-Koordinatensystem (3D) nicht im Zeichnungssystem;

- Enge Orientierung der Form an den Belangen der Prüfplanung;

- Einfache Indentifizierbarkeit für Planungs- und Programmierbelange, z.B. durch Vorgabe von Indentifizierungsmerkmalen in der Fertigungszeichnung bei alphanumerischer oder durch Pick am Bildschirm bei graphisch interaktiver Planung.

4.4.5 Datenrückführung

Der Datenaustausch zwischen den unterschiedlichsten Systemen ist nur dann problemlos, wenn auch die Funktionen standardisiert sind. Dies ist heute nicht der Fall. Der Einsatz unterschiedlicher Systeme [50] erfordert daher organisatorische Abgrenzungen.

Hier ermöglicht ein Konzept auf DNC-Basis die informationsschlüssige Einbeziehung der Koordinatenmeßgerätes in den Produktionsablauf. Die damit verbundene Datenkommunikation erstreckt sich von der Programmierung über die Produktionsplanung bis hin zur flexiblen Steuerung von Produktionseinrichtungen mit der Rückführung von Meßdaten und einer integrierten Online-Betriebsdatenerfassung.

Ein DNC-System kann diese Anforderung durch eine direkte Versorgung des maschinennahen Systems mit Steuerdaten erfüllen. Das kann auch bedeuten, daß mehrere Geräte mit einem zentralen Leitrechner verbunden werden. Der Leitrechner verwaltet und verteilt alle Meßprogramme auf mehrere gleiche oder unterschiedliche Meßgeräte. Die zusätzlichen Vorteile von DNC-Systemen sind:

- Datenträger unterliegen keinem Verschleiß

- Statusrückmeldung des Meßgerätes direkt zum Leitrechner (verbesserter Wirkungsgrad)

- Höhere Maschinenauslastung durch verringerte Standzeiten

- Genauere Abstimmung zwischen Produktion und Qualitätssicherung bei Maschinenverkettungen

- Einfache Eingabe von Änderungen

- Rückführung von Meßergebnissen zur Korrektur von Bearbeitungsprogrammen

Die maschinennah ermittelten Prüfdaten stehen dann in einem übergeordneten Qualitätssicherungssystem zur Verfügung und können sowohl in die Konstruktion als auch in die Fertigung zurückgeführt werden.

5 Einbindung von Koordinatenmeßgeräten in die Qualitätssicherung

H.-J. Hesper, Düsseldorf

5.1 Einleitung

Koordinatenmeßgeräte werden dann eingesetzt, wenn sich die Anschaffung eines Einzweck-Meßautomaten aufgrund einer geringen Stückzahl nicht lohnt, oder die Meßaufgaben am zu prüfenden Teilespektrum so schwierig werden, daß Einzweck-Meßautomaten nicht mehr wirtschaftlich sind.

Der Einsatz von KMG in der Einzelteilprüfung über die Mittelserienprüfung bis hin zur Integration in Transferstraßen zeugt von der hohen Flexibilität dieser Geräte (Bild 5.1). Durch Ausrüstung der KMG mit Rechnersystemen mit geeigneten Programmen lassen sich vielfältige Prüfaufgaben lösen. Das prüfbare Teilespektrum umfaßt prismatische, rotationssymmetrische und räumlich gekrümmte Körper, an denen unterschiedliche Formelemente zu prüfen sind.

Präzisionsbauteile, stabiler Aufbau und genaue Maßverkörperungen erlauben Messungen von sehr hoher Genauigkeit. Ein hoher Rationalisierungsgrad ergibt sich aus den kurzen Umrüstzeiten und den möglichen automatischen Meßabläufen bis zur Messung ohne Bedienungspersonal – der sogenannten „Geistermessung" – und einer umfangreichen Dokumentation der Meßergebnisse sowie deren Weiterverarbeitung.

In der Prüfplanung werden alle erforderlichen Maßnahmen zur Durchführung der notwendigen Qualitätsprüfungen festgelegt.

5.2 Prüfplanung

Die Prüfplanung muß in enger Zusammenarbeit mit der Fertigungsplanung erfolgen, da viele Informationen der Fertigungsplanung von der Prüfplanung

Bild 5.1: Koordinatenmeßgeräte in der Fertigung

übernommen werden müssen (Bild 5.2). Aus diesem Grund ist in vielen Unternehmen die Fertigungs- und Prüfplanung organisatorisch zusammengefaßt (Bild 5.3).

Die wesentlichen Aufgaben der Prüfplanerstellung sind

- Prüfmerkmale ermitteln

- Prüfumfang festlegen

- Prüfmittel auswählen

- Prüfablauf bestimmen

- Prüfplan erstellen

Kurzfristige Aktivität der Prüfplanung sind die Prüfplanerstellung und die Prüfplananpassung – Änderungswesen – (Bild 5.4). Hierzu gehört auch die

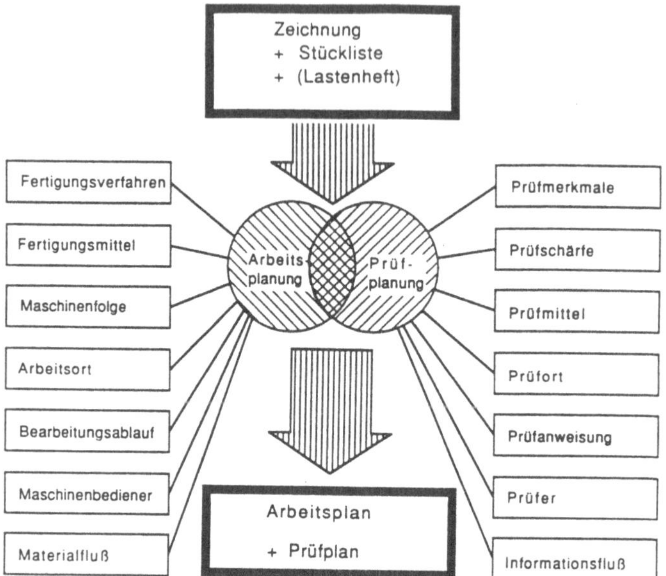

Bild 5.2: Planungsinhalte bei der Arbeits- und Prüfplanerstellung

Programmierung von Koordinaten-Meßgeräten im Offline-Betrieb oder aber die Festlegung der zu messsenden Merkmale für die Programmierung am Koordinatenmeßgerät. Die Tätigkeiten zur Erstellung eines Prüfplanes sind in der VDI/VDE/DGQ 2619 [58] als Ablaufplan dargestellt.

Als langfristige Aktivitäten sind zu nennen die

- Prüfmethodenplanung

- Prüfmittelplanung und Überwachung

- Versuchsplanung usw.

Die Planungsergebnisse werden in einem Prüfplan festgehalten. Bestandteile des Prüfplanes sind

- Prüfablaufplan

- Prüfanweisung

- Prüfmittelauflistung

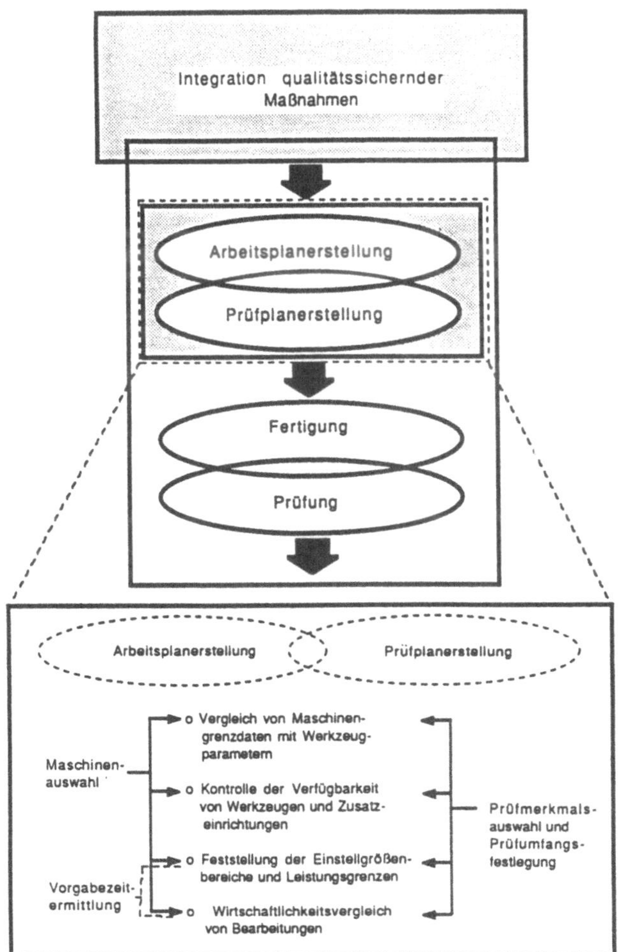

Bild 5.3: Integration von Arbeits- und Prüfplanerstellung

5.2.1 Prüfablaufplan

Mit dem Prüfablaufplan wird die Reihenfolge der Prüfschritte festgelegt. Jeder Prüfschritt besteht aus

- einer Prüffolge Nr.

- einer Prüfspezifikation

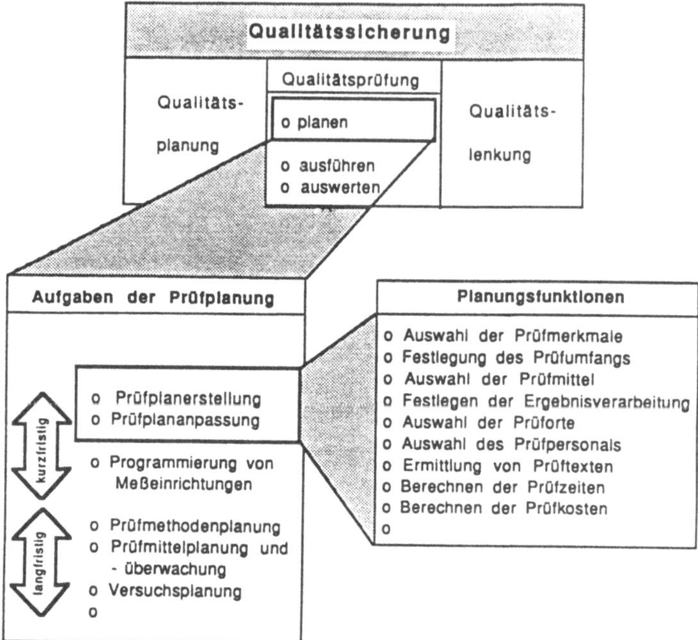

Bild 5.4: Prüfplanerstellung als Teilaufgabe

- einer Prüfanweisung

- ein oder mehreren Beiblättern mit detaillierten Prüfanweisungen.

Diese Informationsinhalte werden auch oft in einem Arbeitsplan mit eingearbeitet zu einem Arbeits- und Prüffolgeplan.

5.2.2   Prüfanweisung

Die Prüfanweisung enthält die Beschreibung der Bedingungen, unter denen eine Prüfung vorzunehmen ist. Zu diesen Vorgaben werden je nach Detaillierungsgrad folgende Angaben benötigt:

- Prüfmittelbenennung (Bestandteil der Prüfmittelauflistung)

- Prüfmittel Nr. (Bestandteil der Prüfmittelauflistung)

- Prüfumfang

- Prüfhäufigkeit

- Prüfort

- Prüfer

- Meßanordnung

Die Prüfanweisung kann gleichsam als Prüfprotokoll vorbereitet werden. Somit ergibt sich eine kombinierte Prüfanweisung/Prüfprotokoll.

Die Prüfmittelaufstellung enthält alle Prüfmittel mit Ident-Nr., Benennung und Meßbereich, die zur Prüfung des Teiles bei diesem Prüfstep erforderlich sind. Bild 5.5 zeigt das Muster eines Prüfplanes, Bild 5.6 eine Prüfmittelaufstellung und Bild 5.7 einen Ausschnitt einer Prüfanweisung/Prüfprotokoll für manuelle Prüfungen.

| RHEINMETALL | **Gehäuse** / Prüfplan / Mechanische Fertigung | | Eingangsprüfung ☐ / Zwischenprüfung ☐ / Endprüfung ☒ / Schlußprüfung ☐ / maschinell ☐ / manuell ☒ |

Äz	Änderung	Änderungsgrund	G-SP	G-S	Z-QD	Datum
	Prüfplan überarbeitet					
	aus Pc-Pl. 420-03 sind die Pos. 197-202 entf.	wird in Ag. 419-04 geprüft				
	Pos. 157 neu hinzu	ist aus Ag. 419-04 entfallen				
	Pos. 4 und 5 neu hinzu	Fertg.-Umstg. (Fertg.-Freigabe wurde				
		durch E-KS am 30.4.81 vorab erteilt,				
4		Ändg.-Verfahren ist eingeleitet)	Ram.	—	—	22.5.81
	Pos. 63, 167 u. 188 neu hinzu,	ist aus Ag. 419-06 entfallen				
5	CNC-Ind. von -04 in -06		Zilm	...	...	25.2.82
6	Pos. 4, 5 u. CNC-Ind. geä.	Arb.-kante zulässig – Sichtkontr.	Zilm	...	...	10.3.82
7	Änd.-Zust. geänd.; keine Maßända	Zeichnungsänderung	Ram	—	...	08. SEP. 198
8	Oberflächenschutz geä.	ÄM-Nr. 050454	Zilm	...	...	14. OKT. 198

| G-GV / Datum: 22.5.81 / bearbeitet.: Ram. | Ausfertigung für in Ordnung befunden / G-GK Datum 27.5.81 Name / Z-QD Datum 27.5.81 Name | Ausfertigungs-Datum | Blatt: 1 / folgt: 2 |

Bild 5.5: Prüfplan für die mechanische Fertigung

Wie bereits in Bild 5.7 dargestellt, war diese Prüfanweisung nur für den manuellen Teil beschrieben. Für den maschinellen Teil muß eine separate Prüfanweisung geschrieben werden.

RHEINMETALL	**Gehäuse** Prüfmittelaufstellung zum Prüfplan Mech. Fertigung	☐ Eingangsprüfung ☐ Zwischenprüfung ☒ Endprüfung ☐ Schlußprüfung ☐ maschinell ☒ manuell

lfd. Nr.:	Ident-Nr.:	Benennung	Sach-Nr. / DIN-Nr.	Meßbereich	Bemerkung
1	158 803	Transportgesch.	V 35		
2	151 804	Grenzlehre	L 1	62,5 -0,5	
				41,5 -1,5	
3	151 805	Einstellstück	L 2		zu L 1
4	151 128	Grenzlehrdorn	L 12	⌀ 14 H9	
5	151 837	Flachlehre	L 19	40 +0,1	
6	152 225	Grenzlehrdorn	L 21	⌀ 40 H8	
7	152 226	"	L 22	⌀ 16 H9	
8	152 227	Grenzlehre	L 23	170,8 -0,3	
9	152 228	Einstellstück	L 24		zu L 23

G-SP Datum: 22.05.81 bearb.: Rgm.   Blatt: 2   folgt: 3

Bild 5.6: Prüfmittelaufstellung zum Prüfplan

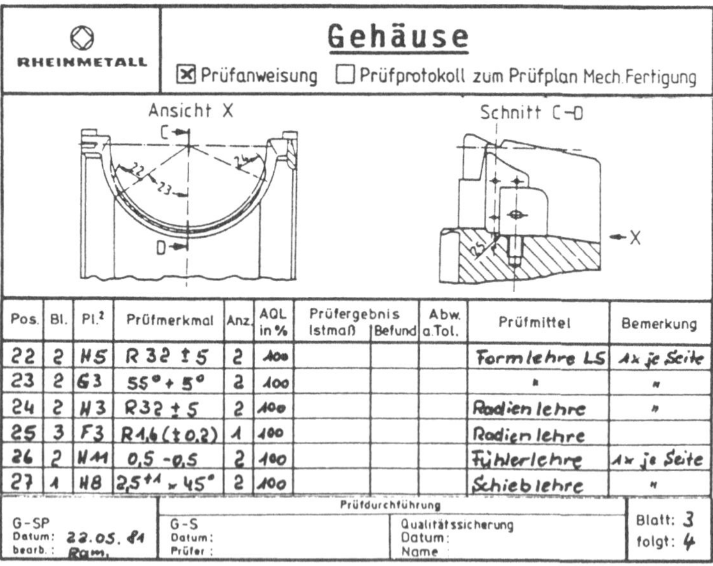

Pos.	Bl.	Pl.²	Prüfmerkmal	Anz.	AQL in %	Prüfergebnis Istmaß	Befund	Abw. a.Tol.	Prüfmittel	Bemerkung
22	2	H5	R 32 ±5	2	100				Formlehre L5	1x je Seite
23	2	G3	55° +5°	2	100				"	"
24	2	H3	R 32 ±5	2	100				Radienlehre	"
25	3	F3	R1,6 (±0,2)	1	100				Radienlehre	
26	2	H11	0,5 -0,5	2	100				Fühlerlehre	1x je Seite
27	1	H8	2,5 +1 × 45°	2	100				Schieblehre	"

Prüfdurchführung

G-SP Datum: 22.05.81 bearb.: Rgm. | G-S Datum: Prüfer: | Qualitätssicherung Datum: Name: | Blatt: 3 folgt: 4

Bild 5.7: Prüfanweisung / Prüfprotokoll

5.2.3 Planung des Meßablaufes

Um ein zuverlässiges und wirtschaftliches Messen zu ermöglichen, ist eine genaue Planung des Meßablaufes und der zugehörigen Meßprogrammdokumentation mit den Angaben aller Hilfseinrichtungen und aller zusätzlichen Informationen für den Bediener erforderlich. Art und Umfang richten sich nach der Art des KMG. Diese Planung muß aus der Kenntnis der Gegebenheiten der Werkstücke, der Oberflächen, der funktionellen Anforderungen an das Werkstück usw. erfolgen.

Für die Planung des Meßablaufes erfolgt zuerst eine Einteilung in manuelle und gerätemäßige Prüfung. Diese Trennung ist erforderlich, damit kein Merkmal während der Prüfplanung übersehen wird und weil für die manuelle Prüfanweisung andere Angaben erforderlich sind als in der Prüfanweisung für die gerätemäßige Messung. Die Einteilung wird bereits auf der Werkstückzeichnung vorgenommen. Der Einfachheit halber werden die zu prüfenden oder zu messenden Merkmale farblich gekennzeichnet.

Sind die Merkmale für die Messung auf dem KMG festgelegt, kann die erforderliche Tasterkonfiguration zusammengestellt werden. Die Zusammenstellung der Tasterkonfiguration erfordert sehr viel Aufmerksamkeit, damit ein Messen des Werkstücks ohne Tasterwechsel in einer Aufspannung möglich ist, sofern keine Tasterwechseleinrichtung verfügbar ist. Als nächster Planungsschritt erfolgt die Festlegung der Auflagen mit den Auflagepunkten. Bei langen, dünnen Werkstücken erfordert die Festlegung sehr viel Sorgfalt, damit das Werkstück durch die Auflage auf den Unterstützungen keine Form- oder Lageveränderung erfährt (Bild 5.8). Vielfach ist es erforderlich, die Unterstützungspunkte bereits mit dem Fertigungsplaner abzusprechen, damit die Fertigung und die Qualitätsprüfung die gleichen Unterstützungspunkte benutzen.

Alle zum Meßablauf erforderlichen Hilfsmittel wie Stifte, Endmaße usw. müssen in der Prüfanweisung aufgezeichnet sein. Als letztes vor der Programmierung erfolgt die Festlegung der Antaststrategie zum einen, um Meßunsicherheiten durch falsche Antaststrategien zu vermeiden und zum anderen, um kürzestmögliche Verfahrwege zu erhalten. Die Ergebnisse aller Aktivitäten während der Prüfplanung müssen in einer Prüfanweisung festgeschrieben werden.

Das Deckblatt einer Prüfanweisung wird nachstehend als Muster beschrieben: Das Muster enthält Angaben zur Identifizierung des zu prüfenden Werkstücks (Bild 5.9). Desweiteren enthält es Angaben zum Programm, wie CNC oder manuelles Programm, die benötigte Programmierzeit, die erforderliche Meß-

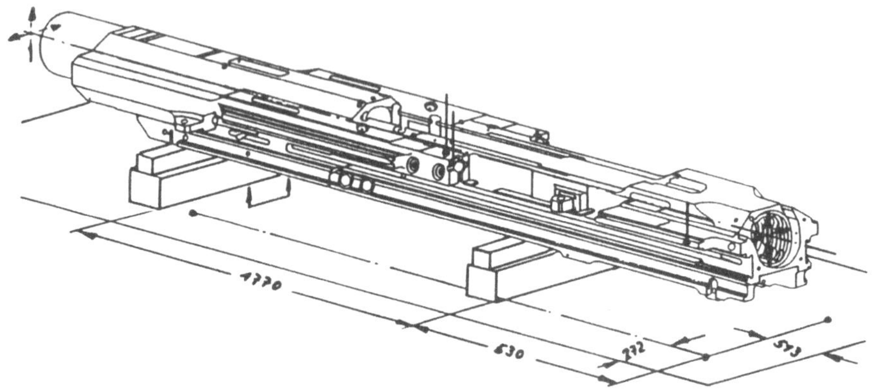

Bild 5.8: Zu messendes Werkstück

zeit, die benötigten Hilfsmittel sowie die Abbildung der Tasterkombination, die Aufspannung auf dem Werkstück und den Ausgangspunkt für die Meßpinole. Weitere firmenspezifische Angaben können in weiteren Blättern angegeben werden.

Für die Anordnung der Werkstücke im Meßbereich des KMG müssen unterschiedliche Kriterien beachtet werden:

- Werkstücke müssen auf der Werkstückaufnahme so aufgelegt sein, daß während des Meßablaufes das KMG nicht in die Geräte-Endlage fährt. Hierbei muß die Größe der Tasterkonfiguration im Hinblick auf die Verfahrwege beachtet werden.

- Bietet ein KMG genügend Raum für die Messung mehrerer gleicher Teile, so können diese als sogenannte „Loslage" gemessen werden.

- Besteht nur die Möglichkeit, zwei Teile gleichzeitig aufzuspannen, so bietet sich die wechselseitige Verfahrensweise an. Mit Hilfe von Anschlägen werden auf dem Werkstückaufspanntisch zwei Fix-Lagen erstellt. Die Werkstücke werden nun nacheinander gemessen, wobei während des Messens des zweiten Werkstücks das erste bereits gewechselt wird. So werden Totzeiten vermieden. Die Rüstzeiten fallen alle in die Meßzeit des jeweils anderen Teiles.

- Besteht nur die Möglichkeit, ein einzelnes Werkstück zu messen, kann durch Einsatz von Anschlägen oder Hilfsvorrichtungen Palettenbetrieb

RHEINMETALL		DATUM
		29-11-78
BENENNUNG	ZEICHN. NR.	IDENT. NR.
Hülse	143.4.1	34 70 15

MAN ☐ CNC ☒	Kassetten Namen	Blatt 1 von 5
	RH - 5 1 0 0 - 1	

Programm Namen	Start File	Zeilen	Meßzeit
H U E L S E	2	3 1 8 3	180'

Anweisung

1. Bei File 52 Ausrichtewelle entfernen

Aufspannung	Ausgangspunkt Pinole
Taststiftkombination	Taststiftkombination

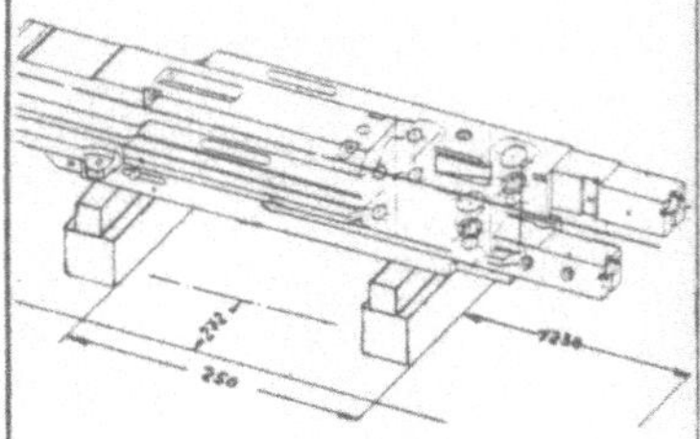

Bild 5.9: Deckblatt einer Prüfanweisung

die „W-Lage- Bestimmung" für alle nachfolgenden Werkstücke entfallen.

- Werden bei automatischen Meßabläufen (CNC-Abläufe) Unterlagen, Anschläge, Hilfsvorrichtungen oder Antasthilfen benutzt, so müssen diese immer in der gleichen Position zum Werkstück stehen, um eine Kollision während des Meßablaufes zu vermeiden. Der Bezug zum Werkstück ist deshalb so wichtig, weil mit der Bestimmung der „W-Lage" die Position der Sollgeometrie definiert wird.

Die berechtigte Forderung, ein Werkstück in möglichst kurzer Zeit zu messen, hat zur Folge, daß möglichst alle Messungen in einer Einspannung ohne Tasterwechsel durchgeführt werden müssen. Um diese Forderung zu erfüllen, ist es in einer Vielzahl von Fällen erforderlich, Meßhilfsmittel einzusetzen.

5.2.4   Lagemessungen von Gewindebohrungen

An Hand von Beispielen sollen hier einige Möglichkeiten zur Lagemessung von Gewinden aufgezeigt werden [56].

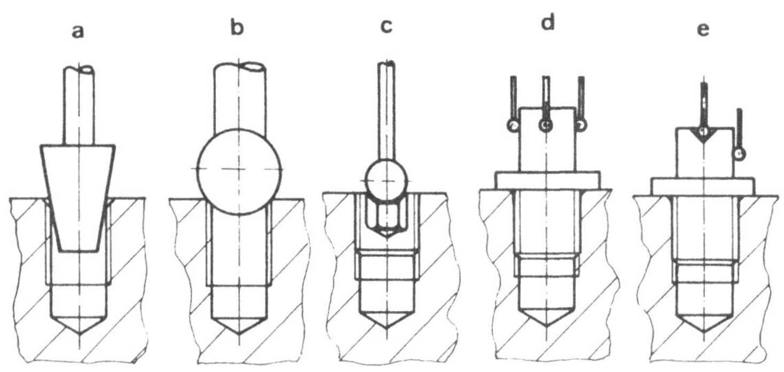

Bild 5.10: Abstandsmessung an Gewindebohrungen

- Die einfachste Methode ist das Antasten der Gewindebohrungen mit einem Zentrierkegel (Bild 5.10a). Sie wird fast ausschließlich an handgeführten KMG mit mechanischem Tastsystem angewandt, sie ist sehr ungenau, da nur der obere Rand der Gewindebohrung gemessen wird.

- Auch das Antasten mit einer Kugel (Bild 5.10b), die sich in der Senkung der Gewindebohrung zentriert, ist möglich. Diese Methode ist ebenfalls sehr ungenau, da nicht die Lage der Gewindebohrung, sondern die Senkung gemessen wird.

- Eine genaue Methode ist das Antasten über Gewindeeinsätze, wie in Bild 5.10c, d und e dargestellt ist. Hier werden die als Beispiele angeführten Gewindeeinsätze vor der Messung in die Gewindebohrungen eingeschraubt. Zu beachten ist hierbei die Antaststrategie.

Bei KMG mit selbstzentrierenden Tastsystemen kann die Abstandsmessung von der Gewindeeinsatz-Zentrierung aus erfolgen (Bild 5.11). An Geräten, an denen diese Betriebsart nicht vorhanden ist, muß die Lage der Gewindeeinsätze mit mehreren Antastungen bestimmt werden.

Bild 5.11: Beispiel einer Gewinde-Abstandsmessung

Um Tasterwechsel während des Meßablaufes zu vermeiden, können Bohrungsabstände oder auch andere Messungen unter Einsatz von Hilfskörpern durchgeführt werden. Mit eingesetzten Paßstiften lassen sich Bohrungsabstände sehr einfach ermitteln. Bedingung ist, daß der Taststift einen festen Sitz zu der Bohrung hat.

Die Auswahl der Meßmethode sollte unter Einbeziehung nachstehend aufgeführter Kriterien erfolgen.

Jede Oberfläche hat von der Bearbeitung her eine verbleibende Rauhigkeit. Da als Antastkörper in den meisten Fällen eine Kugel oder ein Kugelsegment

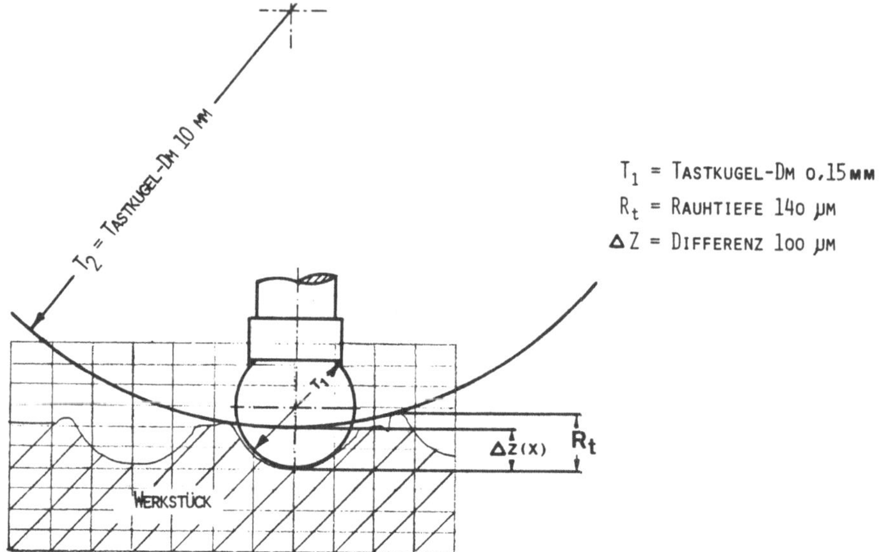

Bild 5.12: Einfluß des Tastkugeldurchmessers auf die Rauheitsmessung

benutzt wird, geht diese Oberflächenrauhigkeit auch als Unsicherheit in das Meßergebnis ein. In Bild 5.12 ist eine extrem rauhe Oberfläche überhöht dargestellt. Um den Einfluß der Oberflächenrauhigkeit zu reduzieren, ist es erforderlich, stets eine Antastkugel mit dem größtmöglichen Durchmesser zu wählen, so daß Rauhigkeit und Welligkeit der Oberfläche sich nicht auf das Meßergebnis auswirken.

Auch Formabweichungen des gefertigten Formelementes wirken sich bei der Maßbestimmung je nach angewandter Antaststrategie aus.

Vergrößert man die Form eines Zylinders sehr stark, so erkennt man, daß die wirklich vorhandene Form mit der Idealform sehr wenig Übereinstimmung zeigt. Durch die gezielte Wahl der Meßprogramme, Meßebenen und der Antaststrategie erhält man die beste Aussage über die Istform (Bild 5.13). In Bild 5.14 sind die Auswirkungen von unterschiedlichen Antaststrategien (Anzahl und Lage der Antastpunkte) bei einem formfehlerbehafteten Element dargestellt [54].

Bei der Messung von Bohrungen und anderen Formelementen bewirken Formabweichungen, daß sich der Unterschied zwischen Paarungsmaß und Istmaß auswirkt (Bild 5.15). Diese Fehler können bei Nachprüfungen mit einer Grenzlehre zu Differenzen führen [55].

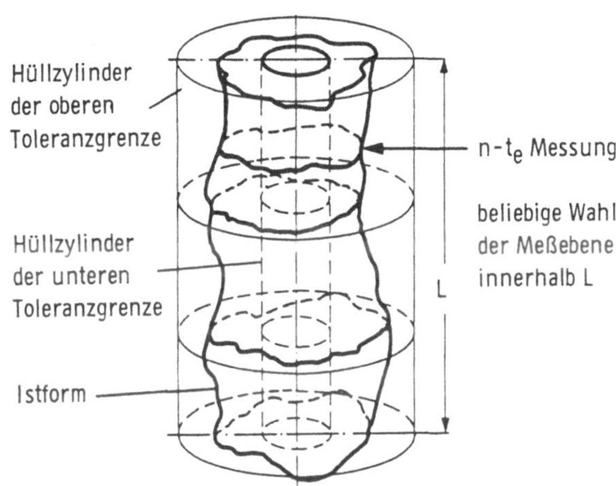

Bild 5.13: Zufällige Meßwertbestimmung

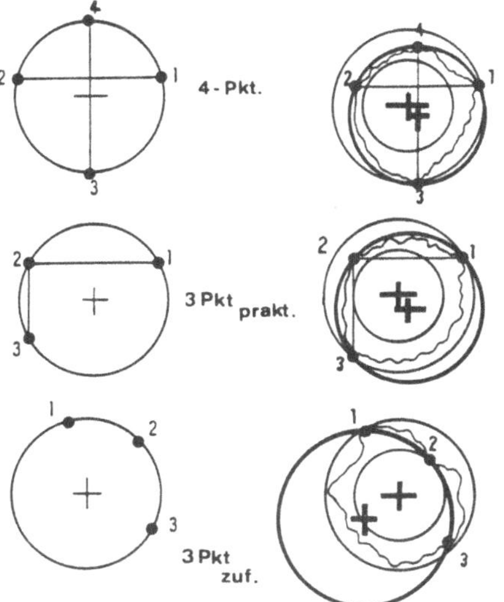

Bild 5.14: Formabweichung bei unterschiedlicher Antaststrategie

Die Grundspiele zwischen Bohrung und Welle, geprüft mit Grenzlehren, sind größer als jene, die mit einem KMG gemessen wurden (Bild 5.16). Diesem Sachverhalt wird in den Konstruktionen noch zu wenig Beachtung geschenkt.

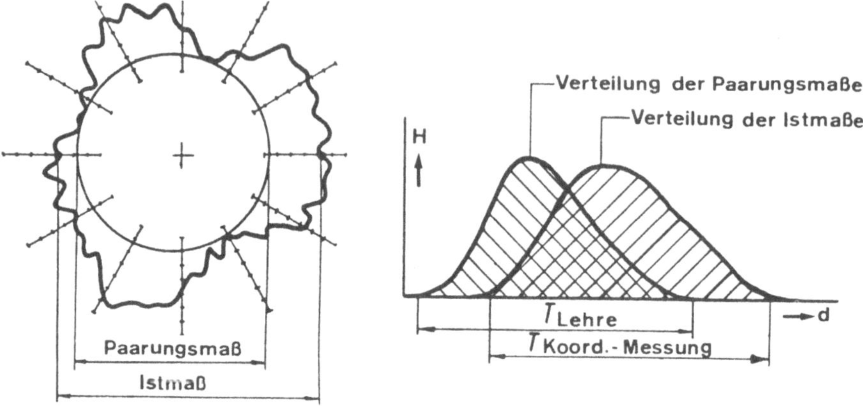

Bild 5.15: Einfluß der Formabweichung auf Maß und Toleranz

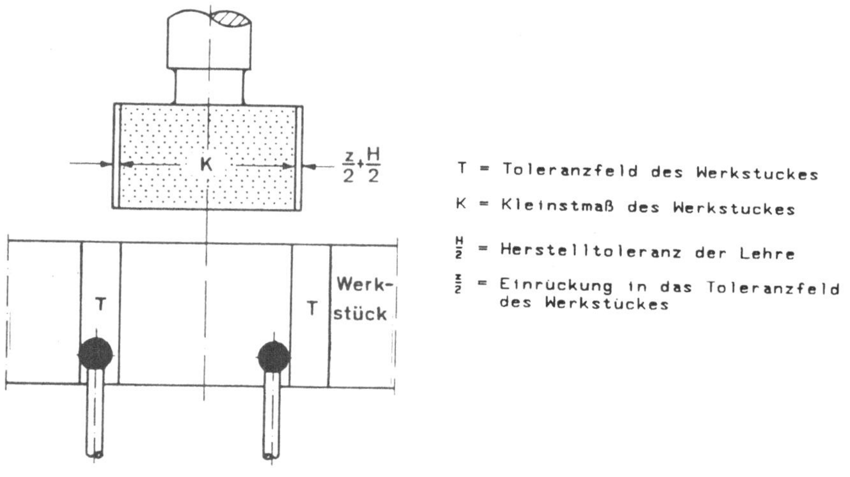

Bild 5.16: Messen – Prüfen

5.3 Prüfdatenverarbeitung

Hier soll die Auswertung und Weiterverarbeitung von Meßdaten des KMG angesprochen werden. Die Ergebnisse der manuellen Prüfungen, die überwiegend als attributive Prüfungen ausgeführt wurden, bleiben hierbei unberücksichtigt.

5.3.1 Auswertung

Die gemessenen Koordinatenwerte werden zu Meßergebnissen verknüpft. Die ausführliche Protokollierung über den Drucker ist nur selten in vollem Umfang erforderlich. Insbesondere bei umfangreichen Meßprotokollen werden die Meßergebnisse zur Weiterverarbeitung an einen externen Rechner übergeben oder bereits im Rechner beurteilt (z.B. auf Toleranzüberschreitung) und die Prüfergebnisse in komprimierter Form ausgegeben. Werden beispielsweise einzelne Toleranzüberschreitungen als Grundlage besonderer innerbetrieblicher Genehmigungsverfahren herangezogen, so ist es oft zweckmäßig, nur diese Fehlermeldungen mit den zugehörigen Werkstückkenndaten, Angabe der Meßaufgabe, Maßbezeichnungen, Nennmaß und Toleranzangabe in einem Fehlerprotokoll zusammenzufassen.

Um Meßdaten rechnerunterstützt beurteilen zu können, ist es zweckmäßig, für alle Merkmale Fehlerklassen festzulegen. Die Ist-Werte außerhalb der Toleranz kann man entsprechend ihrer Bedeutung in „Nebenfehler", „Hauptfehler", „Nacharbeit" und „Ausschuß" einteilen (Bild 5.17). (Diese Klassifizierung entspricht nicht dem DGQ-Vorschlag.)

Um zu gewährleisten, daß die Bereiche der unterschiedlich gewichteten Fehlerklassen der Wichtigkeit der Merkmale entsprechend bemessen sind, werden die Grenzwerte der Fehlerklassen in Zusammenarbeit aller für die Ausführungsqualität zuständigen Abteilungen ermittelt.

Für langfristige Qualitätsbetrachtungen bringt eine Fertigungs-Unsicherheitsanalyse (FU-Analyse) wichtige und notwendige Informationen für die Qualitätslenkung und Qualitätsplanung (Bild 5.18). Die FU-Analyse bewertet sogenannte „body elemente" (z.B. Abstand Ebene-Ebene) bezogen auf die jeweilige Fertigungsmaschine mit den verschiedenen Werkzeugen. Dieses Verfahren eignet sich vornehmlich für die Kleinserienfertigung.

5.4 Überwachung von KMG

Koordinaten-Meßgeräte müssen hinsichtlich ihrer Genauigkeit überwacht werden [57]. Einfluß auf die Genauigkeit hat einerseits der Temperaturgradient, andererseits die Veränderung der Geometrie des KMG (Beispiel Bild 5.19).

Wir unterscheiden zum einen die Abnahme des KMG, beschrieben in der VDI-Richtlinie 2617 und zum anderen die Überwachung des KMG. Hier soll nur die Überwachung weiter betrachtet werden. Die Überwachung sollte in einem festgelegten Turnus erfolgen. Sie muß in einem sehr kurzen Zeitraum

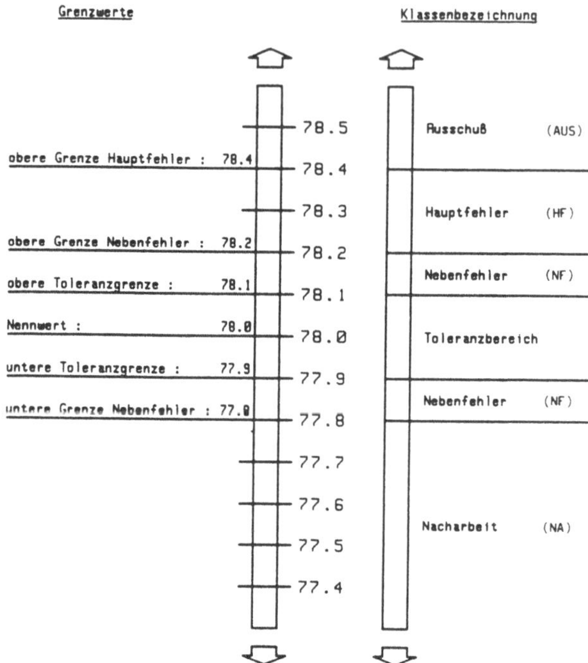

Bild 5.17: Klasseneinteilung von Merkmals-Istwerten
am Beispiel einer Bohrung

durchführbar sein, um längere Ausfallzeiten des KMG zu vermeiden. Das
Ergebnis der Überwachung muß eine Aussage über die weitere Einsetzbarkeit
des KMG beinhalten.

Wir verwenden für die Überwachung unserer KMG Kugeln als Prüfkörper.
Diese Überwachung mit Kugeln wird als „Kugelnormaltest" bezeichnet.

5.4.1   Prüfkörper

Kugeln können aufgrund ihrer Formgenauigkeit als Prüfkörper eingesetzt werden. Der Kugeldurchmesser ist von untergeordneter Bedeutung. Er muß nur
für eine Vergleichsbasis bekannt sein. Überdies sind Kugeln in unterschiedlichen Größen am Markt verfügbar.

Die Größen der Kugeln wurden in Abhängigkeit der Meßwege des KMG in den
einzelnen Achsen ausgewählt. Ebenso die Höhe der Kugelständer, auf dem

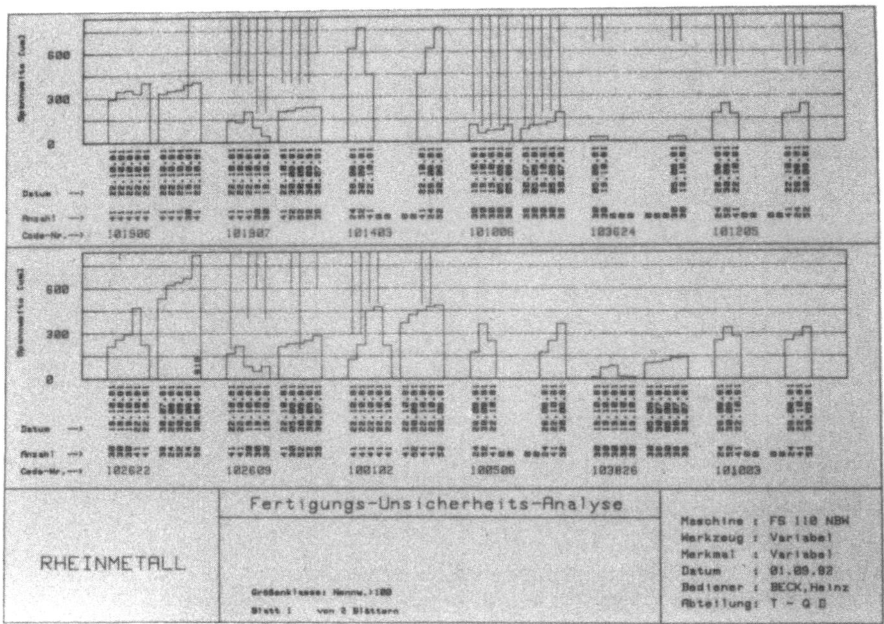

Bild 5.18: Fertigungs-Unsicherheits-Analyse

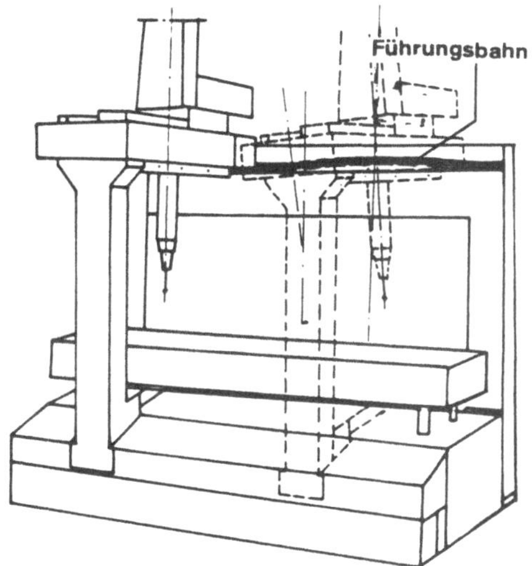

Bild 5.19: Verhalten eines KMG bei Parallelitäts- und Linearitätsfehler

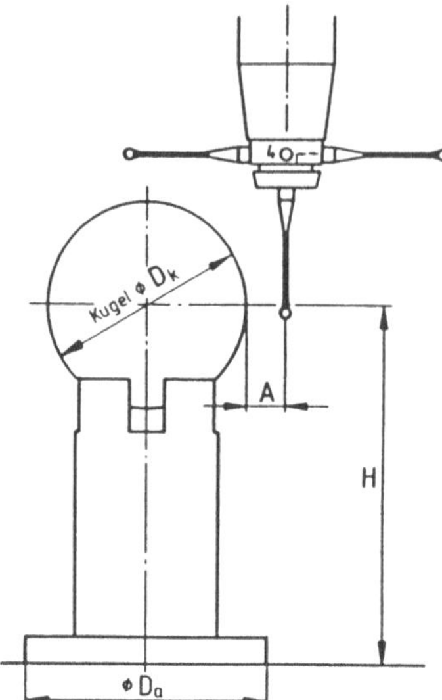

Bild 5.20: Kenngrößen der Kugeln zur Überwachung

diese für die Überwachung aufgelegt sind. Die Geometrie der Kugelhalter ist so ausgeführt, daß ein Messen der Kugeldurchmesser mit unterschiedlich im Tastkopf angeordneten Taststiften möglich ist. Die Kenngrößen der Kugeln und Kugelständer für die verschiedenen Größen von KMG sind im Bild 5.20 dargestellt.

5.4.2 Meßverfahren

Die zur Überwachung eingesetzten Kugeln können in einer Position den gesamten Meßweg nicht überdecken. Um aber eine ausreichende Aussagesicherheit beim Kugelnormaltest zu erhalten, wird die Kugel in fünf verschiedenen Tischpositionen gemessen (Bild 5.21). Diese Tischpositionen sind für jedes KMG festgelegt. Die Meßwege sind in den einzelnen Achsen unterschiedlich groß. Die Ursache liegt in den Meßwegbegrenzungen der jeweiligen Achse des KMG und den Kugelpositionen auf dem Aufspanntisch.

Stellt man die Meßwege des KMG räumlich dar und beschreibt innerhalb des Meßvolumens die Meßwege für einen Kugelnormaltest, so ergibt sich die Darstellung in Bild 5.22. Als Erklärung zu diesem Bild sei gesagt, die unterschiedlich großen Meßwege in den einzelnen Achsen ergeben in der räumlichen

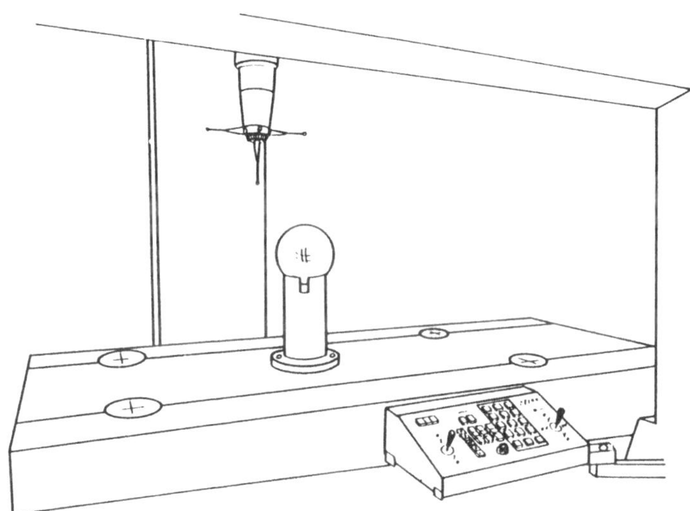

Bild 5.21: Tischposition der Kugel zur Überwachung

Darstellung eine Ellipse. Der beschriebene Kugelnormaltest läßt sich in 2.5 h durchführen.

5.4.3   Auswertung

Das Ergebnis des Kugelnormaltests wird in einem Prüfprotokoll und zur besseren Übersicht in einem Plott-Diagramm mit errechnetem Kugeldurchmesser dargestellt. Im Plott-Diagramm sind außer den Kenndaten des KMG und des Überwachungsdatums alle Meßergebnisse dargestellt (Bild 5.23). Wie aus Bild 5.23 zu ersehen, sind geordnet nach den verschiedenen Tastern die jeweils ermittelten Kugeldurchmesser der einzelnen Meßpositionen sowie der Ordnungsnummer (Wiederholung) der Einzelmessung zugeordnet dargestellt. Der bei der Überwachung gemessene und errechnete kleinste Kugeldurchmesser D_{min} wird als Ausgangsbasis für die Darstellung der Abweichung der einzelnen Kugeldurchmesser benutzt. Die Höhe der Säule ergibt den Wert der Abweichung zu diesem.

Aufgrund der bei dieser Überwachung ermittelten Ergebnisse konnte eine Freigabe zum weiteren Einsatz des KMG erfolgen.

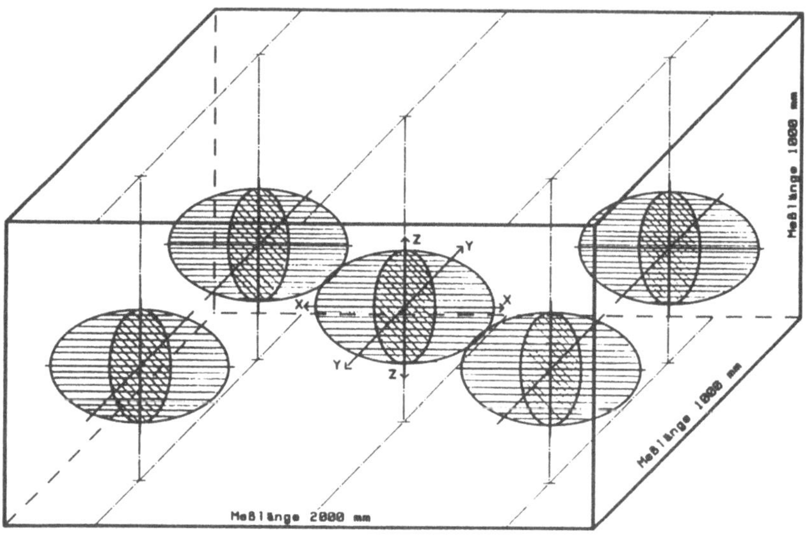

Bild 5.22: Erfaßtes räumliches Volumen

5.4.4   Aussagekraft

Dieses Überwachungsverfahren gibt eine Aussage über die Einsatzbereitschaft
hinsichtlich der Längenmeßunsicherheit des KMG. Der Ablauf ist einfach
und schnell durchführbar. Mit diesem Überwachungsverfahren können nur
Vergleiche durchgeführt werden. Die sichtbaren Veränderungen des KMG,
betrachtet an den einzelnen Überwachungsergebnissen, lassen keinen Rück-
schluß auf einen einzigen Komponentenfehler zu. Endgültige Klarheit über
den Fehler kann nur durch Prüfung der Einzelkomponenten gewonnen werden.

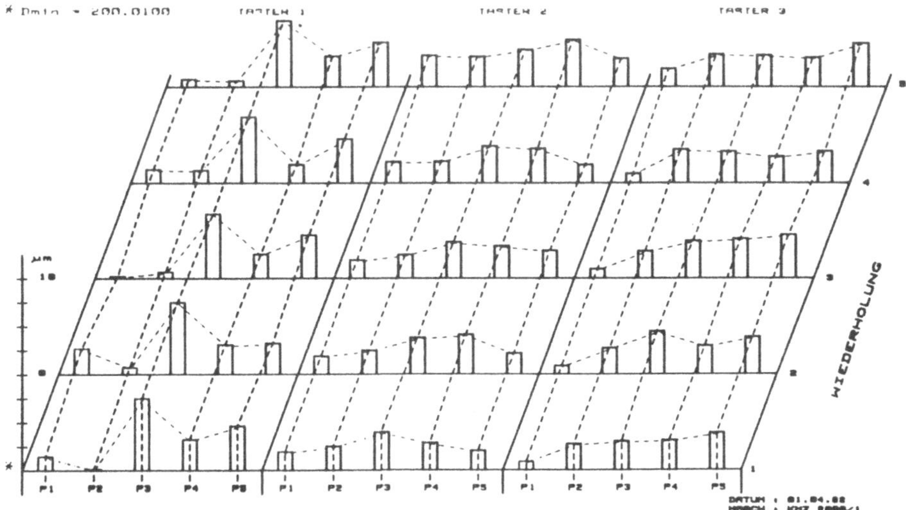

Bild 5.23: Kugel-Normaltest

6 Entscheidungsanalyse für Einsatz und Auswahl von Koordinatenmeßgeräten

H.J. Neumann, T. Eßwein, Oberkochen

6.1 Einleitung

CNC-Koordinatenmeßgeräte haben den Nimbus der Exklusivität verloren. Sie sind zum Allgemeingut in der gesamten, dimensionelle Objekte fertigenden Industrie geworden. Die Anbieter haben dazu wesentlich beigetragen, denn es gibt kaum mehr eine Aufgabe in der dimensionellen Meßtechnik, die nicht von einem Koordinatenmeßgerät bewältigt werden könnte.

Diese Universalität wirft gleichzeitig eine neue Problematik auf: Der Beschaffer eines Koordinatenmeßgerätes sieht sich oft vor eine schwer zu bewältigende Aufgabe gestellt. Er muß seine speziellen Anforderungen und Wünsche mit dem vielfältigen Angebot an Koordinatenmeßgeräten in Einklang bringen.

Der vorliegende Beitrag faßt das umfangreiche Wissensgebiet zusammen und konzentriert sich auf die Hauptfragen, die bei der Beschaffung regelmäßig auftreten. In einer ersten Ausgabe hat er viel Beachtung gefunden. Da die Thematik nach wie vor aktuell ist, wurde der Inhalt dem heutigen Stand der Technik angepaßt.

6.2 Das Analysesystem

In der vorliegenden Entscheidungsanalyse werden – einschließlich einer auch im Qualitätsbereich unerläßlichen Wirtschaftlichkeitsbetrachtung – alle für den Anwender entscheidungsrelevanten Faktoren aufgeführt. Prinzipielle Unterschiede der am Markt etablierten Systeme werden erläutert und verglichen, sowie Nutzen und Notwendigkeit unterschiedlicher Komponenten für die entsprechenden Einsatzzwecke untersucht.

Die Haupteigenschaften der Koordinatenmeßgeräte: *Genauigkeit*, *Flexibilität* und *Schnelligkeit*, müssen in ihrem Zusammenspiel im Hinblick auf Wirtschaftlichkeit optimiert werden. Die Definition und vor allem die Beurteilung dieser Eigenschaften erweist sich aber nicht selten als problematisch.

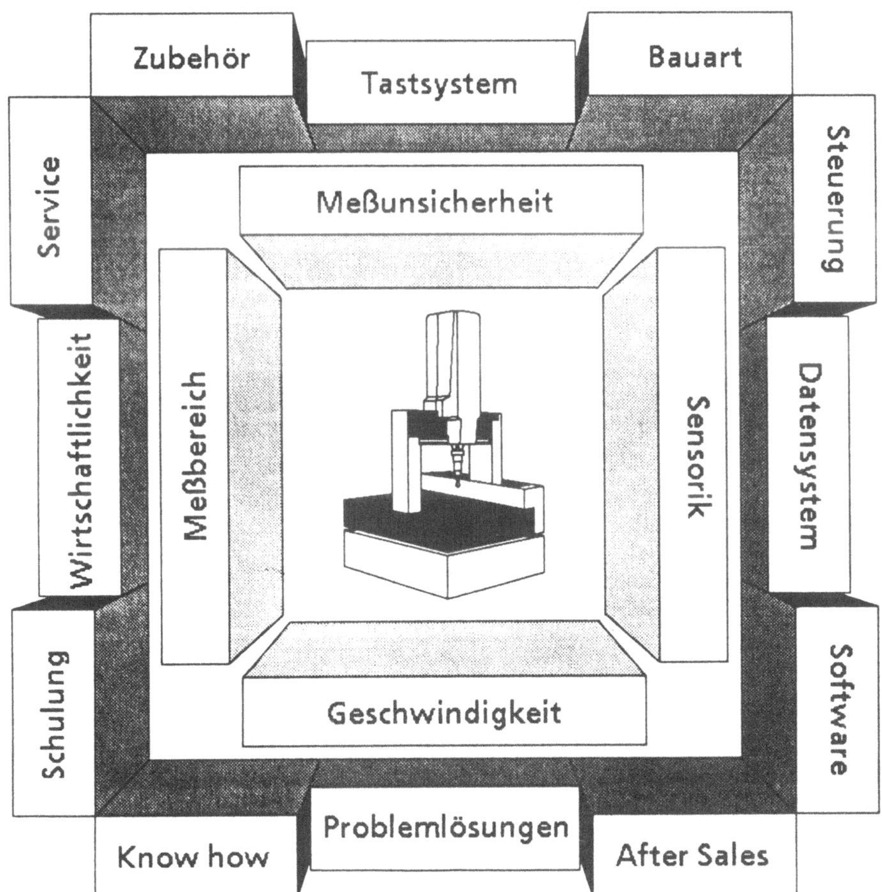

Bild 6.1: Kriterien für die Auswahl von Koordinatenmeßgeräten

Unter dem Begriff *Genauigkeit* ist im allgemeinen die *Meßunsicherheit* des Gerätes mit allen beeinflussenden Faktoren, z.B. durch die Umwelt, zu verstehen. In den Richtlinien VDI/VDE 2617 und ISO wird die Längenmeßunsicherheit parallel zu den Achsen und beliebig im Raum definiert. Eng verknüpft dazu sind die Angaben zu den Umweltbedingungen. Ergänzend wird auch die sogenannte *Antastunsicherheit* spezifiziert.

Die Forderung *flexibel* ist der Oberbegriff für die Eigenschaften *universell* und *anpassungsfähig*.

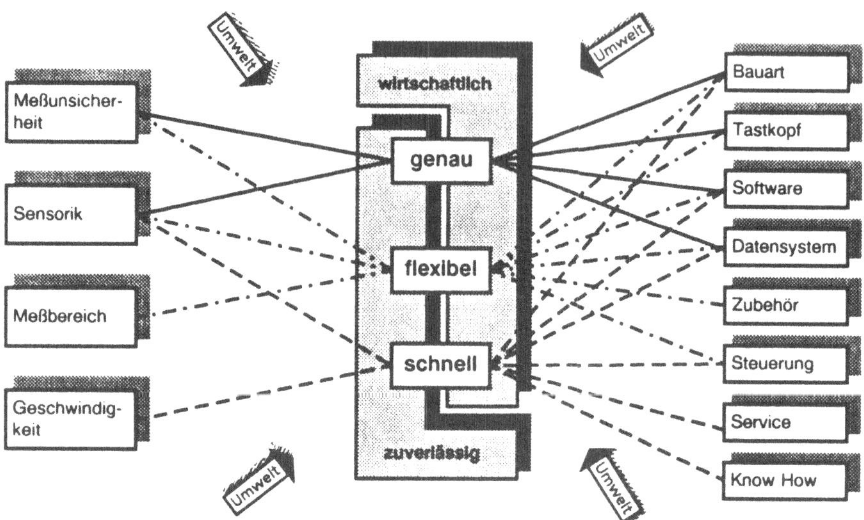

Bild 6.2: Verflechtung der Einflußfaktoren auf die Entscheidungsanalyse

Koordinatenmeßgeräte sind *universell*, da sie wie kein anderes Längenmeßgerät ein sehr breites Spektrum von Meßaufgaben lösen. Außerdem sind sie *anpassungsfähig*: Einerseits an sich ständig und kurzfristig ändernde Meßaufgaben und andererseits an die Anforderungen verschiedener Einsatzorte – vom Meßraum bis in die Fertigungslinie.

Das Kriterium *Schnelligkeit* bezieht sich meist auf die sogenannten Boden-Boden-Zeiten. Sie enthalten alle Haupt- und Nebenzeiten zwischen dem Anfallen einer Meßaufgabe und ihrem Abschluß mit der Aussage über die Maßhaltigkeit des Werkstücks.

Die starke Verflechtung aller Geräteparameter untereinander und deren gegenseitige Beeinflussung verbietet eine isolierte Betrachtung (Bild 6.2). Aus diesem Grund wurden mehrere Parameter zu größeren Gruppen zusammengefaßt, deren Grenzen allerdings fließend sind.

Dargestellt sind auch die Forderungen nach Wirtschaftlichkeit und Zuverlässigkeit in ihrer Klammerfunktion auf die anderen Merkmale.

6.3 Der Einsatz des Koordinatenmeßgerätes

Moderne CNC-Koordinatenmeßgeräte dringen auf Grund des hohen Standes der Gerätetechnik sowie umfangreicher Softwarebibliotheken und Rechnerkopplungsmöglichkeiten in immer neue Anwendungsbereiche vor. Längst sind sie dem Meßraum entwachsen und werden als autonome Meßzellen oder fertigungsintegrierte Qualitätsüberwachungssysteme eingesetzt.

Bild 6.3: Thermoschutzkabine zum Schutz vor Umwelteinflüssen

Aus der Vielzahl der Anwendungsgebiete ergeben sich heute drei Haupteinsatzorte, deren Umfeld bei der Auswahl des geeigneten Koordintenmeßgerätes berücksichtigt werden muß:

- Meßraum, Meßlabor

- Fertigungsnaher Bereich, Meßzelle

- Integration in die Fertigung

6.3.1 Der Einsatz im Meßraum

Gut klimatisierte Feinmeßräume bieten ideale Aufstellbedingungen für Koordinatenmeßgeräte. Daher ist prinzipiell jedes Koordinatenmeßgerät ohne Zugeständnisse an die Umgebungsbedingungen direkt für den Einsatz in Meßräumen geeignet.

Meist werden hier jedoch Geräte für hohe und höchste Genauigkeit eingesetzt, da die Meßaufgaben auch häufig das Messen von Lehren, Einstellmeistern und Präzisionswerkstücken umfassen. Auch können an dieser Stelle zu Gunsten der Genauigkeit längere Meßzeiten akzeptiert werden.

Gerade weil die Feinmeßräume ohnehin häufig als nicht produktiv eingestuft werden, ist es notwendig, die hier entstehenden Kosten durch beste und gesicherte Meßergebnisse zu rechtfertigen.

Eine deutliche Kostenersparnis bei der Auslegung der Klimaanlage ermöglichen Koordinatenmeßgeräte neuerer Technologie [59]. Sie gewährleisten hochgenaues Messen bei geringeren Ansprüchen an die Klimatisierung.

6.3.2 Der fertigungsnahe Einsatz

Für den fertigungsnahen Einsatz müssen den Umweltbedingungen Rechnung getragen und geräteseitig bestimmte Voraussetzungen erfüllt werden. Treten dabei im Aufstellbereich des Koordinatenmeßgerätes starke Verschmutzungen durch Staub, Ölnebel oder dergleichen auf, so kann zum Schutz des Meßgerätes eine Kapselung erforderlich sein. Auch ungünstige Klimabedingungen, wie z.B. hohe räumliche oder zeitliche Temperaturgradienten, können durch eine entsprechende Kapselung in ihrer Wirkung verringert werden (Bild 6.3). Sinnvoll kann in diesem Zusammenhang die Kombination einer Kapselung mit einer Luftdusche für das Werkstück sein.

Viele Anlagen wurden als Meßzellen bereits direkt im Fertigungsbereich realisiert. Ein Beispiel hierfür ist das automatische Kontrollzentrum AKZ, bei dem ein unbeaufsichtigter 24h-Betrieb durch einen integrierten Palettenspeicher erreicht wird (Bild 6.4). Auch Anordnungen mit Regalspeichern größerer Kapazität werden als Meßzellen eingesetzt.

Bild 6.4: Meßzelle für die automatische Messung von Werkstücken (AKZ)

Koordinatenmeßgeräte der heutigen Generation können oft auch ohne besondere Schutzmaßnahmen in Fertigungsnähe aufgestellt werden. Ein wichtiges Kriterium für diesen Einsatz ist die spezifizierte Meßunsicherheit in Bezug auf die am Aufstellort herrschenden Klimaverhältnisse. Dafür sind folgende Angaben vom Hersteller zu machen:

- Zul. Temperaturbereich (z.B. 17°C bis 23°C)

- Zul. Temperaturschwankungen pro Stunde und Tag (z.B. 1 K/h, 2 K/d)

- Zul. Temperaturgradient horizontal und vertikal (z.B. 1 K/m vertikal, 1.5 K/m horizontal)

Da bei einer Abweichung zur Bezugstemperatur 20°C eine Korrektur der Werkstück-Längendehnung erforderlich ist, kann vom Hersteller auch hierzu die Angabe und Bereitstellung von Verfahren erwartet werden.

Schließlich müssen Koordinatenmeßgeräte für den fertigungsnahen Einsatz auch vom Fertigungspersonal bedient werden können.

6.3.3   Die Integration in die Fertigung

Mit der Integration von Koordinatenmeßgeräten in flexible Fertigungssysteme wird vor allem die Sicherstellung der Qualität durch einen geschlossenen automatisierten Regelkreis zwischen Meßgerät und Bearbeitungsmaschine angestrebt (Bild 6.5). Die meßtechnischen Anforderungen an das einzusetzende Koordinatenmeßgerät ergeben sich dabei vor allem aus dem Werkstückspektrum, das gefertigt werden soll.

Bild 6.5: Integriertes Koordinatenmeßgerät

Durch die Umgebungsbedingungen im Fertigungsbereich werden weitere Anforderungen an das Koordinatenmeßgerät gestellt. Hierzu gehören die Schwingungsisolation durch eine pneumatische Schwingungsdämpfung oder ein Fundament, die Kompensation oder Vermeidung von Temperatureinflüssen, die Materialflußverkettung durch Übergabe von Paletten von einem Fahrzeug auf das Koordinatenmeßgerät oder durch das direkte Beladen des Koordinatenmeßgerätes mit Hilfe von Industrierobotern, Portalladern oder Transportrollen, elektrisch steuerbare Spann- oder Aufnahmevorrichtungen für die Werkstückpaletten oder die Werkstücke selbst.

Eine weitere Forderung ist das automatisierte Messen unterschiedlicher Werkstücke ohne manuellen Eingriff. Dies erfordert eine automatisierte Tasterwechseleinrichtung und eine Organisationssoftware, die bei Beginn eines Meßablaufs die Tasterdaten, die Werkstücklage auf dem Koordinatenmeßgerät und das CNC-Teileprogramm bereitstellt, sowie oft eine Informationsflußverkettung über eine Rechnerkopplung zwischen Fertigungsleitrechner oder Zellenrechner und dem Rechner des Koordinatenmeßgerätes.

Auch bei integrierten Koordinatenmeßgeräten können zur Eliminierung von Umwelteinflüssen entsprechende Schutzkabinen eingesetzt werden, falls sie nicht von vornherein einen Bestandteil des Meßgerätes bilden (Bild 6.6).

Bild 6.6: Vollgekapseltes Fertigungsmeßzentrum FMC

Die Bestimmung des Einsatzortes und die genaue Analyse aller Randbedingungen stellt also den ersten wichtigen Schritt zur Auswahl des geeigneten Koordinatenmeßgerätes dar. Sämtliche einsatzspezifischen Anforderungen müssen vom ausgewählten Koordinatenmeßgerät entsprechend ihrer Priorität erfüllt werden (Tabelle 6.1).

Diese Tabelle stellt aber nur ein Beispiel dar. Die Prioritäten können bei den Anwendern verschieden sein. Bei entsprechend sauberer Umgebung könnte

Tabelle 6.1: Einsatzspezifische Anforderungen an das KMG (-: nicht sinnvoll, +: sinnvoll, ++: wichtig, +++: sehr wichtig)

	Meßraum	fertigungs-nah	fertigungs-integriert
Genauigkeit	+++	++	++
Geschwindigkeit	+	+++	+++
Tasterwechseleinrichtung	++	+++	+++
einfache Bedienung	+	+++	+++
geräteferne Programmierung	+	+++	+++
Rechnerkopplung	+	+++	+++
Schwingungsdämpfung	+	+++	+++
Temperaturstabilität	+(+)	+++	+++
Korrektur des thermischen Werkstückverhaltens	+++	+++	+++
Schutzkabine	-	++(+)	++(+)
Palettenzuführung	-	+++	+++
SPS-Anschluß	-	++	+++
Meßbereichsreserve	+++	++	-

z.B. eine Kapselung nicht erforderlich sein. Oft wird auch auf eine automatische Palettenzuführung verzichtet.

6.4   Die Wirtschaftlichkeitsbetrachtung

Im Rahmen der Investitionsentscheidung über neue Meß- und Prüfmittel stehen den vielfältigen Vorteilen der Koordinatenmeßtechnik im Vergleich zur
konventionellen Meß- und Prüftechnik häufig die höheren Anschaffungskosten
entgegen. Wie kann der Wirtschaftlichkeitsnachweis zwischen diesen Alternativen geführt werden?

Die bekannten Bewertungsgrundlagen für die Wirtschaftlichkeit von Koordinatenmeßgeräten lassen sich prinzipiell unterteilen in:

- qualitative und

- quantitative Kriterien.

6.4.1   Die qualitativen Kriterien

Der Einsatz neuer Technologien erfolgt sehr häufig aus nicht oder nur schwer
rechenbaren Kriterien heraus. Stoßen die bisher eingesetzten Methoden an
ihre Grenzen, so sprechen viele Gründe für den Einsatz neuer Verfahren.

Neben den wirtschaftlich quantifizierbaren Vorteilen können dies z.B. folgende
Gesichtspunkte sein:

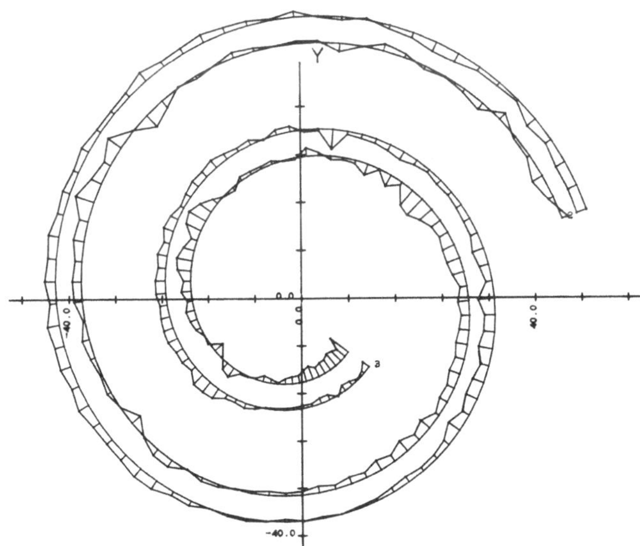

Bild 6.7: Formprüfung an einem Spiralkompressor

Alle Teile meßbar: Alle bisher nicht meßbaren Teile können mit Koordinatenmeßgeräten gemessen werden (Bild 6.7).

Beurteilung der Fähigkeit von Bearbeitungsmaschinen:
  Bearbeitungsmaschinen können hinsichtlich ihrer Absolutgenauigkeit,
  ihres Einlaufverhaltens oder ihrer Streuung beurteilt werden.

100% Prüfung bei Sicherheitsteilen: Sicherheitsteile   erfordern   eine
  100% Prüfung oder der Auftraggeber erwartet vom Lieferanten einen
  Qualitätsnachweis.

Neue Technologien einsetzbar: Die Meßmöglichkeiten des Koordinatenmeßgerätes erlauben die Anwendung neuer Technologien in Konstruktion, Fertigungsverfahren oder Materialien.

Objektive Ergebnisse: Die Ergebnisbildung wird objektiviert, da das Koordinatenmeßgerät die weitgehende Ausschaltung menschlicher Einflüsse ermöglicht.

Sortierfunktion möglich: Das Koordinatenmeßgerät kann in besonderen Fällen Sortieraufgaben innerhalb der Toleranzfelder für eine optimale Paarung von Teilen übernehmen.

Imageverbesserung: Der Einsatz eines Koordinatenmeßgerätes trägt zur Verbesserung des Images des Lieferanten durch gesicherte Qualitätslieferung bei oder ist eine notwendige Voraussetzung für den Erhalt des Auftrags.

Gesteigertes Qualitätsbewußtsein: Das Analyse-Instrument Koordinatenmeßgerät fördert das Qualitätsbewußtsein im Unternehmen, weil Zusammenhänge, Möglichkeiten und Grenzen für alle Beteiligten transparent werden.

6.4.2 Die quantitativen Kriterien

Die Investition für ein Koordinatenmeßgerät wird jedoch in sehr wenigen Fällen mit ausschließlich qualitativen Argumenten begründet werden müssen. Denn eine ganze Reihe quantitativer Kriterien lassen eine einfache Amortisationsrechnung zu:

Ersatz mehrerer Einzweckmeßgeräte: Das geeignete Koordinatenmeßgerät kann mehrere, oft unzureichend ausgelastete Einzweckmeßgeräte ersetzen bzw. deren Anschaffung vermeiden. So z.B.:

- Verzahnungsprüfgeräte,
- Lehrenprüfgeräte,
- Längenmeßgeräte,
- Meßmikroskope und
- zum Teil auch Formtester.

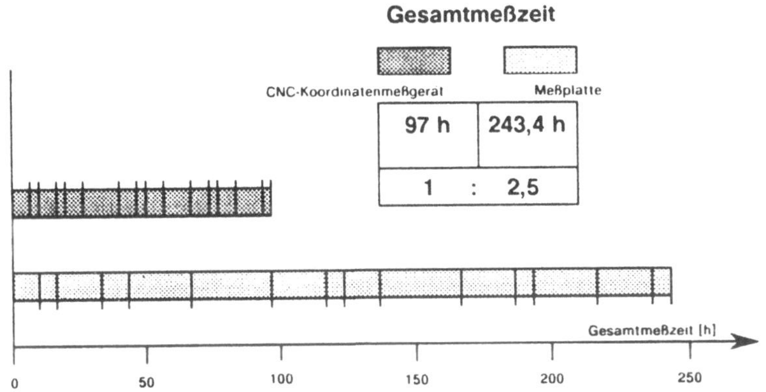

Bild 6.8: Durch Umbau einer Fertigungslinie für PKW-Kurbelgehäuse verursachter Meßaufwand (nach R. Seitz)

Senkung der Personalkosten: Durch den CNC-Betrieb wird die Bedienungszeit reduziert. Außerdem entfällt Personalkapazität an den bedienungsintensiven konventionellen Meßmitteln.

Kostenreduzierung durch Softwarebibliotheken: Ein Zusatznutzen ergibt sich dabei aus der einheitlichen Bedienphilosophie sowie der Möglichkeit, durch Nachkauf eines Programmpaketes den Neukauf eines notwendig gewordenen Einzweckmeßgerätes zu vermeiden.

Wegfall teurer Hardware-Investitionen: Hardware-Investitionen nach Produktmodifikationen oder -innovationen, wie sie bei Lehren oder manchen Einzweckmeßgeräten unumgänglich sind, fallen beim Einsatz des richtigen Koordinatenmeßgerätes nicht an. Lediglich ein neues Teileprogramm, das schon vor dem ersten Musterstück erstellt werden kann, ist zur Anpassung des Koordinatenmeßgerätes an die neue oder geänderte Produktpalette erforderlich.

Reduzierung der Meßkosten: Die Meßkosten können durch den Einsatz von Koordinatenmeßgeräten erheblich gesenkt werden. Dies resultiert aus den deutlich kürzeren Meßzeiten.

Senkung der Ausfallkosten bei Produktionsumstellung: NC-Maschinen und Bearbeitungszentren sind in ihrer Wirtschaftlichkeit abhängig vom Auslastungsgrad. Das Warten auf Produktionsfreigabe wegen langsamer Prüfmittel kostet sowohl den Betrag für die Stillstandszeit, als auch den Anteil der fehlenden Wertschöpfung (Bild 6.8).

Reduzierung der Nacharbeits- und Ausschußkosten:
Nacharbeits- und Ausschußkosten können durch rechtzeitiges, genaues Messen mit einem geeigneten Koordinatenmeßgerät drastisch gesenkt werden. Rücklieferungen oder drohender Auftragsverlust können so vermieden werden.

Diese Faktoren können zum Teil direkt in die Wirtschaftlichkeitsrechnung übernommen werden.

Ziel einer Investition ist die Verbesserung der bestehenden Situation. Das eingesetzte Kapital soll dabei schnell durch Kosteneinsparungen wieder erwirtschaftet werden. Je kürzer die Amortisationszeit deshalb ausfällt, desto wirtschaftlicher ist die Investition.

6.4.3 Beispiele für Vergleichsrechnungen

In einer beispielhaften Wirtschaftlichkeitsrechnung (Tabelle 6.2) werden einer Meßplatte mit konventionellen Prüfmitteln ein manuelles und ein CNC-Koordinatenmeßgerät gegenübergestellt.

Prinzipiell ist diese Meßkostenvergleichsrechnung auch zur Beurteilung unterschiedlicher CNC-Koordinatenmeßgeräte anwendbar. Dabei müssen natürlich die Meßzeit pro Werkstück möglichst genau bestimmt sein und auch ein besonderes Augenmerk auf die Wartungs- und Raumkosten gelegt werden.

Auf den ersten Blick mag das Ergebnis etwas überraschend ausfallen. Bei genauer Überprüfung der einzelnen Positionen wird jedoch deutlich, warum das leistungsfähige CNC-Koordinatenmeßgerät trotz hoher Anschaffungskosten den wirtschaftlichsten Einsatz gewährleistet.

Vor allem folgende Faktoren sind dafür verantwortlich:

- Die benötigte Meßzeit ist beim Einsatz von Koordinatenmeßgeräten wesentlich kürzer als bei den konventionellen Prüfmitteln (Pos. 12). Das vermeintlich günstige, handgeführte Koordinatenmeßgerät ist im Meßzeitvergleich dem CNC-Koordinatenmeßgerät ebenfalls unterlegen.

- CNC-Koordinatenmeßgeräte erfordern wenig Bedienaufwand, so daß der Operator während des eigentlichen Meßvorgangs noch Nebentätigkeiten ausführen oder ein zweites Koordinatenmeßgerät bedienen kann.

Tabelle 6.2: Wirtschaftlichkeitsrechnung für unterschiedliche Prüfmittel an einem Beispiel

	Kosten			konv. Prüfm.	CNC-KMG	man. KMG
1	Anschaffungswert	[DM]		40000	280000	120000
2	Abschreibungsjahre	[a]		8	8	8
3	Abschreibung / a	[DM]	1/2	5000	35000	15000
4	Zinsen / a	[DM]	7%	1400	9800	4200
5	Raumkosten / a	[DM]		2000	3000	3000
6	Prüfplatzkosten / a	[DM]	3+4+5	8400	47800	22200
7	Betriebsstunden / a	[h]	**1-Schicht**	1600	1600	1600
8	Instandhaltung / a	[DM]	3%-7%v.1	1800	8600	7200
9	Prüfplatzkostensatz	[DM/h]	(6+8)/7	6.38	35.25	18.38
10	Lohnkostensatz %	[DM/h]		50.00	25.00	50.00
11	Kapazitätskostensatz	[DM/h]	9+10	56.38	60.25	68.38
12	% Meßzeit / Werkst.	[h]		1.8	0.6	0.9
13	% Meßkosten / Wst.	[DM]	11*12	**101.48**	**36.15**	**61.54**
7a	Betriebsstunden / a	[h]	**2-Schicht**	3200	3200	3200
8a	Instandhaltung / a	[DM]	5%-10%v.1	2400	16000	11000
9a	Prüfplatzkostensatz	[DM/h]	(6+8a)/7a	3.38	19.94	10.36
10a	Lohnkostensatz %	[DM/h]		50.00	25.00	50.00
11a	Kapazitätskostensatz	[DM/h]	9a+10a	53.38	44.94	60.36
12a	% Meßzeit / Werkst.	[h]		1.8	0.6	0.9
13a	% Meßkosten / Wst.	[DM]	11a*12a	**96.08**	**26.96**	**54.32**
7b	Betriebsstunden / a	[h]	**3-Schicht**	4800	4800	4800
8b	Instandhaltung / a	[DM]	8%-15%v.1	3600	28000	16500
9b	Prüfplatzkostensatz	[DM/h]	(6+8b)/7b	2.50	15.79	8.06
10b	Lohnkostensatz %	[DM/h]		50.00	20.00	50.00
11b	Kapazitätskostensatz	[DM/h]	9b+10b	52.50	35.79	58.06
12b	% Meßzeit / Werkst.	[h]		1.8	0.6	0.9
13b	% Meßkosten / Wst.	[DM]	11b*12b	**94.50**	**21.47**	**52.25**

Dies wurde beim Meßkostenvergleich berücksichtigt. Dadurch läßt sich der anzusetzende Lohnkostensatz (Pos. 10, 10a) erheblich senken.

- Bei Mehrschichtbetrieb können durch einen höheren Automatisierungsgrad der Peripherie auch mannlose Schichten realisiert werden.

Allerdings ist dies meist mit Investitionskosten für Zuführsysteme, Zwischenspeicher oder ähnlichem verbunden. Näherungsweise wurde diese Tatsache durch einen noch geringeren Lohnkostensatz im Dreischichtbetrieb (Pos. 10b) berücksichtigt (das Koordinatenmeßgerät arbeitet hier durchschnittlich mehr als die Hälfte der Zeit ohne Bediener, wird aber manuell bestückt).

Die individuell durchzuführende Wirtschaftlichkeitsrechung wird sicherlich in einzelnen Punkten vom angeführten Beispiel abweichen. In der Tendenz jedoch ist das hier ermittelte Ergebnis repräsentativ.

Am Beispiel der *Amortisationsrechnung* wird gezeigt, wie lange es dauert, bis sich die Mehrausgaben für eine moderne Meßtechnologie ausgezahlt haben. Dazu werden der mit konventionellen Prüfmitteln ausgestatteten Meßplatte die beiden Koordinatenmeßgeräte aus der Wirtschaftlichkeitsrechnung gegenübergestellt (Tabelle 6.3).

Grundsätzlich kann natürlich auch diese Berechnung zum Vergleich unterschiedlicher CNC-Koordinatenmeßgeräte herangezogen werden. Das Ergebnis zeigt für beide Geräte außerordentlich niedrige Amortisationszeiten. Das CNC-Gerät schneidet etwas besser ab. Außerdem ist zu bedenken, daß mit ihm 50% mehr Werkstücke gemessen werden können.

Tabelle 6.3: Amortisationszeiten unterschiedlicher Koordinatenmeßgeräte
               im Einschichtbetrieb an einem Beispiel

	Einsparungen pro Jahr			CNC-KMG	man. KMG
1	Einspar. von Einzweckgeräten	[DM]		7000	4000
2	Einspar. an Prüfvorrichtungen	[DM]		20000	10000
3	Red. der Ausschußkosten	[DM]		8000	2000
4	Reduz. der Nacharbeitskosten	[DM]		8000	2000
5	Red. von Maschinenstillstand	[DM]		38000	6000
6	Kostensenkung d. Meßzeitred.	[DM]	(a-b)*c/d	174213	71004
	a: % Meßkost./Wst auf Meßpl.	[DM]	101.48		
	b: % Meßkosten/Wst auf KMG	[DM]		36.15	61.54
	c: jährliche Nutzungszeit	[h]	1600	1600	1600
	d: % Meßzeit/Wst auf KMG	[h]		0.6	0.9
7	angenommene Verfügbarkeit	[%]		95	98
8	Einsparung d. Meßzeitred.	[DM]	(6*7)/100	165502	69584
9	Red. der Fertigungskosten	[DM]		?	?
10	Einsparung	[DM]	$\sum$ 1..5,8,9	246502	93584
11	Abschreibung	[DM]		35000	15000
12	Amortisationszeit	[a]	Wert/(10+11)	0.99	1.1

Die einzelnen, beeinflussenden Faktoren sind folgende:

Punkte 1 und 2 geben an, welche Einsparungen dadurch erreicht werden, daß Einzweckmeßgeräte oder Prüfvorrichtungen ersetzt und deren Anschaffung vermieden werden kann. Das in der Investition teurere Meßgerät ist auf Grund seiner hohen Einsatzflexibilität den anderen Geräten überlegen. Hochwertige Hard- und Software steigern die Flexibilität und die Einsatzmöglichkeiten eines Meßgerätes. Dies bedeutet einen leicht quantifizierbaren Nutzen für den Anwender.

Punkte 3 und 4 hängen in erster Linie von der erreichbaren Genauigkeit des Meßgerätes ab. Wie in Kapitel 4.2 noch genauer dargestellt wird, ist für die meisten Einsatzgebiete der Koordinatenmeßtechnik eine hohe Genauigkeit die elementare Voraussetzung für deren wirtschaftlichen Einsatz.

Punkt 5 wird beeinflußt durch die Meßzeitreduzierung, die Anzahl der Warteperioden, den Maschinenstundensatz, die Anzahl eventuell produzierter Ausschußteile und die nicht erfolgte Wertschöpfung.

Punkt 6 beinhaltet die durchschnittliche Meßkostenreduzierung bezogen auf alle zu messenden Werkstücke bei optimaler Auslastung.

Punkt 9 ist nur sehr schwer zu quantifizieren. Eine Kostenreduzierung kann dadurch entstehen, daß mit Hilfe genauerer Meßmittel der Fertigung ein größerer Toleranzspielraum zur Verfügung gestellt werden kann. Das bedeutet eine Einsparung im Maschinenpark, evtl. aber auch einfachere Produktionsverfahren.

Das Ergebnis der Amortisationsrechnung bescheinigt – ohne zahlenmäßige Betrachtung von Punkt 9 – sehr kurze Amortisationszeiten für den Einsatz eines leistungsfähigen CNC-Koordinatenmeßgerätes.

Bei geringerer Anzahl zu messender Teile ist auch ein handgeführtes Koordinatenmeßgerät wirtschaftlich.

Für die eigene Berechnung der Wirtschaftlichkeit und der Amortisationszeit sind in Kapitel 6.8 zwei Formblätter enthalten.

6.5   Die grundlegenden Geräteparameter

Ist der Einsatzbereich des Koordinatenmeßgerätes geklärt und seine Wirtschaftlichkeit nachgewiesen, so muß anhand grundlegender Geräteparameter wie Meßbereich, Tastprinzip, Genauigkeit und Geschwindigkeit eine Vorauswahl unter den angebotenen Geräten getroffen werden. Diese Parameter stellen dabei die Elementarforderungen dar, welche jedes in Frage kommende Koordinatenmeßgerät vollständig erfüllen muß.

6.5.1 Die Sensoren

Den Sensoren (Tastsystemen), die von der Aufgabenstellung abhängig sind, sollte ein besonderes Augenmerk geschenkt werden. Sie erfüllen funktionell eine bedeutende Aufgabe.

6.5.1.1 Schaltende Tastsysteme

Schaltende Tastsysteme werden besonders dort eingesetzt, wo es auf eine schnelle Meßwertübernahme ankommt und das punktweise Abtasten der Werkstücke zur Meßwerterfassung ausreicht. Die dynamische Meßwertübernahme mit schaltendem Tastkopf erfordert aber für höhere Genauigkeiten eine beschleunigungsfreie Antastung.

Tabelle 6.4: Leistungskriterien schaltender Tastköpfe

- Empfindlichkeit des Sensors in Abhängigkeit von der Antastrichtung

- Meßkraft im Moment der Datenübernahme (Einfluß der Tasterdurchbiegung)

- Abhängigkeit der Meßkraft von der Antastrichtung

- Maximal zulässiges Gewicht der Tasterkonfiguration

- Maximal zulässige Tasterlänge

- Reproduzierbarkeit der räumlichen Nullage

- Größe und Variationsmöglichkeit der Rückstellkraft

- Überwachungseinrichtungen gegen Fehlimpulse

- Zulässiger Auslenkbereich bei Kollision

- Verfügbarkeit und Standzeit

Für die Beurteilung der Eignung eines schaltenden Tastsystems können unterschiedliche Gesichtspunkte herangezogen werden (Tabelle 6.4). Je nach Erzeugung des zur Datenübernahme erforderlichen Impulses unterscheidet man zwischen mechanisch und elektronisch schaltenden Systemen. Die meisten Tastköpfe sind nach dem mechanisch schaltenden Prinzip aufgebaut.

Im einfachsten Fall eines mechanisch schaltenden 3D-Tastsystems ist der Taststift dreipunktgelagert und über eine Feder vorgespannt. Die Lagerpunkte, meist drei zwischen je zwei Walzen zentrierte Kugeln, sind direkt als Schalter in einem Stromkreis in Reihe geschaltet (Bild 6.9). Bei Auslenkung des Taststiftes durch die Berührung mit dem Meßobjekt wird der Stromkreis durch öffnen eines der Schalter unterbrochen, wodurch ein Impuls zum Abspeichern der momentanen Koordinaten erfolgt.

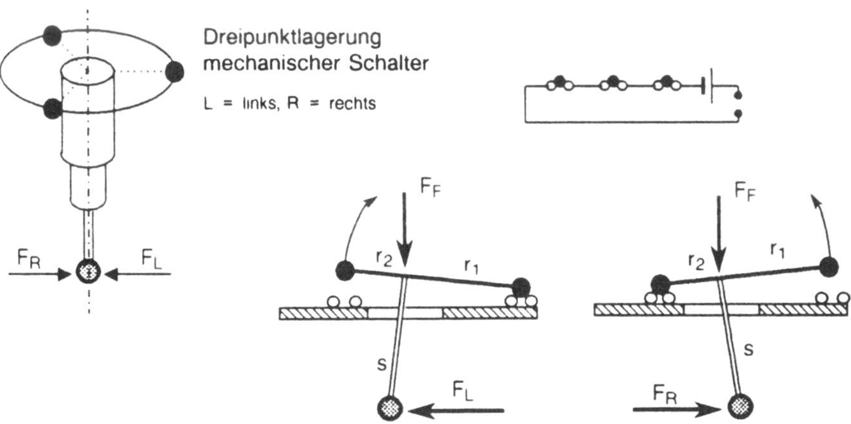

Bild 6.9: Prinzip eines mechanisch schaltenden Tastsystems

Das Problem dieser Anordnung ist, daß durch die Dreipunktanordnung der Schalter je nach Antastrichtung unterschiedlich lange Hebel r_1 und r_2 zum Öffnen des Antastkontaktes entstehen. Dies beeinflußt über das Hebelgesetz die zur Impulsauslösung benötigte Antastkraft und damit die Tasterdurchbiegung im Verhältnis der Radien zueinander (Bild 6.10).

Eine Konstruktion für höchste Antastempfindlichkeit sind elektronisch schaltende Tastköpfe, bei denen *piezoelektrische Sensoren* vor der nachgiebigen Knickstelle im Tastkopf montiert sind. Das führt zu folgenden Eigenschaften:

- die Antastempfindlichkeit ist von allen Seiten gleich,

- die Antastung geschieht wegen der geringen Kräfte mit geringster Tasterdurchbiegung,

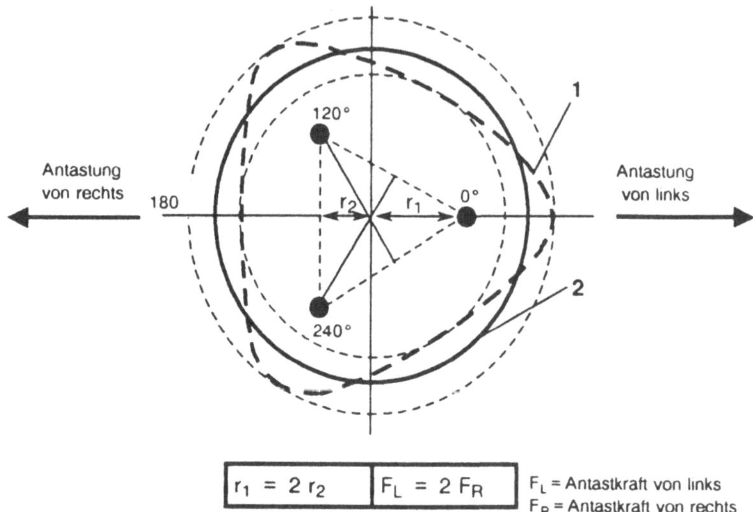

Bild 6.10: Kreismessung an einem Lehrring mit mechanisch
schaltendem Tastsystem (nach T. Pfeifer)

- die Antastempfindlichkeit ist hoch, da der Schaltimpuls einen direkten
  Zugang zum Piezokristall hat.

Unabhängig von der Antastrichtung und der Vorspannkraft der mechanischen
Knickstelle kann schon bei einer Antastkraft von kleiner 0,01 N ein Impuls
erzeugt werden, der die Gerätekoordinaten zwischenspeichert.

Eine dem elektronischen Sensor nachgeschaltete Logik erkennt, ob die Kraft
durch eine reguläre Antastung oder durch Erschütterungen erzeugt wurde.
Der Impuls wird nur dann zur Meßwerterfassung zugelassen, wenn eine Antastung vorliegt.

6.5.1.2 Messende Tastsysteme

Der Einsatz von messenden Tastsystemen ist besonders dann sinnvoll, wenn
ein kontinuierliches Messen – *Scanning* – zur Gewinnung vieler Meßpunkte
ohne Abheben des Tasters erforderlich ist. Auch Messungen, bei denen eine
selbstzentrierende Antastung z.B. in Zahnlücken, Nuten oder Bohrungen notwendig ist, können nur mit messenden Tastsystemen durchgeführt werden.

Tabelle 6.5: Leistungskriterien messender Tastköpfe

- Räumliche Reproduzierbarkeit

- Maximal zulässiges Gewicht der Tasterkonfiguration

- Maximal zulässige Tasterlänge

- Verlauf der Kraftkennlinie innerhalb und außerhalb des Meßbereichs

- Größe des Meßbereichs im Scanningbetrieb

- Auslenkbereich für den Kollisionsschutz

- Dämpfungsverhalten

- Programmierbarkeit aller Funktionen wie Klemmung, Meßkraft, Lageregelung, selbstzentrierendes Antasten usw.

Von großem Vorteil kann es bei diesen Systemen sein, wenn die Scanningabtastung auch manuell bedient werden kann und diskrete Meßpunkte ohne Abheben des Tasters vom Werkstück übernommen werden. Ähnlich den schaltenden Systemen können auch hier eine ganze Reihe von Beurteilungskriterien für die Leistungsfähigkeit herangezogen werden (Tabelle 6.5).

Die notwendige *Meßkraftaufbringung* erfolgt bei den bekannten Tastsystemen auf zwei verschiedene Arten:

- Nur über die Auslenkung des Federparallelogramms.

- Technisch wesentlich aufwendiger über eine zusätzliche, separate Kraftquelle.

Bei einem patentierten System für messende Tastköpfe wird die Meßkraft durch Stromfluß in Tauchspulen innerhalb eines magnetischen Ringspaltes erzeugt.

Aus diesem Grund können sehr weiche Federparallelogramme mit flacher Kraftkennlinie eingesetzt werden (Bild 6.11). Daraus resultiert eine nahezu konstante Meßkraft über einen weiten Meßbereich, was letztendlich das schnelle Scannen von unbekannten Konturen beliebig im Raum erlaubt.

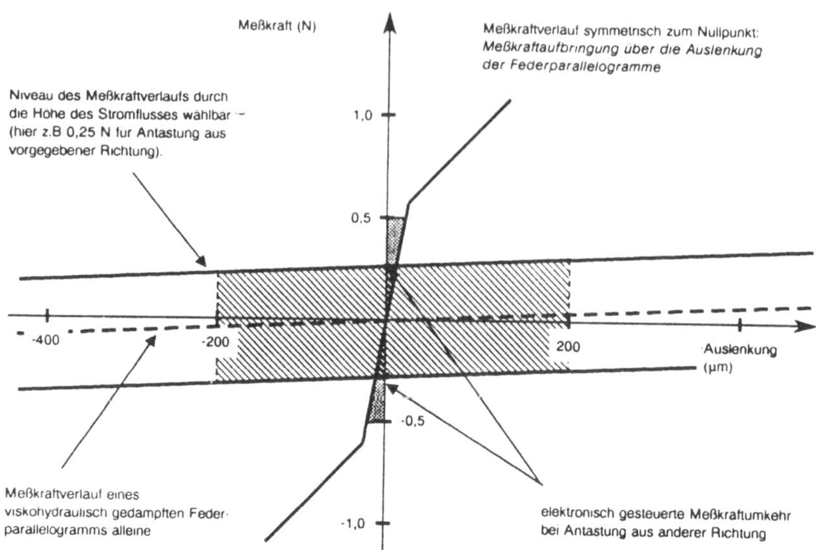

Bild 6.11: Vergleich der Auslenkung messender Tastköpfe
mit und ohne separate Meßkraftaufbringung

Grundsätzlich verhindert das *Statische Messen* im Nullpunkt der Tastkopf-
meßsysteme dynamische Einflüsse des Maschinenbaus auf das Meßergebnis.

Der flache Meßkraftverlauf dieser viskohydraulisch gedämpften Federparallelogramme bringt eine Reihe von Vorteilen mit sich:

- hohe Linearität des Meßkraftverlaufs ⇒ großer Meßbereich beim Scannen (Bild 6.12)

- nahezu konstante, sehr niedrige Kraftwirkung auf das Werkstück und
  den Taststift über den gesamten Antastweg

- im Normalfall einfachste Tasterbiegungskorrektur und Kalibrierung

6.5.1.3 Tasterwechseleinrichtungen

Die Wirtschaftlichkeit von Koordinatenmeßgeräten wird durch eine Tasterwechseleinrichtung entscheidend erhöht [61]. Von Vorteil ist dabei, wenn eine
solche Wechseleinrichtung an allen Koordinatenmeßgeräten eines Herstellers
über alle Portal- und Ständerbaureihen hinweg eingesetzt werden kann.

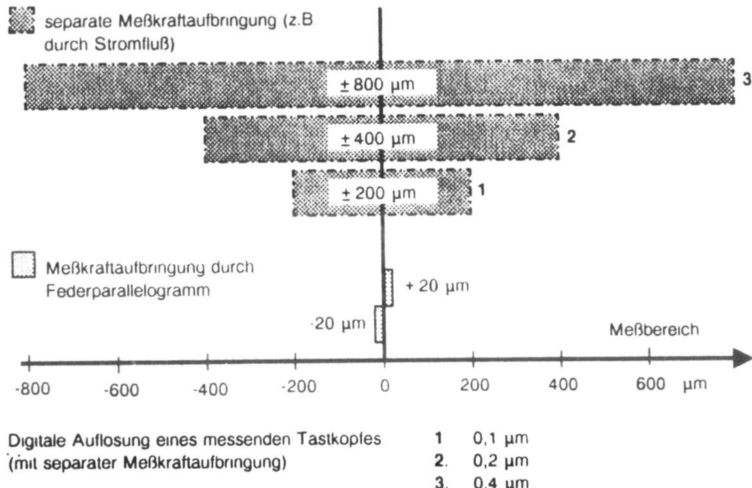

Bild 6.12: Vergleich der Meßbereiche messender Tastköpfe
mit und ohne separate Meßkraftaufbringung

Leistungsfähige Tasterwechseleinrichtungen für schaltende oder messende
Tastköpfe zeichnen sich durch folgende Eigenschaften aus:

- Kurze Tasterwechselzeit

- Nur gelegentliches CNC-Nachkalibrieren ⇒ Wegfall der sonst dafür notwendigen Nebenzeiten

- Durch vorbereitete Tasterkonfigurationen entfällt der Rüstzeitanteil für
die Tasterbestückung ⇒ drastisch gesenkte Rüstzeiten

- Nur Wechsel von Tasterkonfigurationen, nicht von komplett bestückten
Tastköpfen ⇒ billiger

- Sofortige Bereitschaft durch vorbereitete Tasterkonfigurationen ⇒
Stand-by-Betrieb

- Jedem Werkstück oder jeder Werkstückfamilie ist eine entsprechend
montierte Tasterkombination zugeordnet ⇒ weniger Dokumentations-
aufwand

- Kein Kalibriernormal bei der Messung auf dem Werkstücktisch ⇒ keine
Einschränkung des Meßbereichs

- Günstiges Preis/Leistungs-Verhältnis

- Sehr kurze Amortisationszeit

Zusätzliche Vorteile bietet der *CNC-Tasterwechsel*:

- Vollautomatisches Messen unterschiedlicher Teile in einem Meßablauf

- Ununterbrochener Mehrschicht-Meßbetrieb mit wechselnden Teilen bei automatischer Zuführung

- Einfache, leichte Tasteranordnungen durch automatischen Wechsel innerhalb eines Meßablaufs

- Tastermagazin wesentlich preiswerter als eine Zuführeinrichtung

6.5.1.4 Optische Tastsysteme mit Bildanalyse für Kantenmessung und Fokussierung

Für spezielle Anwendungsfälle können auch optische Tastsysteme mit digitaler Bildverarbeitung eingesetzt werden. Sie bilden meist die berührungslos antastende Alternative zu den messenden Sensoren.

Ihre Haupteinsatzgebiete liegen vor allem in speziellen Meßaufgaben, die mit taktilen Sensoren nicht gelöst werden können. Hierzu zählen unter anderem Messungen an

- empfindlichen Oberflächen,

- extrem kleinen Bohrungen und hochgenauen Konturen mit engen Radien,

- flachen Teilen, die keine Kanten aufweisen,

- weichen Kunststoffteilen.

Seitliche Flächen oder Bohrungen können optisch mit den heute angebotenen Anordnungen nicht erfaßt werden. Für diese speziellen Meßaufgaben werden deshalb Koordinatenmeßgeräte mit optisch-taktilem Kombinationstastkopf angeboten (Bild 6.13).

Bild 6.13: Optisch-taktiler Kombinationstastkopf

Als besonderen Vorteil ermöglicht ein Kombinationstastkopf das optisch-mechanische Messen in einem gemeinsamen Koordinatensystem mit einer beliebigen Verknüpfung der Meßergebnisse.

Vorteilhaft ist die Verbindung eines Kombinationstastkopfes mit einem großen Meßbereich des Koordinatenmeßgerätes, so daß ganze Paletten, evtl. auch mit automatischer Zuführung, gemessen werden können.

Wichtig bei der Auswahl dieser Tastsysteme sind die Leistungsfähigkeit des eingesetzten Bildverarbeitungssystems und die gesamte optische Ausrüstung (Tabelle 6.6).

6.5.1.5 Optische Tastsysteme zur Abstandsmessung

Zum kontinuierlichen Messen von Topografien von Oberflächen z.B. an Modellen und Karosserieteilen werden optische Abstandssensoren eingesetzt. Hier-

Tabelle 6.6: Leistungskriterien von Bildanalysesystemen
für Kantenmessungen und Fokussierung

- Auflösung bezogen auf die optische Vergrößerung

- Graubildverarbeitung im Subpixelbereich

- Autofokus, Meßunsicherheit und Meßzeit

- Bewertung jedes Meßpunktes durch Korrelation

- Reproduzierbarkeit der Detektion auch kontrastarmer Kanten

- Art und Ausführung der Beleuchtung

- Empfindlichkeit gegen Umgebungslicht und Reflexionsände-
  rungen

- Variable Meß- und Suchfeldgröße

- Variable Vergrößerungen, Bildfeldgröße bezogen auf die Auflösung

- Meßfenster frei positionier- und drehbar

- Makroprogramme mit wählbarer Meßpunktanzahl für häufige
  Formelemente

- Kollisionsschutz

- Zusätzlicher Laserfokus für hochreflektierende Oberflächen

- Kombination mit mechanischem Tastsystem

- Wahlweises Messen im gemeinsamen Koordinatensystem

- Einbindung in alle Softwareroutinen

bei ist die Verfügbarkeit einer Dreh-Schwenk-Einrichtung unumgänglich, die den Sensor kontinuierlich jeweils etwa senkrecht zur Oberfläche orientiert. Das Meßprinzip basiert auf dem Prinzip der Triangulation (Bild 6.14). Wichtige Leistungskriterien sind in (Tabelle 6.7) angegeben.

6.5.1.6 Einsatzspektrum

Die Haupteinsatzgebiete der gängigen Sensoren können hier wegen der besseren Übersichtlichkeit nur grob dargestellt werden. Sie sind als Matrix in Tabelle 6.8 zusammengefaßt.

Tabelle 6.7: Leistungskriterien von Laser-Abstandssensoren

- Meßunsicherheit

- Meßbereich

- Verhältnis Meßbereich/Meßunsicherheit

- Reproduzierbarkeit

- Arbeitsabstand

- Laserklasse

- Datenrate beim Scannen

- Wechseleinrichtung für Multisensorbetrieb

- Handhabbarkeit, z.B. sichtbare Pilotstrahlen

- Anpassung an unterschiedliche Oberflächen z.B. Laserleistung, Signalauswertung

6.5.2 Die Genauigkeit

Obwohl heute häufig Fragen der Umgebungseinflüsse oder der Meßzeiten in den Vordergrund treten, ist und bleibt die erreichbare Meßunsicherheit das Kriterium Nr. 1 in der Meßtechnik. Es hat wenig Sinn, zugunsten kürzerer Meßzeiten Kompromisse bezüglich der Meßunsicherheit einzugehen, denn

- entweder müssen engere Toleranzen als notwendig gefertigt werden (die Meßunsicherheit des Meßmittels addiert sich zur Maschinentoleranz),

- oder es werden maßhaltige Teile ausgesondert bzw. umgekehrt nicht maßhaltige freigegeben.

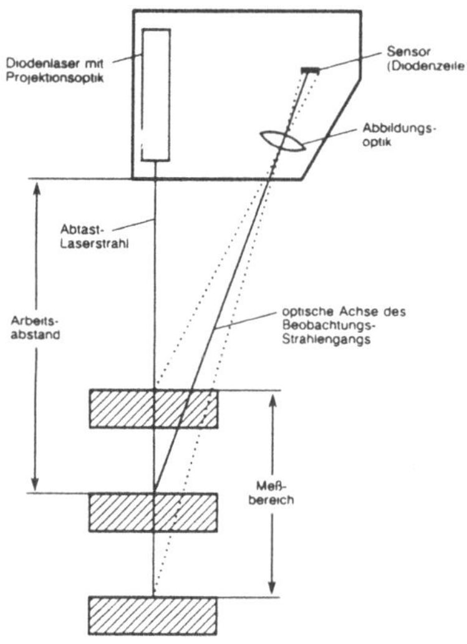

Bild 6.14: Prinzip eines Triangulationstasters (nach K.-P. Koch)

Je geringer die Toleranzen sind, um so mehr muß die Meßunsicherheit der eingesetzten Meßmittel beachtet werden. Wenn man vermeiden will, daß Teile außer Toleranz weiterverwendet werden, muß die Freigabetoleranz um die für die jeweilige Meßaufgabe wirksame Meßunsicherheit eingegrenzt werden [63]. Dies hat aber Auswirkungen auf die ausnutzbare Toleranz, die der Fertigung zur Verfügung steht (Bild 6.15).

Grundvoraussetzung für jeden wirtschaftlichen Prüfvorgang ist, daß die Prüfung unter den gegebenen Umweltbedingungen zuverlässig und ausreichend genau durchgeführt werden kann.

Die Meßunsicherheit der eingesetzten Meßeinrichtung sollte deshalb nicht größer als 1/5 der Fertigungstoleranz sein, d.h. bei einer Bohrung 30H7 (Fertigungstoleranz 21 μm) sollte die Meßunsicherheit weniger als 4 μm betragen.

Die dabei notwendige Forderung nach hohen Genauigkeiten verlangt außerdem eine entsprechende Auslegung der Meßzelle im Hinblick auf die Abschirmung gegen Umwelteinflüsse. Kapselungen, die auch vor Wärmestrahlung schützen und evtl. ein eigenes Klimatisierungsgerät beinhalten, sind eine zweckmäßige Lösung.

Auch ist der Einsatz von Koordinatenmeßgeräten zu empfehlen, bei denen durch eine rechnerische Korrektur aller Führungs-, Maßstabs- und Rechtwinkligkeitsabweichungen und einer Temperaturkompensation eine zusätzliche Genauigkeitsreserve erzielt wird [65].

Tabelle 6.8: Haupteinsatzgebiete der Sensoren (Tastsysteme)
(● = geeignet, ○ = bedingt geeignet)

	schaltend	messend	optisch Kanten	optisch Abstand	optisch-mechan.
alle Meßaufgaben durch Einzelpunkt- antastung lösbar	●	●	●	●	●
die Meßaufgaben beinhalten Scanning- aufgaben		●	●	●	●
vorwiegend kleine oder flache Teile	○	○	●		●
vorwiegend Abstands- messungen an Ober- flächen	○	○		●	●

Vermehrt kommen Geräte auf den Markt, die durch neue Materialien und Technologien in sich temperaturstabil sind [59]. Es verbleibt dann als einzige Maßnahme zur Beseitigung des gesamten Temperatureinflusses nur noch die thermisch bedingte Längenkorrektur des Werkstücks.

Zum Thema „Genauigkeit" sollte noch ein anderer Aspekt beachtet werden: Zur Gewährleistung stabiler Prozesse werden durch Inprozess-Messungen Überwachungs- und Meßaufgaben in ständigem Eingriff dem Produktionstakt angepaßt. Eine präzise Prüfung von Absolutmaßen bei kleinen Toleranzen ist mit dieser Methode jedoch nicht möglich. Die Ursachen hierfür liegen grundsätzlich darin, daß alle systematischen Abweichungen sowie Umwelteinflüsse, Datenfehler und anderes sich im Fertigungsprozeß und bei der anschließenden Messung ähnlich auswirken und deshalb eine teilweise Kompensation stattfindet. Doch werden durch die Online-Überwachung stabile Prozesse sichergestellt – eine gute Voraussetzung für den fertigungsnahen oder -integrierten Einsatz von Koordinatenmeßgeräten.

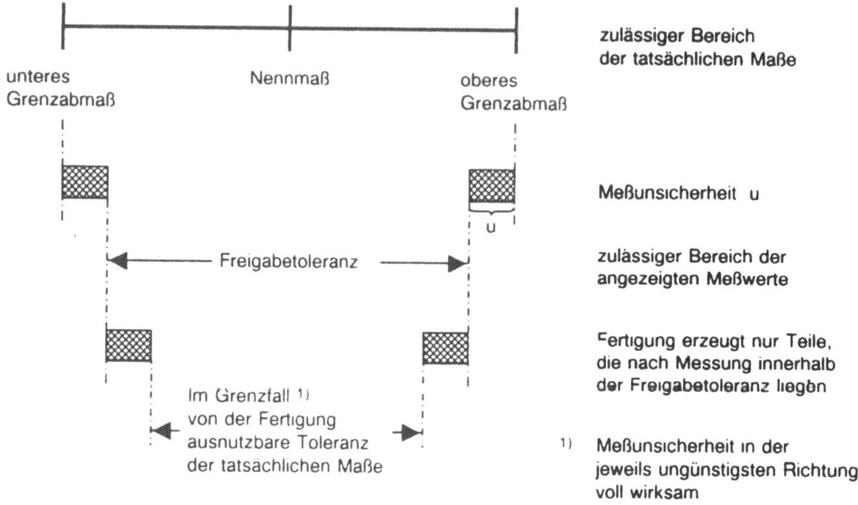

Bild 6.15: Auswirkung der Meßunsicherheit auf die ausnutzbare
Toleranz in der Fertigung

In einem stabilen Prozeß unterliegen die Absolutmaße der gefertigten
Werkstücke langsamen Trends. Diesen Trendverlauf erkennen direkt in der
Fertigung eingesetzte, genaue Meßzellen. Dadurch kann schon ein korrigie-
render Eingriff erfolgen, bevor die Produktion aus der Toleranz läuft. Dieses
Frühwarnsystem kann Maschinenstillstandszeiten, Nacharbeit und Ausschuß
drastisch reduzieren.

Im Gegensatz dazu werden vielfach sehr schnelle, jedoch ungenaue Meßgeräte
eingesetzt, um einen vielleicht sogar streuenden Prozeß mit möglichst vielen
Stichprobenmessungen zu überwachen. Bei einem stabilen Prozeß wäre das
eigentlich gar nicht nötig [67]. Bild 6.16 zeigt an Grenzfällen anschaulich diese
Zusammenhänge. In stabilen Prozessen kann wegen der selten notwendigen
Messungen dasselbe Koordinatenmeßgerät sogar für viele Prozesse genutzt
werden. Das bedeutet auch, daß ein solches hochgenaues Gerät nicht langsam
sein darf. Kurze Meßzeiten sind natürlich besonders auch bei der Erstmessung
von Teilen wichtig. Ist das Meßgerät entsprechend genau, lassen sich, wie
schon ausgeführt, die Toleranzen optimal von der Fertigung nutzen. Deshalb
können genauere Meßgeräte oft die bessere Investition sein.

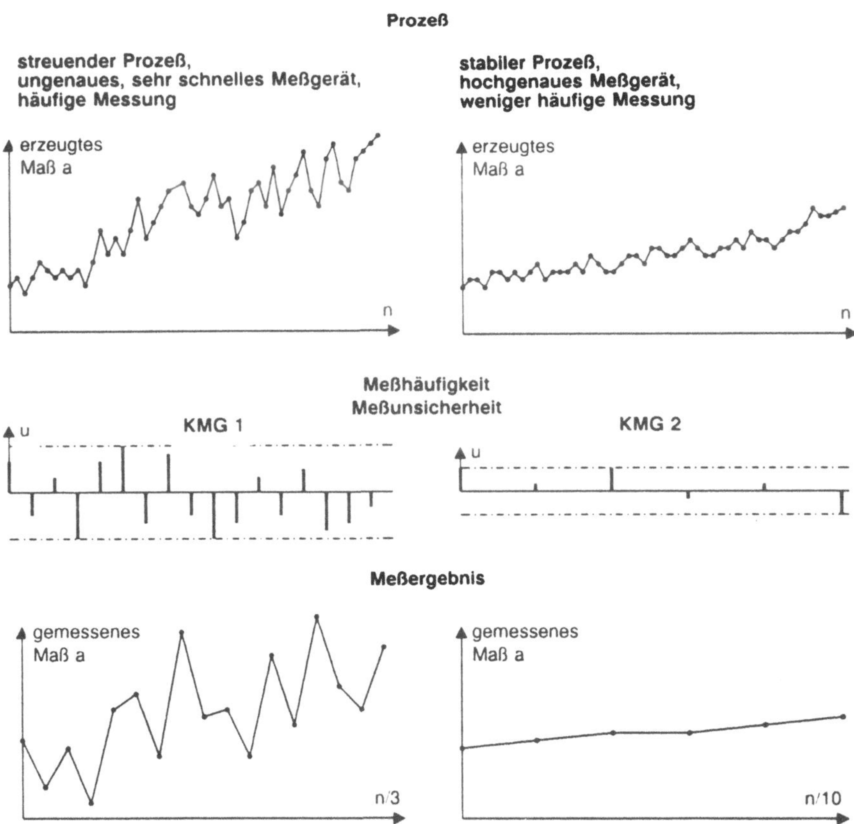

Bild 6.16: Prozeßfähigkeit, Meßunsicherheit und Meßhäufigkeit
– eine prinzipielle Gegenüberstellung

6.5.3   Der Meßbereich

Die Größe des Meßbereichs bzw. der Meßfläche ist ein weiterer grundlegender
Geräteparameter. Dieser wird natürlich in erster Linie von den zu messenden
Werkstücken, den Antastrichtungen und den erforderlichen Eintauchtiefen
bestimmt. Aber auch andere Faktoren, wie die Bauart des Meßgerätes, der
Einsatz eines Drehtisches oder eine Tasterwechseleinrichtung haben einen entscheidenden Einfluß (Bild 6.17). Vor allem durch den Drehtischeinsatz kann
der vorhandene Meßbereich besser genutzt oder sogar erweitert werden.

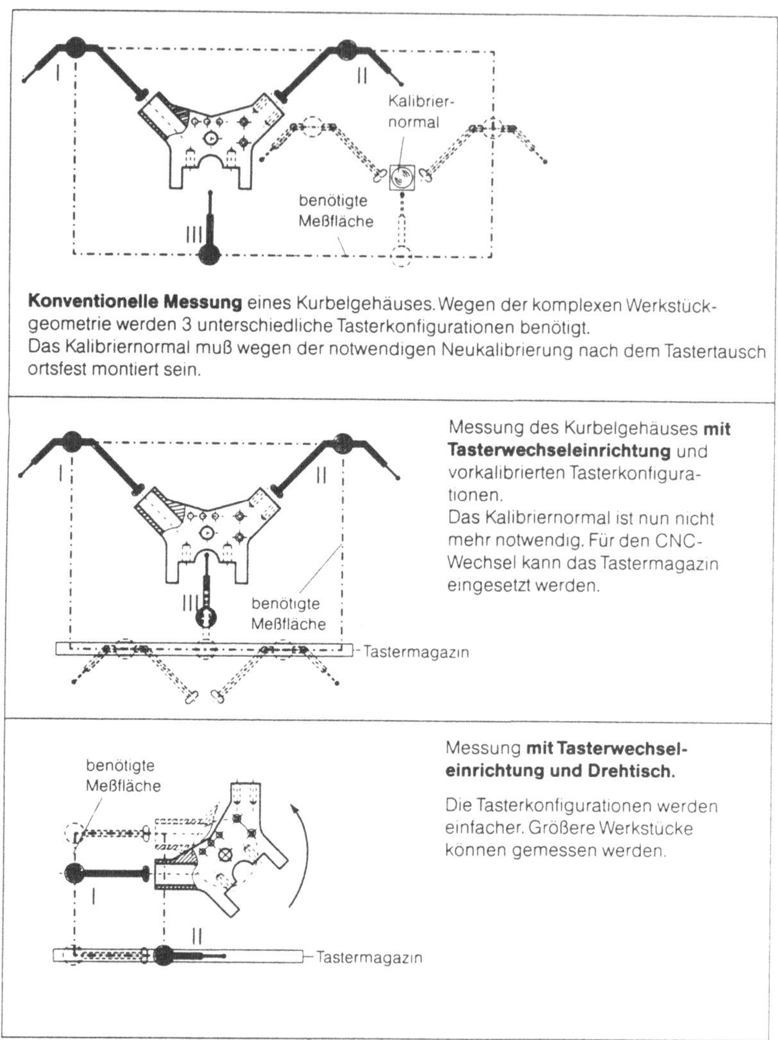

Bild 6.17: Vergleich der notwendigen Meßflächen bei unterschiedlicher Ausrüstung an einem Beispiel

Sind die Abmessungen des größten zu messenden Werkstücks und die zugehörigen Eintauchtiefen bekannt, so läßt sich die je nach Gerätekonfiguration erforderliche Meßfläche abschätzen (Bild 6.18).

Diese Abschätzung kann natürlich nur einen Anhaltswert liefern, in welcher Größenordnung die Meßfläche des Koordinatenmeßgerätes liegen sollte. Da ein Koordinatenmeßgerät auf Grund seiner Flexibilität meist für mehrere Produktvarianten und -generationen eingesetzt wird, ist es zweckmäßig, den Meßbereich nicht zu knapp zu bemessen.

6.5.3.1 Die Bauart

Der mechanische Aufbau von Koordinatenmeßgeräten läßt sich in vier Grundbauarten einteilen:

- Ständerbauart

- Auslegerbauart

- Portalbauart

- Brückenbauart

Innerhalb dieser Grundbauarten existieren zusätzlich noch eine Reihe von Mischformen. Die entsprechenden Bauarten werden für unterschiedliche Meßaufgaben und Werkstückgrößen eingesetzt und weisen typische Vor- und Nachteile auf.

Kleinere Meßvolumina bei hohen bis höchsten Genauigkeitsforderungen sind das Haupteinsatzgebiet der in diesem Beitrag schwerpunktmäßig behandelten Portalmeßgeräte. Viele der Ausarbeitungen, wie z.B. die Wirtschaftlichkeitsbetrachtung, die Tastprinzipien oder die EDV und Software können aber auch auf andere Bauformen übertragen werden.

Innerhalb der Portalmeßgeräte zeichnen sich Ausführungen mit einem feststehenden Gerätetisch durch eine gute Relation zwischen der nutzbaren Meßfläche und der benötigten *Aufstellfläche* aus (Bild 6.19).

Außerdem ist bei dieser Bauart die *Aufspannfläche* deutlich größer als die Meßfläche (Bild 6.20). Dadurch können mit geeigneten Tasterkonfigurationen auch Werkstücke gemessen werden, die über den eigentlichen Meßbereich hinausragen.

Auch lassen sich Geräte mit feststehendem Werkstücktisch leichter durch maßgeschneiderte Kapselungen vor Umwelteinflüssen schützen.

Bei der Ständerbauart können besonders große Meßbereiche in der vertikalen Achse (Z) erreicht werden, ohne daß die Bauhöhe – im Gegensatz zur Portalbauweise – übermäßig zunimmt (Bild 6.21).

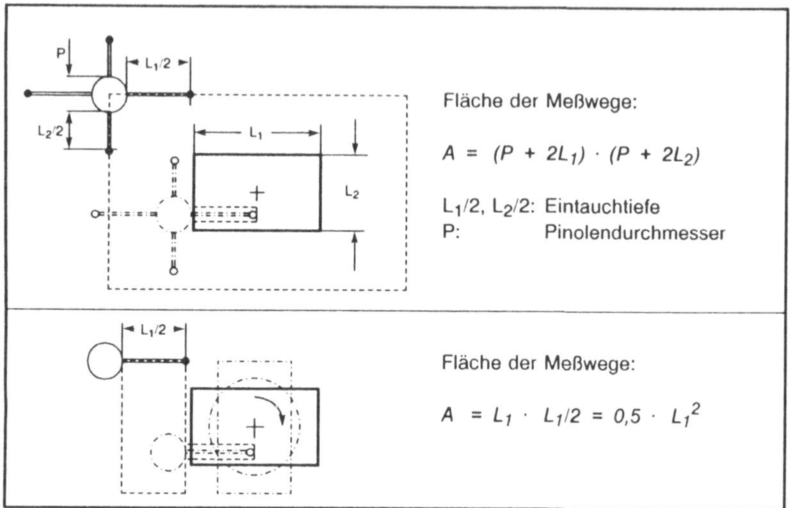

Bild 6.18: Darstellung der benötigten Meßfläche mit und ohne Drehtisch

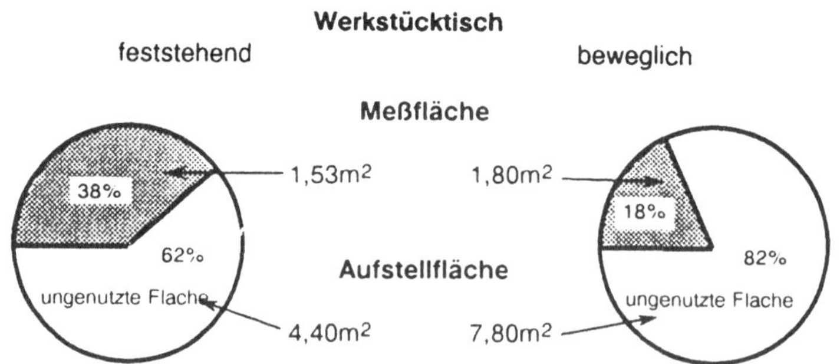

Bild 6.19: Bauartbedingte Größenverhältnisse von Aufstellfläche zu
Meßfläche bei Portalmeßgeräten an einem Beispiel

Das *maximal zulässige Gesamtgewicht* ist ebenfalls ein für die Auswahl des geeigneten Koordinatenmeßgerätes relevantes Kriterium. Häufig addiert sich zum reinen Werkstückgewicht noch das Gewicht der Aufspannvorrichtung, des Drehtisches oder der Zuführeinrichtung. Aus diesem Grund sollten hier gewisse Sicherheitsreserven eingeplant werden.

Bauartbedingt bleibt bei Geräten mit feststehendem Gerätetisch die Geradheit der Führungen von der Masse und Lage des Werkstücks weitgehend un-

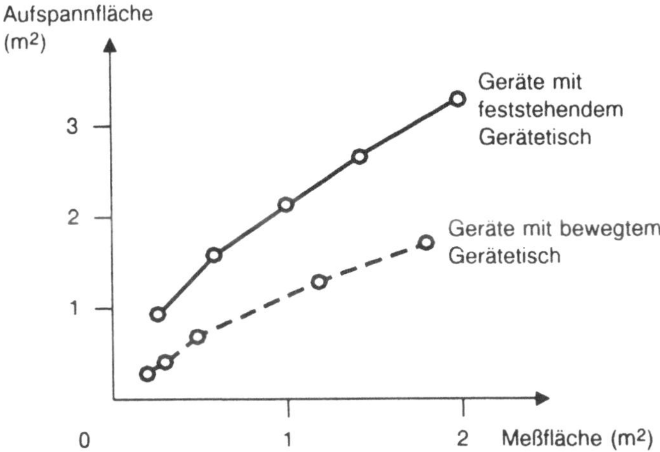

Bild 6.20: Bauartbedingte Größenverhältnisse von Aufspannfläche zu
Meßfläche bei verschiedenen Portal-Koordinatenmeßgeräten

beeinflußt. Die Aufnahme besonders schwerer Werkstücke kann direkt über
den Auflagepunkten des Tisches erfolgen. Dadurch können sich bei Portal-
geräten sehr hohe Tischbelastbarkeiten ergeben. Von den Geräten in der
Ständerbauart werden diese im allgemeinen noch weit übertroffen.

Mechanische Störschwingungen, die zu überhöhten Streubreiten beim Messen
führen, können durch eine *pneumatische Schwingungsdämpfung* wirkungsvoll
eliminiert werden. Dadurch spart der Anwender ein teures Fundament und
ist flexibler bei der Aufstellung des Gerätes. Vorteilhaft sind aktive pneumatische Dämpfungselemente, die stets eine konstante Niveaulage des Gerätetisches gewährleisten. Aber auch passive Elemente können über wirksame
Dämpfungseigenschaften verfügen.

Luftlager haben auf Grund ihrer prinzipiellen Vorteile in der Koordinatenmeßtechnik eine weite Verbreitung gefunden. Sie sind reibungs- und weitgehend verschleißfrei, selbstreinigend und unempfindlich gegen mechanische
Einflüsse. Auch in der Luftlagertechnik gilt es, wichtige Details zu beachten.

Ein im Arbeitspunkt außerordentlich kleiner Luftspalt bringt gleich drei wichtige Vorteile mit sich:

- Hohe Wirtschaftlichkeit durch geringsten Luftverbrauch,

- keine thermische Deformation der Führungen durch Konvektion,

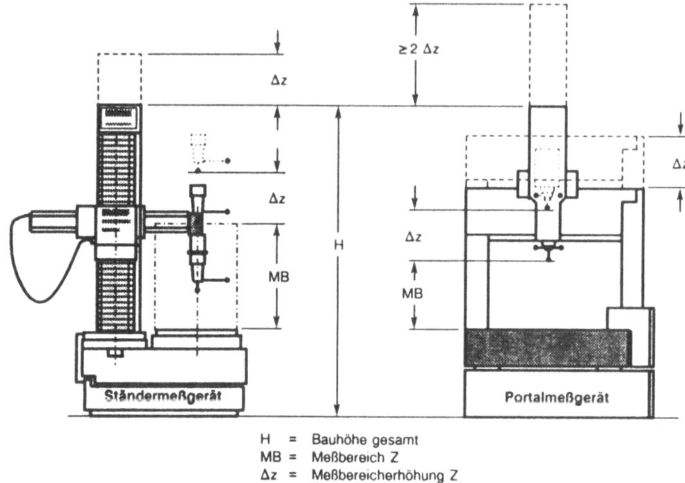

Bild 6.21: Vergleich der Bauhöhe von Koordinatenmeßgeräten in Portal-
und Ständerbauart

- optimal schwingungsfreies Verhalten.

Zusätzlich sollte die Luftspaltänderung, die sich infolge statischer und dynamischer Belastungsänderungen einstellt, möglichst gering sein; d.h. die Luftlager müssen sehr steif sein (Bild 6.22).

Zusammenfassend hat das *Prinzip des feststehenden Gerätetisches* eine Vielzahl von Vorteilen gegenüber anderen Konstruktionen:

- Raumsparende Aufstellmöglichkeit und niedriges Gewicht ⇒ geringe
  Raumkosten

- Gute Zugänglichkeit und einfache Kapselung gegen Umwelteinflüsse ⇒
  große Einsatzflexibilität

- Werkstückmasse wird nicht beschleunigt ⇒ Vorteile bei hohen Beschleu-
  nigungen und Geschwindigkeiten

- Einfache Einbindung in Palettensysteme ⇒ erleichtert Integration

- Große Aufspannfläche und hohe zulässige Werkstückmasse ⇒ hohe
  Werkstückflexibilität

- Gleichbleibende bewegte Massen ⇒ kein Einfluß auf Meßgenauigkeit

- Hohe Geschwindigkeiten des Portals ⇒ kurze Meßzeiten bei großen Fahrwegen

- Tandembetrieb: Be- und Entlademöglichkeit von beiden Seiten (auch während des CNC-Ablaufs) ⇒ Reduzierung der Nebenzeiten

- Drehtisch im Gerät integrierbar ⇒ kein Verlust an Meßvolumen

- Große mobile Drehtische mit hoher Belastbarkeit einsetzbar ⇒ auch schwere Teile drehbar

- Luftverbrauch einschließlich Schwingungsdämpfung sehr gering (bis zu 10 l/min bei 5 bar) ⇒ keine Konvektionseinflüsse

- Aktive pneumatische Schwingungsdämpfung ⇒ kein Fundament erforderlich

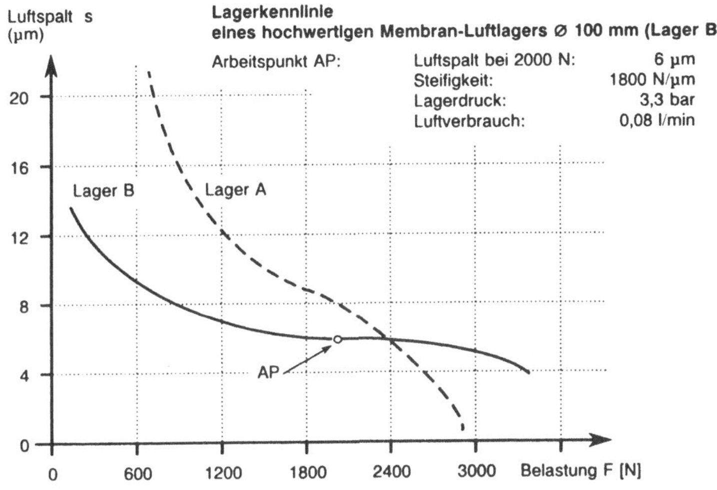

Bild 6.22: Vergleich der Lagerkennlinien von Luftlagern

6.5.3.2 Die Serien- und Sonderausstattung

Eine durchdachte, der Charakteristik des Meßgerätes angepaßte Grundausstattung sowie leistungsfähiges Zubehör verbessern die Einsatzbreite und damit die Wirtschaftlichkeit eines Koordinatenmeßgerätes.

CNC-Koordinatenmeßgeräte können mit einer Vielzahl wichtiger Serien- und Sonderausstattungen ausgerüstet werden. So zum Beispiel:

- Mobiler oder integrierter Drehtisch mit hohen Genauigkeitswerten [66]

- Alphanumerisches Bedienpult

- Hochreproduzierbare Tasterwechseleinrichtung mit oder ohne Tastermagazin

- Universelles Spannmittel und Tasterbaukasten

- Adaptierbares Monokularmikroskop für den Einsatz als Meßmikroskop

- Geräte mit speziellem Scanning-Taster für besondere Meßaufgaben

- Kombinationstastkopf für optisch-mechanische Antastung

- Kabine zum Schutz vor Umwelteinflüssen

- Rechnerische Korrektur für höchste Genauigkeiten [65]

- Automatische Temperaturkompensation für gesicherte Meßergebnisse auch bei größeren Abweichungen von der Bezugstemperatur

- Temperaturstabilität durch neue Materialien und Technologien [59]

- Rechnerkopplung zur individuellen Vernetzung

- Programmierstation zur gerätefernen Programmierung

- CAD-Programmierung für die einfache Programmerstellung anhand der schon gespeicherten Werkstückdaten.

6.5.4 Die Meßgeschwindigkeit

Die erforderliche Meßgeschwindigkeit kann nicht absolut betrachtet werden, sie hängt unter anderem vom Einsatzgebiet des Koordinatenmeßgerätes ab.

Die längsten Meßzeiten können von *zentralen Qualitäts-Überwachungsstellen* akzeptiert werden, wenn damit gleichzeitig ein Höchstmaß an Genauigkeit und universellen Meßproblemlösungen verbunden ist.

Kurze Meßzeiten werden dagegen beim *Einsatz von Koordinatenmeßgeräten in der Fertigung* gefordert. Je höher nämlich der Automatisierungsgrad im Umfeld des Koordinatenmeßgerätes wird, desto mehr wird die Belegungszeit des Gerätes von der reinen Meßzeit, mit allen Fahr- und Auswertezeiten, bestimmt.

Kurze Meßzeiten sollten jedoch nicht mit höheren Meßunsicherheiten erkauft werden. Nur in Verbindung mit hohen Genauigkeiten ermöglichen sie wie schon dargestellt die Trend-Überwachung der Produktionsmaschinen.

Haben in den Anfängen der Koordinatenmeßtechnik noch zeitintensive Aufgaben, wie Tasterkalibrierung, Werkstückaufspannung, Lernprogrammierung, etc. den Hauptanteil der Maschinenbelegungszeit beansprucht, so können bei modernen Koordinatenmeßgeräten diese Nebenzeiten durch den Einsatz von Tasterwechseleinrichtungen, manuellen oder automatischen Zuführsystemen und geräteferner Teile- oder CAD-Programmierung deutlich reduziert werden.

Die meisten Anbieter von Koordinatenmeßgeräten geben zwar die maximalen Verfahrgeschwindigkeiten ihrer Geräte an, doch ist dies nur ein sehr oberflächliches Kriterium für einen sinnvollen Meßzeitvergleich oder gar eine Meßzeitplanung. Viele Faktoren beeinflussen neben der maximalen Fahrgeschwindigkeit die tatsächlich benötigte Meßzeit (Tabelle 6.9).

Aus diesem Grund kann die von den Geräteherstellern angegebene maximale Fahrgeschwindigkeit des Koordinatenmeßgerätes nur bedingt als Vergleichskriterium herangezogen werden, zumal bei kurzen Fahrwegen diese Höchstgeschwindigkeit ohnehin nicht erreicht wird. Eine wichtige Rolle spielt außerdem noch die Beschleunigung beim Anfahren und Abbremsen und die Beruhigungszeit vor der Antastung.

Die für den Anwender einfachste und zugleich effektivste Methode des Vergleichs besteht darin, diese Aufgabe teilweise an den Anbieter weiterzugeben. Dies geschieht am besten mit einem repräsentativen Werkstück, an dem jeder Anbieter denselben Meßumfang auszuführen hat.

Tabelle 6.9: Einflußfaktoren auf die Meßzeit

Koordinatenmeßgerät	• Steuerungsart (Punkt-zu-Punkt, Vektor, Bahn) • Verfahrgeschwindigkeit • Antastgeschwindigkeit • Weg bis zur Antastung • Beschleunigung • Tasterwechselzeit • Winkelgeschwindigkeit eines Drehtisches
Software	• Berechnungsverfahren • Organisation
Rechner und Peripherie	• Verarbeitungsgeschwindigkeit, Zugriffszeiten • Speicherkapazität • Drucker, Plotter
Bediener	• Meßstrategie • Fahrwegoptimierung

Als Ergebnis sollte danach sowohl die reine Meßzeit, als auch die Programmierzeit – je nach Aufgabenstellung im Teach-in-Betrieb oder bei geräteferner Programmierung – dokumentiert werden.

6.5.4.1 Die Steuerung

Wichtige Voraussetzung für eine hohe Meßgeschwindigkeit ist eine schnelle, intelligente Steuerung, die den Geräterechner von Fahr- und Steuerbefehlen entlastet. Dadurch wird einerseits das schnelle Fahren selbst in Werkstückkoordinaten, andererseits aber gleichzeitig eine schnelle Auswertung der Meßergebnisse ermöglicht.

Diese Aufgabe wird bestens von schnellen Mikrorechnersteuerungen mit einem internen Datenbus zur Kommunikation zwischen den Prozessoren bewältigt.

Zum ersten Test von CNC-Meßprogrammen ist oft ein Einrichtebetrieb vorhanden. Hierbei wird das Geschwindigkeitsniveau reduziert und dadurch ein voller Kollisionsschutz gewährleistet.

6.5.4.2 Das Rechnersystem

Eine dezentral auf Ebenen verteilte EDV hat im Gegensatz zu den ebenfalls verbreiteten auf Großrechnern basierenden CAQ-Systemen für den Anwender bemerkenswerte Vorteile:

- Hohe Flexibilität mit bedarfsgerechter Anpassung an das lokale Umfeld

- Schrittweise Implementierung

- Keine Prioritätenprobleme bei der EDV-Nutzung, da die operative Ebene vor Ort dezentral auf Arbeitsplatzrechnern ausgelagert ist

- Hoher Integrationsgrad durch Vernetzung der verschiedenen Ebenen

6.5.4.3 Das Bedienpult

Als wichtigstes Bindeglied zwischen Mensch und Maschine kommt dem Bedienpult eine besondere Bedeutung zu. Es beeinflußt maßgeblich die Bedienungsfreundlichkeit des Meßgerätes und trägt dadurch entscheidend zur Akzeptanz durch den Mitarbeiter bei.

Entsprechend dem Einsatzbereich und der Qualifikation des Personals haben sich zwei unterschiedliche Typen von Bedienpulten durchgesetzt.

Für kleine Meßgerätetypen sowie für den Routinebetrieb im fertigungsnahen Bereich hat sich ein Bedienpult etabliert, das besonders einfach zu handhaben ist. Die einzelnen Programmroutinen werden direkt über einzeln zugeordnete Tasten aufgerufen. Entsprechende Masken erlauben die Anpassung des Bedienpultes an unterschiedliche Softwarepakete.

Ein alphanumerisches Bedienpult dagegen wird für einmaliges Messen, Lernprogrammieren und bedienungsintensivere Anforderungen eingesetzt (Bild 6.23). Mit seinem Eingabefeld und einer LCD-Anzeige ist es die zentrale Stelle für Dialog, Eingabe und Ergebnis-Anzeige. Dadurch entfallen üblicherweise Eingaben am Rechner.

Besonders komfortabel erweisen sich Bedienpulte, die zusätzlich zur alphanumerischen Tastatur noch Programmtasten aufweisen, deren Belegung automatisch dem aufgerufenen Menü angepaßt wird.

Speziell für den Einsatz unter Fertigungsbedingungen gewinnt auch die Bedienung direkt über den Bildschirm (Touch Screen) immer mehr an Bedeutung.

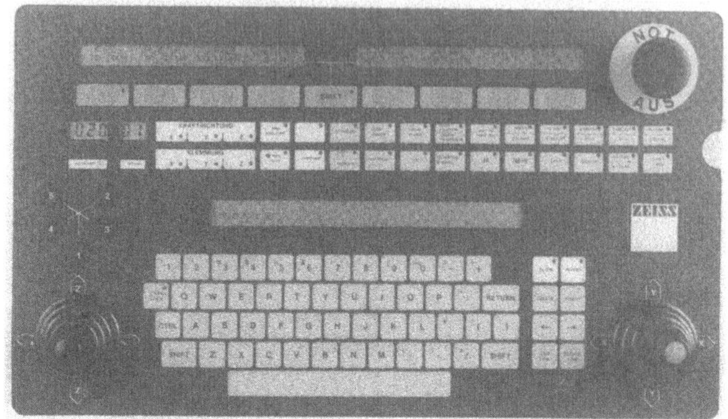

Bild 6.23: Beispiel für ein alphanumerisches Bedienpult

6.5.4.4 Die Software

Die Software ist ein im Zusammenhang mit der Meßgeschwindigkeit häufig unterbewerteter Faktor. Meßprogramme, die stark datenorientiert arbeiten und vom Anwender über eine sogenannte Hochsprache bedient werden, führen zwangsläufig zu einer längeren Bearbeitungszeit. Meßtechnisch orientierte Software dagegen, die vom Bediener unbeeinflußt teilweise mit Betriebssystemunterstützung arbeitet, gewährleistet geringe Verarbeitungszeiten und damit kurze Meßzeiten.

Wichtig ist auch die Kompatibilität unterschiedlicher Softwarestände und -pakete untereinander sowie deren Implementierbarkeit an allen Geräten eines Herstellers. Eine einheitliche, anwenderfreundliche Bedienphilosophie sämtlicher Programmpakete verringert Fehlbedienungen und erhöht die Effizienz.

Zusätzlich zum Umfang der angebotenen Programmbibliothek sollte noch auf folgende Punkte geachtet werden:

- Meßtechnisch orientierte Eingabe, die keine Programmiersprachenkenntnisse erforderlich macht

- Automatische Fallunterscheidung

- Einfache Eingabe in Menütechnik mit wenigen Eingabeschritten

- Gleiche, einfache Bedienung für alle Betriebsarten

- Einfache Tasterkalibrierung auch als CNC-Ablauf

- Hohe Anwendungsbreite

- Übersichtliche Steuerdatenliste für CNC-Abläufe

- Einheitliches, übersichtliches und informatives Meßprotokoll

- Kurze Programmier-, Meß- und Auswertezeiten

- Gleiche Auslegung für alle Koordinatenmeßgeräte des Herstellers

- Eine Lernprogrammierung, die genau wie eine manuelle Messung abläuft

- Integration eines Drehtisches als vierte Achse

- Ausbaubarkeit

- Aufruf aller Meßprogramme wahlweise vom Rechner oder vom Bedienpult aus

- Aufwärtskompatibilität älterer Softwarestände über viele Jahre hinweg

6.5.4.5 Der Service und das Know-How

Mehr oder weniger direkt wirken die unter dem Oberbegriff Know-How zusammengefaßten Komponenten

- Schulung

- Service

- After Sales Betreuung

auf die erreichbare Meßzeit ein.

Trotz ständig steigender Bedienerfreundlichkeit können die vielfältigen Möglichkeiten der Koordinatenmeßtechnik nur durch eine gezielte Ausbildung schnell und effektiv genutzt werden.

Diese Voraussetzungen hierzu kann nur ein modernes Schulungszentrum mit erfahrenen Trainern erfüllen. Dabei sollten die Schulungen zur optimalen Vorbereitung auf den späteren Einsatz immer in Verbindung mit der Bedienungsanleitung durchgeführt werden.

Möglichst viele Einsatzfälle sind die Grundlage für eine optimale problemspezifische anwendungstechnische Betreuung vor, während und nach der Kaufentscheidung. Hier ist der Hersteller, der eine möglichst große Anzahl Geräte im Feld plaziert hat, klar im Vorteil. Die Realisierung vieler unterschiedlicher Problemlösungen kommt dabei jedem Anwender zugute.

Wartungsverträge zur vorbeugenden Instandhaltung helfen die Verfügbarkeit des Meßgerätes zu erhalten und teure Reparaturen zu vermeiden.

Der Service mit einer Besetzung rund um die Uhr und kurzen Einsatzzeiten sowie die After Sales Betreuung durch die Spezialisten des Herstellers sind ein Garant für die Verfügbarkeit des Meßgerätes. Denn kurze Stillstandszeiten bedeuten gleichzeitig eine maximale Auslastung und ermöglichen dadurch letztendlich minimale Meßzeiten.

6.6   Der Gerätepaß

Der Gerätepaß für CNC-Koordinatenmeßgeräte bildet eine Art Laufzettel durch die einzelnen Bearbeitungsstufen bei der Auswahl des geeigneten Koordinatenmeßgerätes.

Zuerst sind vom späteren Anwender, eventuell in Zusammenarbeit mit dem Hersteller, die Punkte 1 bis 8 des Gerätepasses auszufüllen. Dabei können die Erläuterungen aus Kapitel 3 und 4 als Grundlage herangezogen werden.

Der Gerätehersteller kann seinerseits, nach den Messungen am Testteil, die erzielten Ergebnisse bereitstellen. Die vorab geklärten Angaben zu Punkt 1 bis 8 ermöglichen demjenigen Hersteller mit einem breiten Gerätespektrum, schon bei der Demonstration ein den späteren Spezifikationen weitgehend entsprechendes Gerät einzusetzen. Nur in diesem Fall können die ermittelten Daten auch wirklich als Vergleichskriterium herangezogen werden.

Eine kritische Prüfung des erstellten Meßprotokolls schließlich versetzt den Anwender wiederum in die Lage, den zweiten Anwenderblock zu beantworten.

An dieser Stelle sollte die erste Selektion aller nicht in Frage kommenden Geräte durchgeführt werden, um bei der anschließenden Feinanalyse keinen unnötigen Aufwand betreiben zu müssen.

Das Formblatt für den Gerätepaß ist in Kapitel 6.8 aufgenommen.

6.7 Feinanalyse der Geräteparameter

Die Auswertung des Gerätepasses führt mit Hilfe der grundlegenden Geräteparameter zu einer Vorauswahl geeigneter Koordinatenmeßgeräte. Im folgenden Kapitel werden diese Geräte nun einer Feinanalyse der Geräteparameter unterzogen.

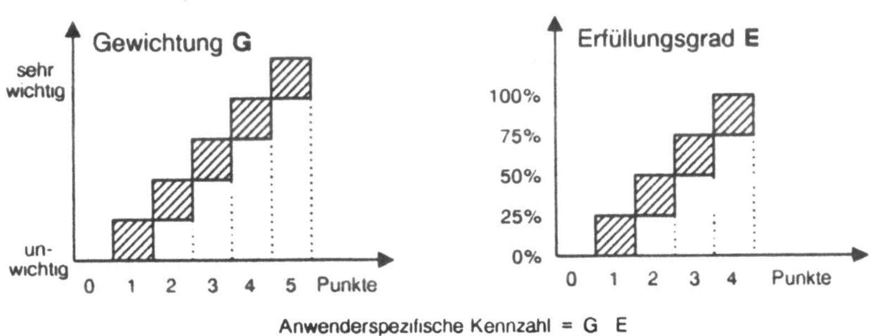

Bild 6.24: Die Faktoren Gewichtung und Erfüllungsgrad

Ziel dieser Feinanalyse ist es, aus allen prinzipiell geeigneten Koordinatenmeßgeräten das den individuellen Erfordernissen am besten entsprechende auszuwählen. Hierzu sind alle aus der Sicht des Anwenders entscheidenden Geräteeigenschaften aufgeführt. Die Einzelkriterien sind in sieben Kategorien eingeteilt und stehen in der ersten Spalte der Analyseblätter im Kapitel 6.8.

6.7.1 Individuelle Gewichtung G

Je nach Meßaufgabe, sowie einsatz- und betriebsspezifischer Randbedingungen sind die Kriterien der aufgeführten Geräteparameter für die Kaufentscheidung des einzelnen Anwenders mehr oder weniger relevant. Aus diesem Grund ist in den Analyseblättern eine individuelle Gewichtung aller Leistungsmerkmale vorgesehen. Hierzu dient ein Gewichtungsfaktor, der sich qualitativ von unwichtig bis sehr wichtig und quantitativ von 0 bis 5 Punkte steigert (Bild 6.24). Da dieser Faktor zwar kriterien-, aber nicht produktabhängig ist, ist er für alle Koordinatenmeßgeräte gleich und kann in die zweite Spalte des Analysenblattes eingetragen werden.

6.7.2   Erfüllungsgrad E

Die Gerätebeurteilung bezüglich der einzeln aufgelisteten Kriterien läßt jedoch häufig kein eindeutiges Ja oder Nein, bzw. vorhanden oder nicht vorhanden zu. Deshalb wird zusätzlich zur individuellen Gewichtung als zweiter Faktor noch der Erfüllungsgrad, den das Gerät bei einem bestimmten Kriterium erreicht, zur Auswertung herangezogen (Bild 6.24). Der Erfüllungsgrad ist produkt- und kriterienbezogen und wird aus diesem Grund in die erste Gerätespalte im Analysenblatt eingetragen.

Das Produkt aus der individuellen Gewichtung G und dem Erfüllungsgrad E gibt nun die *anwenderspezifische Kennzahl* eines bestimmten Koordinatenmeßgerätes bezogen auf ein definiertes Kriterium wieder. Diese Kennzahlen, eingetragen in der zweiten Gerätespalte, ergeben in Summe die Eignung jedes Koordinatenmeßgerätes für den jeweiligen Anwendungsfall.

6.8 Formblätter

Meßkostenvergleich			konventionelle Prüfmittel	Koordinatenmeßgerät
	Kosten			
1	Anschaffungswert der Prüfeinrichtung [DM]			
2	Zahl der Abschreibungsjahre			
3	Abschreibung pro Jahr [DM]	(1)/(2)		
4	Zinsen pro Jahr [DM]	$p/2 \cdot (1)$		
5	Raumkosten pro Jahr [DM]	Grundfl. · Raumkost.		
6	Prüfplatzfixkosten pro Jahr [DM]	Σ (3)...(6)		
7	Betriebsstunden pro Jahr [h]	**1 Schicht-Betrieb**		
8	Instandhaltungskosten pro Jahr [DM]	3%-7% von (1)		
9	Prüfplatzkostensatz [DM/h]	((6) + (8))/(7)		
10	Lohnkostensatz (anteilig) [DM/h]			
11	Kapazitatskostensatz [DM/h]	(9) + (10)		
12	durchschnittl. Meßzeit pro Werkstuck [h]			
13	durchschnittl. Meßkosten pro Werkstuck [DM]	(11) · (12)		
7a	Betriebsstunden pro Jahr [h]	**2 Schicht-Betrieb**		
8a	Instandhaltungskosten pro Jahr [DM]	5%-10% von (1)		
9a	Prüfplatzkostensatz [DM/h]	((6) + (8a))/(7a)		
10a	Lohnkostensatz (anteilig) [DM/h]			
11a	Kapazitatskostensatz [DM/h]	(9a) + (10a)		
12a	durchschnittl. Meßzeit pro Werkstuck [h]			
13a	durchschnittl. Meßkosten pro Werkstuck [DM]	(11a) · (12a)		
7b	Betriebsstunden pro Jahr [h]	**3 Schicht-Betrieb**		
8b	Instandhaltungskosten pro Jahr [DM]	8%-15% von (1)		
9b	Prüfplatzkostensatz [DM/h]	((6) + (8b))/(7b)		
10b	Lohnkostensatz (anteilig) [DM/h]			
11b	Kapazitatskostensatz [DM/h]	(9b) + (10b)		
12b	durchschnittl. Meßzeit pro Werkstück [h]			
13b	durchschnittl. Meßkosten pro Werkstück [DM]	(11b) · (12b)		

Amortisationszeit		
1	Einsparung von Einzweckgeräten pro Jahr [DM]	
	durchschnittliche Investitionssumme während der Abschreibungszeit des KMG dividiert durch die Abschreibungsjahre	
2	Einsparung an Prüfvorrichtungen pro Jahr [DM]	
	durchschnittliche Prüfvorrichtungskosten während der Abschreibungszeit des KMG dividiert durch die Abschreibungsjahre	
3	Reduzierung der Ausschußkosten pro Jahr [DM]	
4	Reduzierung der Nacharbeitskosten pro Jahr [DM]	
5	Reduzierung von Maschinenstillstandszeiten [DM]	
	durchschnittlicher Maschinenstundensatz mal der Anzahl Maschinen mal der durchschnittlichen Stillstandszeit, davon ca. 70% (Anhaltswert)	
6	Kostensenkung durch Meßzeitreduzierung $(a-b)\cdot c / d$ [DM]	
	a: durchschnittliche Meßkosten pro Werkstück heute [DM] b: durchschnittliche Meßkosten pro Werkstück KMG [DM] c: jährliche Nutzungszeit [h] d: durchschnittliche Meßzeit pro Werkstück auf KMG [h]	
7	angenommene Verfügbarkeit (94%-98%)	
8	Einsparung durch effektive Meßzeitreduzierung $(6)\cdot(7)/100$ [DM]	
9	Reduzierung der Fertigungskosten	
	Durch Einsatz eines genauen KMG kann die Fertigung mit größeren Toleranzen gefahren werden (Schätzwert)	
10	**Einsparung pro Jahr** Σ (1) bis (5) + Σ (8) bis (9) [DM]	
11	Abschreibung pro Jahr [DM]	
Amortisationszeit	Anschaffungswert KMG / ((10) + (11)) [Jahre]	
Bemerkungen:		

Gerätepaß Koordinatenmeßgerät						**Typ**

I. Stufe: Vom Anwender auszufüllen

1	**Einsatz:**		Meßraum		fertigungs- nah		fertigungs- integriert
2	**Bauart:**		Portal: Tisch ruhend		Portal: Tisch bewegt		Ständer/ Ausleger
3	**Tastsystem:**		messend		schaltend		optisch
4	**Meßbereich:**	x	mm	y	mm	z	mm
5	**Meß- unsicherheit**		Mittel- klasse		Ober- klasse		Spitzen- klasse
6	**Werkstück- aufspannung:**		Vorrichtung		Palette		Zufuhr- system
7	**Ausstattung:**		Tasterwechsel		Tastermagazin		Drehtisch
8	**zul. Gesamtgewicht:**		kg	max. Platzbedarf			m²

II. Stufe: Vom Hersteller auszufüllen

Programmierzeit Testwerkstück:				Teach-in		geräteiern
Meßzeit Testwerkstück:				manuell		CNC
Konfiguration:	*KMG*		*Rechner*		*Software*	

III. Stufe: Vom Anwender auszufüllen

Meßaufgabe		ungelöst		gelöst		überragend gelöst
Genauigkeit		nicht ausreichend		ausreichend		mit Reserve
Feinanalyse durchführen:		ja		nein		zurückstellen

IV. Stufe: Ergebnisse der Feinanalyse

6.1	**Summe Bauart**	
6.2	**Summe Datensystem**	
6.3	**Summe Sensoren**	
6.4	**Summe Software**	
6.5	**Summe Steuerung und Bedienpult**	
6.6	**Summe Zubehör**	
6.7	**Summe Know how und Service**	
	Gesamtergebnis der Feinanalyse	

Bemerkungen:

Bauart	Gewich-tung G	Gerät 1 E	Gerät 1 G×E	Gerät 2 E	Gerät 2 G×E	Gerät 3 E	Gerät 3 G×E	Gerät 4 E	Gerät 4 G×E
Gerätekonstruktion:									
Gerätegewicht									
Platzbedarf									
Zugänglichkeit									
Stabilität der Konstruktion									
Meßbereichsreserve									
zul. Werkstückgewicht									
Lagereigenschaften (Steifigkeit etc.)									
Portalantrieb (seitlich oder zentral)									
Schwingungsdämpfung (aktiv oder passiv)									
Luftverbrauch									
Auflösung des Wegmeßsystems									
Gerätetisch:									
feststehend									
bewegt									
Aufspannfläche									
Meßunsicherheit (nach VDI/VDE 2617):									
eindimensional u_1									
dreidimensional u_3									
Antastunsicherheit V_2									
zul. Temperaturen: Bereich									
Schwankung									
Gradienten									
Ausstattung:									
automatische oder manuelle Temperaturkorrektur am Werkstück									
rechnerische Korrektur aller Abweichungen oder thermisch stabile Konstruktion									
Summe Bauart									
Datensystem									
KMG-Workstation									
16'32-bit-Rechner									
Farbbildschirm									
Diskettenlaufwerk									
Winchesterlaufwerk									
Drucker									
Plotter									
Kompatibilität bei Rechnerwechsel									
Rechnerkopplung Hardware									
Summe Datensystem									

Sensoren	Gewichtung	Gerät 1		Gerät 2		Gerät 3		Gerät 4	
	G	E	G×E	E	G×E	E	G×E	E	G×E
Tastsystem allgemein:									
zulässiges Taststiftgewicht									
zulässige Taststiftlänge									
Auslenkbereich bei Kollision									
räumliche Reproduzierbarkeit									
Tasterwechseleinrichtung									
CNC-Tasterwechseleinrichtung									
Tastsystem messend:									
in allen drei Raumachsen messend									
Verlauf der Kraftkennlinie									
selbstzentrierendes Antasten									
Klemmung beliebiger Achsen									
kontinuierliche Meßkraftvorwahl									
Tastsystem schaltend:									
Zahl der Freiheitsgrade									
Meßkraft bei Antastung									
Größe der Rückstellkraft									
Überwachung von Fehlimpulsen									
mechanisch/elektronisch									
Lage des Sensors									
Antastempfindlichkeit richtungsunabhängig oder konstant									
Tastsystem optisch:									
Einsatzbreite Meßsystem									
Anpassungsfähigkeit der Beleuchtung									
Subpixeling / Korrelation / Meßzeit									
Reproduzierbarkeit / Robustheit									
Meßunsicherheit, -bereich, Auflösung									
Fokussierung / Z-Messung									
Kombination mit mech. Tastsystem									
Summe Sensoren									

Software	Gewichtung	Gerät 1		Gerät 2		Gerät 3		Gerät 4	
	G	E	G×E	E	G×E	E	G×E	E	G×E
Lernprogrammierung									
geräteferne Programmierung									
CAD-Programmierung									
Parameter-Programmierung									
einfaches, meßtechnisch orientiertes Programmieren									
automatische Fallunterscheidung									
Eingabemenü über Bildschirmseiten									
einfache Bedienung									
einfacher Start von Meßabläufen (Einknopfbedienung)									
Bedienerführung									
Anzahl der Bedienungsoperationen für bestimmte Meßaufgaben									
Programmweiterentwicklungen									
Programmkompatibilität									
Datenkompatibilität									
Softwareservice									
Erfahrungsjahre									
Meßprotokollgestaltung									
variabler Protokollkopf									
Grafik im Protokoll									
Plottergraphiken									
Soll-Ist-Vergleich / Darstellung									
Trendanalyse									
Betriebsdatenerfassung									
Ausbaumöglichkeiten									
Kopplungen an DEC, IBM, ...									
Sicherheitspaket für mannlose Schicht									
Software für Kurvenmessung 2D									
Kurvenmessung 3D									
Digitalisierung									
Statistik									
Zahnradmessung									
weitere Optionen									
Summe Software									

Steuerung und Bedienpult	Gewichtung G	Gerät 1		Gerät 2		Gerät 3		Gerät 4	
		E	G×E	E	G×E	E	G×E	E	G×E
Mikrorechnersteuerung									
Vektorsteuerung									
Geschwindigkeit wählbar									
Beschleunigung wählbar									
Betriebsarten:									
manuell: Einzelpunkt									
Vielpunkt									
Scannen									
CNC: Einzelpunkt									
Vielpunkt									
Scannen									
CNC-Step-Betrieb									
Einrichtebetrieb									
Fahrgeschwindigkeit									
Standardbedienpult oder alphanumerisches Bedienpult									
Bedienung wahlweise am Pult oder Rechner									
Summe Steuerung									
Zubehör									
Drehtisch (mobil oder integriert)									
Tastermagazin									
Tasterschrank									
Tasterbaukasten									
Meßmikroskop									
Schutzkabine									
Spannbaukasten									
Vorrichtungsbaukasten									
Summe Zubehör									

Know how und Service	Gewich-tung	Gerät 1		Gerät 2		Gerät 3		Gerät 4	
	G	E	G×E	E	G×E	E	G×E	E	G×E
Geräteschulung									
aufgabenspezifische Schulung									
Einführungsbetreuung									
vollständige Inbetriebnahme									
Umfang Bedienungsanleitungen									
Darstellung Bedienungsanleitungen									
3D-Erfahrung oder Neuling									
breites Geräteangebot									
Anzahl Geräte im Markt									
CIM-Projekte realisiert									
Sonderlösungen durchgeführt									
alles aus einer Hand									
Anzahl der Servicestationen									
24-h Bereitschaftsdienst mit Ersatzteilversorgung									
Ferndiagnose									
vorbeugende Instandhaltung durch Wartungsverträge									
Telefonservice									
Nachschulung									
anwendungstechnische Beratung									
Summe Know how und Service									

Weitere zusätzliche Entscheidungsparameter	Gewichtung G	Gerät 1		Gerät 2		Gerät 3		Gerät 4	
		E	G×E	E	G×E	E	G×E	E	G×E
Summe									

7 Abnahme und Überprüfung von Koordinatenmeßgeräten

Dipl.-Ing. R. Brinkmann, Stuttgart

7.1 Einleitung

Koordinatenmeßgeräte werden zunehmend als universelle Längenmeß- und Prüfgeräte in den unterschiedlichsten Fertigungsbereichen eingesetzt. Der Betreiber muß sicher sein, daß das als Prüfmittel eingesetzte Koordinatenmeßgerät (KMG) richtige Meßergebnisse liefert, da sonst eine fehlerfreie Prozeßregelung nicht möglich ist.

Nach Installation des Meßgerätes beim Betreiber und erfolgter Abnahme müssen Koordinatenmeßgeräte, wie alle Meß- und Prüfmittel, in regelmäßigen Abständen überwacht werden. Es muß sichergestellt sein, daß die der Meßaufgabe entsprechenden Grenzwerte der Meßunsicherheit eingehalten und nicht überschritten werden.

Unter dem Begriff 'Abnahme' ist die Überprüfung der vertraglich (beispielsweise zwischen Meßgerätelieferant und Käufer) festgelegten Kenngrößen eines Koordinatenmeßgerätes zu verstehen. In aller Regel erfolgt dies bei Übergabe des Meßgerätes an den Nutzer. Die 'Überwachung' liegt hingegen in der alleinigen Verantwortung des Betreibers eines Meßgerätes.

In der Richtlinie VDI/VDE 2617, Blatt 2.1 [14] und Blatt 3 [15], sind Abnahmeverfahren für Koordinatenmeßgeräte, in den Richtlinien VDI/VDE 3441 [68] und 2861 [69, 70, 71] sind Abnahmeverfahren für Werkzeugmaschinen bzw. Industrieroboter beschrieben. Die Richtlinie VDI/VDE 3441 diente vor Erscheinen der Richtlinie VDI/VDE 2617 auch als Abnahmerichtlinie für Koordinatenmeßgeräte. Der Teil der Positionsabweichung aus der Richtlinie VDI/VDE 3441 wurde in leicht geänderter Form in die Richtlinie VDI/VDE 2617, Blatt 3, übernommen. In der Richtlinie VDI/VDE 2617, Blatt 5 [17], sind die Grundlagen für die Überwachung von Koordinatenmeßgeräten mittels Prüfkörpern beschrieben.

Ein Arbeitskreis von KMG-Anwendern hat unter Einbeziehung einiger Meßgerätehersteller einen Prüfkörper (Kugelplatte) standardisiert und das Prinzip des Überwachungsverfahrens aus der Richtlinie VDI/VDE 2617, Blatt 5, für einen Prüfkörper in einem Pflichtenheft beschrieben.

Das Pflichtenheft beschreibt die Bauform der Prüfkörper, den Aufbau der Prüfkörper auf dem Meßgerät, den Meßablauf und die Auswertung der Meßergebnisse mit der Möglichkeit, einen Kennwert in einer Regelkarte führen zu können.

7.2 Festlegen des Koordinatensystems

Zur Vorbereitung einer Abnahmeprüfung gehört die Festlegung des Koordinatensystems, auf das bezogen die Meßwerte darzustellen und auszuwerten sind. Es ist empfehlenswert, sich hier nach dem meßgeräteeigenen Koordinatensystem zu richten.

In DIN 66216 [72] ist die Zuordnung der Koordinatenachsen und Bewegungsrichtungen für numerisch gesteuerte Arbeitsmaschinen beschrieben. Auf die speziellen Anforderungen bei Industrierobotern geht die Richtlinie VDI/VDE 2861, Blatt 1, ein.

Bei der Festlegung des Koordinatensystems nach DIN 66216 ist darauf zu achten, daß ein kartesisches Koordinatensystem immer dann entstehen muß, wenn die Tasterbewegung bzw. die Werkzeugbewegung bezogen auf das Werkstück betrachtet wird. Das heißt: Wird das Werkzeug bzw. der Taster von dem Meßgerät bewegt, so sind Bewegungsrichtung und Achsrichtung gleichgerichtet. Die positiven Bewegungsrichtungen werden wie die positiven Achsrichtungen mit: $+X$, $+Y$, $+Z$ bezeichnet. Wird das Werkstück von dem Meßgerät bewegt, so sind Bewegungsrichtung und Achsrichtung einander entgegengerichtet. Die positiven Bewegungsrichtungen des Meßgerätes werden mit: $+X'$, $+Y'$, $+Z'$ bezeichnet (Bild 7.1).

7.3 Statistische Auswerteverfahren

Zu den 'statistischen Auswerteverfahren' zählen alle Auswerteverfahren, die eine statistische Hochrechnung der Meßergebnisse durchführen, um eine sichere Aussage zu erhalten. Zu diesen Verfahren zählen die in den Richtlinien VDI/VDE 3441, 2861 und 2617, Blatt 3, beschriebenen Prüfungen der Positionsabweichung. Bei den Prüfungen der Geometrieabweichungen und der Längenmeßunsicherheit in der Richtlinie VDI/VDE 2617, Blatt 2.1, werden

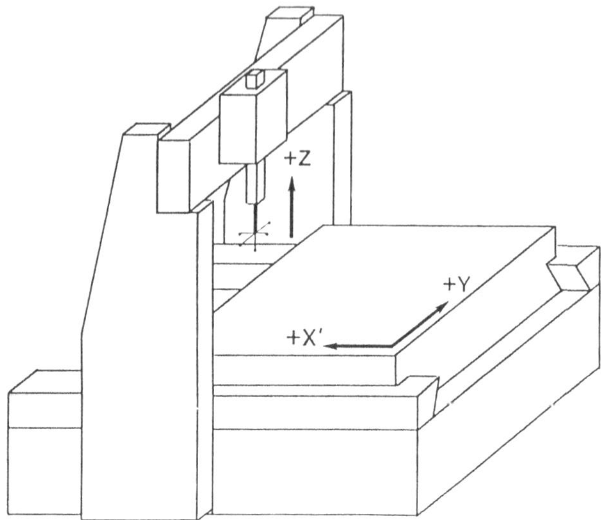

Bild 7.1: Festlegung der Geräteachsen

zwar auch Wiederholmessungen vorgeschrieben, eine statistische Hochrechnung wird jedoch nicht durchgeführt.

7.3.1   Positionsunsicherheit

Als Meßmittel für die Prüfung der Positionsunsicherheit wird heute in erster Linie das Laserinterferometer eingesetzt. Eine Alternative ist ein Maßstab mit Ablesemikroskop. Die Überprüfung erfolgt entlang einer Meßlinie. Gemäß der Richtlinien sind die Meßlinien parallel zu den Meßgeräteachsen im Arbeitsvolumen des Meßgerätes anzuordnen. Es steht dem Prüfer frei, in einer oder mehreren Meßlinien in der gleichen Achsrichtung die Positionsabweichung zu messen. Bei mehreren Meßlinien läßt sich über die Positionsabweichung des Meßgerätes eine bessere Aussage machen.

Soll nur in einer Meßlinie gemessen werden, so bieten sich zwei Möglichkeiten für die Lage der Meßlinie an. Entweder wird die Meßlinie an die entfernteste Stelle zum Wegmeßsystem der Prüfachse gelegt (größter Komparatorfehler) oder sie wird in die Mitte des Arbeitsvolumens gelegt. Im ersten Fall findet die Messung an der für die Positionierung ungünstigsten, im zweiten Fall an der am häufigsten benutzten Stelle im Arbeitsvolumen statt.

7.3.2 Meßablauf

In den drei obengenannten Richtlinien wird ein einheitlicher Meßablauf für
die Ermittlung der Positionsabweichung verwendet. Es werden mindestens
11 Meßpositionen, verteilt über den gesamten Verfahrweg der Prüfachse, bestimmt. Die Meßpositionen sollten in ungleichmäßigen Abständen zufällig
gewählt werden, um Interpolationsfehler der Meßsysteme sichtbar zu machen. Die erste und die letzte Meßposition werden so gelegt, daß sie einige
Millimeter vom Endschalter der Geräteachse entfernt sind.

Der Meßablauf beginnt durch Anfahren der ersten Meßposition aus der Richtung des Endschalters in positiver Zählrichtung der Prüfachse. Der Anzeige-
wert des Zählers der Prüfachse wird mit der Anzeige des verwendeten Normals
verglichen und die Abweichung notiert. Die Meßpositionen werden der Reihe
nach bis zur letzten Meßposition angefahren. Sind alle Meßpositionen erfaßt,
so ist die letzte Meßposition vom Endschalter aus in negativer Zählrichtung
der Prüfachse erneut anzufahren.

Nachfolgend sind alle Meßpositionen in negativer Zählrichtung anzufahren.
Diese Vorgehensweise ist wenigstens fünfmal zu wiederholen, so daß für jede
Meßposition 5 Meßabweichungen in positiver und 5 Meßabweichungen in ne-
gativer Zählrichtung erfaßt werden (Bild 7.2).

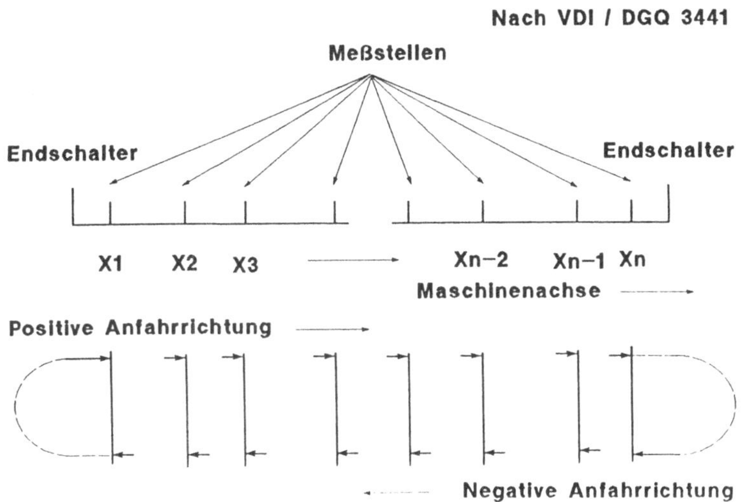

Bild 7.2: Meßpositionen und Meßablauf

7.3.3 Definition der Kenngrößen

Die in den Richtlinien VDI/VDE 3441, 2861 und 2617 beschriebenen statistischen Auswerteverfahren verwenden die gleichen Kenngrößen, Bezeichnungen und Bestimmungsformeln.

Für die an den Meßpositionen ermittelten Meßabweichungen werden für jede Meßposition x_j der arithmetische Mittelwert $\bar{x}_j$ und die Standardabweichung s_j berechnet; und zwar für die positive und die negative Anfahrrichtung getrennt. Aus diesen Ergebnissen lassen sich Positionsstreubreite P_{sj}, Umkehrspanne U_j, Positionsabweichung P_a und die Positionsunsicherheit P ermitteln (Bilder 7.3 und 7.4).

7.3.4 Darstellung der Meßwerte

In einem Diagramm lassen sich die ermittelten Kenngrößen übersichtlich darstellen. Dazu sind für jede Meßposition x_j

- die systematische Abweichung $\bar{\bar{x}}_j$,

- die Mittelwerte $\bar{x}_j \uparrow$ und $\bar{x}_j \downarrow$ sowie

- die Grenzlinien $\bar{\bar{x}}_j + 1/2 * u + 3 * \bar{s}$ und $\bar{\bar{x}}_j - 1/2 * u - 3 * \bar{s}$

(bei VDI/VDE 2617: $\bar{\bar{x}}_j \pm 1/2 * u \pm 2 * \bar{s}$) aufzutragen (Bild 7.5).

Das Diagramm zeigt für jede Meßposition x_j einen Bereich, in dem die mögliche Abweichung der eingestellten Position des Tastkopfes bei einem Vertrauensniveau von 99,7% liegt. Die Positionsunsicherheit P gibt die in der Prüfachse mögliche Spannweite für die Positionierung an, während die Positionsabweichung P_a über den systematischen Verlauf der Meßabweichungen Auskunft gibt. Die Umkehrspanne U zeigt die Hysterese beim Wechsel der Anfahrrichtung auf. Ebenso zeigt das Diagramm mögliche Schwachstellen bei der Justage der Maßverkörperungen; der Verlauf der Graphen für die Mittelwerte sollte möglichst flach und ohne kurzperiodische Sprünge verlaufen.

Einen Hinweis auf Lagerspiel und Lagersteifigkeit gibt die Positionsstreubreite und die Umkehrspanne. Fehlerhaftes Lagerspiel erzeugt spontane Änderungen der Positionsstreubreite und/oder eine große Umkehrspanne.

Ist die Maßverkörperung ordnungsgemäß justiert und die Graphen der Mittelwerte zeigen einen starken Anstieg oder Abfall über den gesamten Verlauf der

Bestimmungsformeln :

Meßabweichung i am Ort x_j $\qquad\qquad x_{ij}$

Mittelwert der Meßabweichungen $\qquad \bar{x}_j = \dfrac{1}{n} \sum\limits_{i=1}^{n} x_{ij}$

am Ort x_j

Standardabweichung der Meßabweichung $\quad s_j = \sqrt{\dfrac{1}{n-1} \sum\limits_{i=1}^{n} (x_{ij} - \bar{x}_j)^2}$

am Ort x_j

Meßabweichungen aus positiver Anfahrrichtung werden mit

↑ gekennzeichnet

Meßabweichungen aus negativer Anfahrrichtung werden mit

↓ gekennzeichnet

Bild 7.3: Bestimmungsformeln nach VDI/VDE 3441

Prüfachse, so ist das auf rotatorische Abweichungen (Rollen, Nicken, Gieren) der Führungsbahn zurückzuführen.

Die Grenzbeträge für die Kenngrößen P, P_s, und P_a sind vom Meßgerätehersteller anzugeben und dürfen nicht überschritten werden.

7.4 Bestimmung der Komponentenabweichungen

7.4.1 Auswertung nach dem Schablonenverfahren

Alternativ zu den statistischen Verfahren bietet die Richtlinie VDI/VDE 2617, Blatt 3, noch ein weiteres Auswerteverfahren an. Der Meßablauf wird in gleicher Weise ausgeführt wie oben beschrieben. An mindestens 11 Meßpositionen auf der Prüfachse verteilt, sind in mindestens 5 Durchläufen Meßabweichungen in positiver und negativer Anfahrrichtung aufzunehmen (Bild 7.2).

Die Meßabweichungen werden ohne statistische Hochrechnung mit den vom Hersteller des Meßgerätes angegebenen Grenzwerten verglichen. Es dürfen

Kenngrößen:

Mittlere Standardabweichung am Ort x_j

$$\bar{s}_j = \frac{s_{j\downarrow} + s_{j\uparrow}}{2}$$

Positionsstreubreite am Ort x_j

$$P_{sj} = 6 * \bar{s}_j$$

nach VDI 2617

$$P_{sj} = 4 * \bar{s}_j$$

Umkehrspanne am Ort x_j

$$U_j = \left| \bar{x}_{j\downarrow} - \bar{x}_{j\uparrow} \right|$$

Systematische Abweichung am Ort x_j

$$\bar{\bar{x}}_j = \frac{\bar{x}_{j\downarrow} + \bar{x}_{j\uparrow}}{2}$$

Positionsabweichung

$$Pa = \left| \bar{\bar{x}}_{j max} - \bar{\bar{x}}_{j min} \right|$$

Positionsunsicherheit

$$P = \left[\bar{\bar{x}}_j + \frac{1}{2} \left(U_j + P_{sj} \right) \right]_{max} - \left[\bar{\bar{x}}_j - \frac{1}{2} \left(U_j + P_{sj} \right) \right]_{min}$$

Bild 7.4: Kenngrößen nach VDI/VDE 3441, 2861, 2617

höchstens 5% der Meßabweichungen außerhalb der Grenzwerte liegen. Die Kenngröße A_p ist eine Konstante, zu der ein meßwegabhängiges Glied $K_p * s$ addiert wird. Dabei ist K_p ein Steigungsfaktor und s der von einem beliebigen Bezugspunkt ausgehende Verfahrweg in mm. Der Betrag der Kenngröße B_p ist der Grenzwert für das stetige Anwachsen der Abweichungen.

$$P = A_p + K_p * s \leq B_p \tag{7.1}$$

Der Betrag der Kenngröße A_p ist der Grenzwert für die Streubreite an jeder Meßposition, das Produkt $K_p * s$ bildet den Grenzwert für kurzperiodische Abweichungen, der Betrag der Kenngröße B_p ist der Grenzwert für langperiodische Abweichungen.

Der obengenannte formelmäßige Zusammenhang kann durch eine Positionsunsicherheitsschablone (Bild 7.6) dargestellt werden.

Die ermittelten Meßabweichungen sind für positive und negative Anfahrrichtungen in ein Diagramm einzutragen (Bild 7.7). Entsprechend der vom Hersteller angegebenen Grenzwerte wird auf Transparentpapier oder Folie, maßstäblich zum Diagramm mit den Meßabweichungen, eine Positionsunsicherheitsschablone gezeichnet (Bild 7.6).

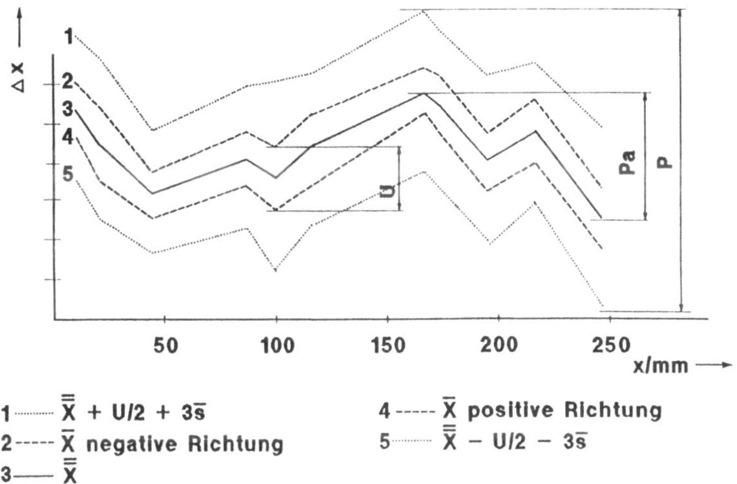

1 ········ $\overline{\overline{X}} + U/2 + 3\overline{s}$

2 ----- $\overline{X}$ negative Richtung

3 ——— $\overline{\overline{X}}$

4 ----- $\overline{X}$ positive Richtung

5 ········ $\overline{\overline{X}} - U/2 - 3\overline{s}$

Bild 7.5: Diagramm der Positionsunsicherheit

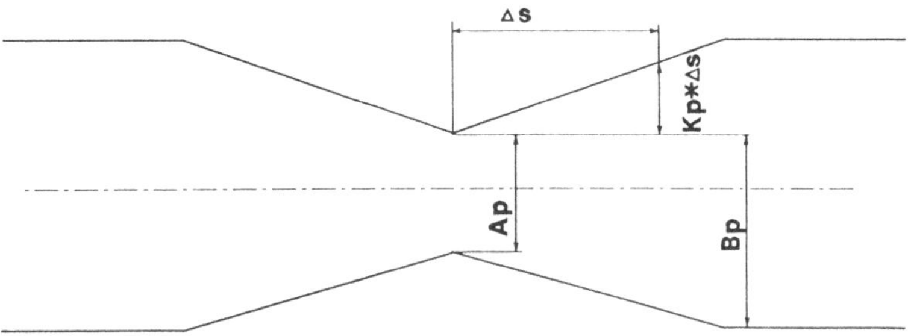

Bild 7.6: Positionsunsicherheits-Schablone

Zur Bewertung der Meßabweichung wird die Schablone mit ihrer Taille (der Kenngröße A_p), beginnend bei Meßposition x_1, über die graphisch aufgetragenen Meßabweichungen gelegt und die Anzahl der Meßabweichungen ausgezählt, die sich außerhalb der Schablone befinden. Dabei darf die Schablone in Richtung der Ordinate solange verschoben werden, bis ein Minimum an außerhalb der Schablone liegender Meßabweichungen entsteht (Bild 7.8, gestrichelte Lage der Schablone). Dieser Vorgang wird an jeder Meßposition wiederholt (Bilder 7.8 und 7.9). Insgesamt dürfen an jeder Meßposition höchstens 5% der Meßabweichungen außerhalb der Schablone liegen.

Liegen an irgendeiner Meßposition x_j mehr als 5% der Meßabweichungen, bezogen auf die Gesamtzahl aller Meßabweichungen, außerhalb der Schablone, so sind die Herstellerangaben nicht erfüllt.

Liegen insgesamt weniger als 5% der Meßabweichungen außerhalb der Schablone, so sind an den entsprechenden Meßpositionen je 20 Wiederholungen in positiver bzw. negativer Anfahrrichtung durchzuführen. Die neu ermittelten Meßabweichungen werden in das Diagramm der zuerst ermittelten Meßabweichungen eingetragen und der Test mit der Schablone wird wiederholt. Die Gesamtzahl der ermittelten Meßabweichungen, auf die zur Bestimmung des Prozentsatzes bezogen wird, erhöht sich um die Anzahl der Wiederholungsmessungen.

Die Schablone muß für die erneute Überprüfung so positioniert werden, daß keine Überschreitungen an den Meßpositionen stattfinden, die bei der ersten Prüfung als innerhalb der Schablone liegend beurteilt wurden. Ergeben sich an einer Meßposition Überschreitungen von mehr als 5%, so gelten die vom Hersteller angegebenen Grenzwerte als nicht erreicht.

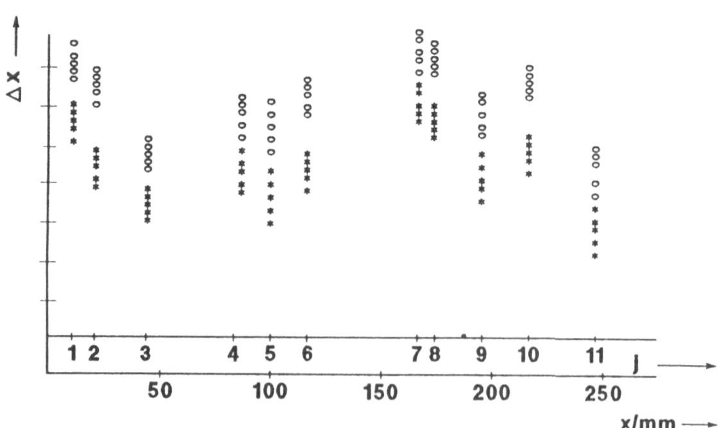

Bild 7.7: Graphische Darstellung der Meßwerte

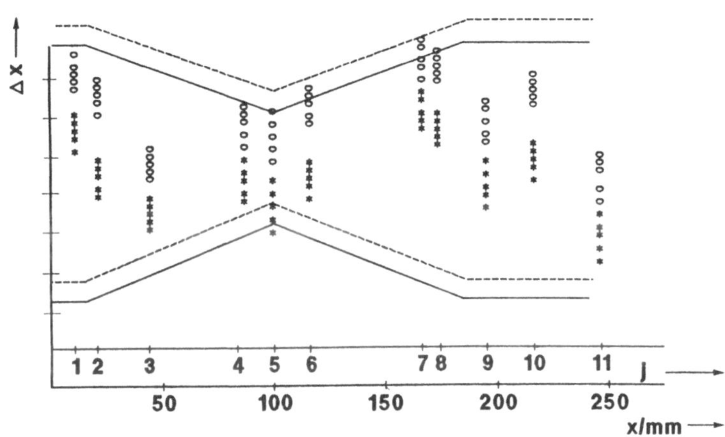

Bild 7.8: Auswertung mit der Schablone, Position 5

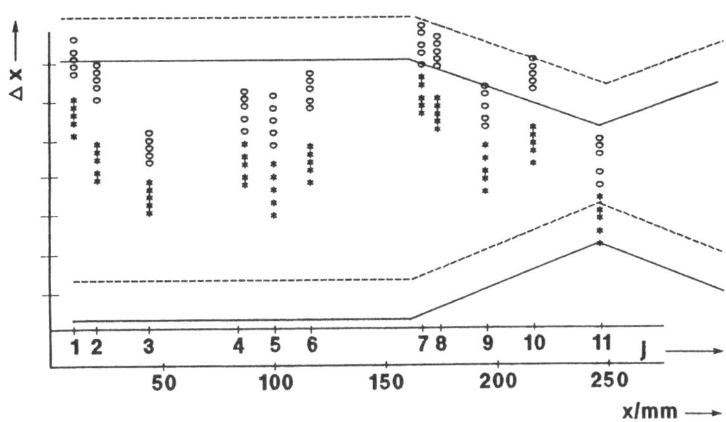

Bild 7.9: Auswertung mit der Schablone, Position 11

7.4.2 Geradheit und Rechtwinkligkeit von Führungsbahnen

7.4.2.1 Meßablauf

Der Meßablauf zur Bestimmung der Geradheit und der Rechtwinkligkeit von Führungsbahnen erfolgt in gleicher Weise wie unter Punkt 3.2 beschrieben.

An mindestens 11 Meßpositionen auf der Prüfachse sind in mindestens 3 Durchläufen Meßabweichungen in positiver und negativer Anfahrrichtung aufzunehmen (Bild 7.2).

7.4.2.2 Kenngrößen und Auswertung: Geradheit

Die Meßabweichungen sind in ein Abweichungsdiagramm (Bild 7.7) einzutragen. Die im Diagramm eingetragenen Meßabweichungen sind von zwei parallelen Geraden so einzuschließen, daß diese voneinander möglichst geringen Abstand haben. Die Abweichung xTy wird als Abstand der parallelen Geraden in Richtung der Ordinate des Diagramms ermittelt.

Der erste Buchstabe der Kenngröße xTy bezeichnet die Meßachse (hier X-Achse), der zweite Buchstabe die Art der Abweichung (hier translatorisch), der dritte Buchstabe die Meßrichtung (hier in Richtung Y-Achse). Der Grenzbetrag T ist vom Gerätehersteller anzugeben und darf nicht überschritten werden (Bild 7.10).

7.4.2.3 Kenngrößen und Auswertung: Rechtwinkligkeit

Im Zusammenhang mit der Geradheitsmessung können auch Rechtwinkligkeitsmessungen durchgeführt werden. Ermöglicht das eingesetzte Normal ein gemeinsames Bezugssystem (Winkelnormal mit zwei zueinander rechtwinklig ausgerichteten Flächen oder ein Laserinterferometer mit Geradheits-Option und Pentaprisma), so können die Geradheiten zweier zueinander senkrecht stehender Achsen nacheinander gemessen werden. Dieses gemeinsame Bezugssystem erlaubt die Ermittlung der Rechtwinkligkeitsabweichung. Dazu wird zu den Meßabweichungen beider Geräteachsen jeweils die Ausgleichsgerade ermittelt und die Meßabweichungen sowie die beiden Ausgleichsgeraden in ein rechtwinkliges Koordinatensystem eingetragen (Bild 7.11).

Die Neigungen der beiden Ausgleichsgeraden zu den Koordinaten des Diagramms verdeutlichen die Winkellagen der Geräteachsen. Für das Beispiel

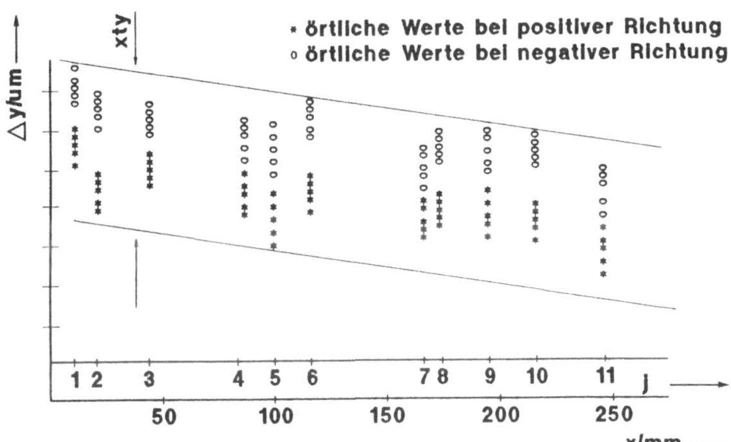

xty Geradheitsabweichung entlang der X Achse in Y Richtung

Quelle: VDI 2617

Bild 7.10: Ermittlung der Geradheitsabweichungen

der X/Y Ebene ergibt sich folgender Zusammenhang für die zulässige Recht-winkligkeitsabweichung xWy:

$$xWy \geq w_{xy} + w_{yx} - w_N \tag{7.2}$$

wobei:

w_{xy} der Winkel zwischen der Ausgleichsgeraden aus den Abweichungen der Y-Achse des Gerätes und der Ordinate des Diagramms ist,

w_{yx} der Winkel zwischen der Ausgleichsgeraden aus den Abweichungen der X-Achse des Gerätes und der Abszisse des Diagramms ist, und

w_N die Abweichung des Rechtwinkligkeitsnormals von 90° ist.

Der Neigungswinkel w_{yx} der Ausgleichsgeraden läßt sich rechnerisch bestimmen durch:

$$w_{yx} = \arctan\left(\frac{\sum(x*y) - \frac{\sum x * \sum y}{n}}{\sum x^2 - \frac{(\sum x)^2}{n}} \right) \tag{7.3}$$

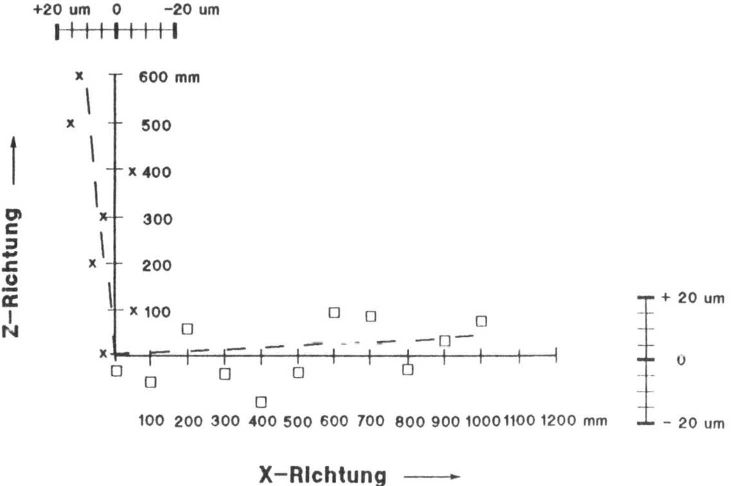

Bild 7.11: Rechtwinkligkeitsabweichung

w_{yx} in Winkelgrad

y Meßabweichung der X-Achse in Y-Richtung in mm

x Meßposition der Maschinenachse in X-Richtung in mm

n Anzahl der Meßabweichungen

Das Vorzeichen für den Neigungswinkel w ist, wie in Bild 7.12 dargestellt, zu berücksichtigen. Ergibt sich ein positives Vorzeichen für die Rechtwinkligkeitsabweichung xWy, so schließen die beiden Geräteachsen einen Winkel größer 90° ein, ist xWy negativ, so ist der Winkel zwischen den Geräteachsen kleiner 90°.

Der Grenzbetrag der Kenngröße W ist vom Hersteller des Meßgerätes anzugeben und darf nicht überschritten werden.

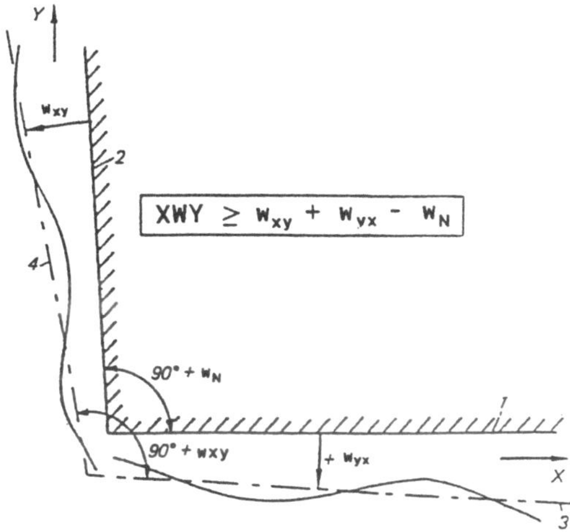

Bild 7.12: Berechnung der Winkelabweichung xWy

7.4.3 Rotatorische Abweichungen von Führungsbahnen

7.4.3.1 Meßablauf

Der Meßablauf zur Bestimmung der rotatorischen Abweichung von Führungsbahnen erfolgt in gleicher Weise wie unter Punkt 3.2 beschrieben. An mindestens 11 Meßpositionen auf der Prüfachse sind in mindestens 3 Durchläufen Meßabweichungen in positiver und negativer Anfahrrichtung aufzunehmen (Bild 7.2).

7.4.3.2 Kenngröße und Auswertung

Die Meßabweichungen werden in ein Abweichungsdiagramm (Bild 7.13) eingetragen. Die im Diagramm eingetragenen Meßabweichungen werden von zwei Geraden begrenzt, die parallel zur Abszisse des Diagramms verlaufen. Der senkrechte Abstand der beiden Geraden ist die Abweichung xRy durch den Rollwinkel der X-Achse. Der erste Buchstabe der Kenngröße xRy bezeichnet die Prüfachse des Gerätes, der zweite Buchstabe die Art der Abweichung, der dritte Buchstabe die Rotationsachse. Der Grenzbetrag für die Kenngröße R ist vom Meßgerätehersteller anzugeben und darf nicht überschritten werden.

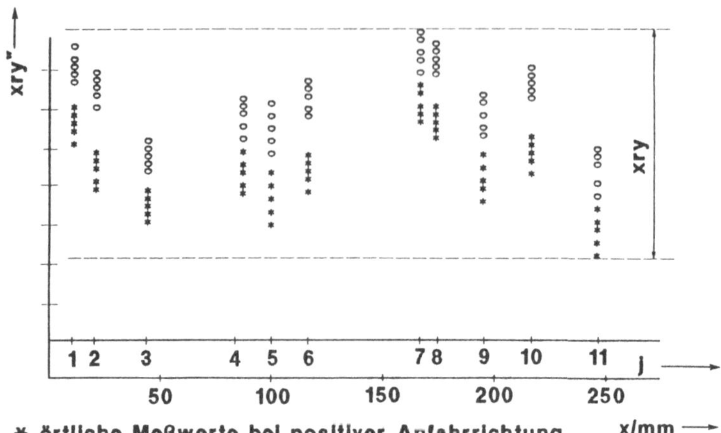

Bild 7.13: Rotatorische Abweichung

7.5 Bestimmung der Längenmeßunsicherheit

Die Meßunsicherheit eines Koordinatenmeßgerätes ist mit einem einzigen Zahlenwert nicht zu beschreiben. Zu vielfältig sind die Aufgaben, und die Universalität der Geräte ist in einem nicht vorhersehbaren Maße größer geworden. In der oben genannten Richtlinie wurde eine Methode festgelegt, die mit weniger Aufwand als eine Komponentenabnahme eine Aussage über die zu erwartenden Meßunsicherheiten eines Koordinatenmeßgerätes geben kann. Die Komponentenabnahme ist jedoch unverzichtbar für den Meßgerätehersteller und das Aufspüren von Fehlerursachen.

Mit Parallelendmaßen oder Stufenendmaßen werden in verschiedenen Meßlinien Längen gemessen und die hierbei festgestellten Meßabweichungen mit vom Hersteller vorgegebenen Grenzwerten verglichen. Diese Grenzwerte sind heute zum Standard für die Herstellerangaben in Prospekten und Angeboten geworden. Angaben verschiedener Hersteller wurden hierdurch erstmals vergleichbar.

Die für die Abnahme erforderlichen Maßverkörperungen müssen einem hohen Qualitätsniveau entsprechen. Die eingesetzten Parallelendmaße bzw. das

Stufenendmaß müssen in einem DKD-Labor oder bei der Physikalisch-Technischen Bundesanstalt kalibriert worden sein.

7.5.1 Meßablauf

Die für die Abnahme eingesetzten Normale können in drei charakteristischen Anordnungen auf dem Meßgerät aufgebaut werden. Für die Bestimmung einer 1D-Meßunsicherheit werden sie parallel einer Meßgeräteachse im Meßvolumen installiert. Für den Meßablauf gelten die gleichen Betrachtungsweisen wie in Punkt 3.2 beschrieben. Werden die Normale in einer beliebigen Lage aber parallel zu einer von zwei Koordinatenachsen des Meßgerätes aufgespannten Ebene positioniert, läßt sich eine 2D-Meßunsicherheit ermitteln. Die 3D-Meßunsicherheit wird durch Ausmessen der Normale in einer beliebigen räumlichen Lage bestimmt. Vorzugsweise werden die Normale in die vier Raumdiagonalen des Arbeitsvolumens des Meßgerätes positioniert.

Werden Parallelendmaße unterschiedlicher Länge oder ein Stufenendmaß auf dem Meßgerätetisch befestigt, ist darauf zu achten, daß die Maßverkörperungen an den hierfür markierten Punkten unterstützt werden, sonst ergeben sich infolge von Durchbiegung verfälschte Längen.

Die notwendige Ausrichtung der Maßverkörperungen auf dem Meßgerät erfolgt rechnerisch. Dabei werden mit dem Meßgerät drei möglichst weit auseinanderliegende Meßpunkte an einer Meßfläche des Parallelendmaßes angetastet. Aus diesen drei Punkten läßt sich die Bezugsfläche für die Endmaßmessung bestimmen. Bei Stufenendmaßen wird die Ausrichtung an der Außenkontur genommen. Um die Richtung des Stufenendmaßes rechnerisch gut erfassen zu können, werden jeweils drei Meßpunkte an zwei aufeinander senkrechten Flächen genommen. Aus jeweils drei Meßpunkten wird eine Fläche berechnet. Die Schnittlinie der beiden Flächen ergibt die Richtung des Stufenendmaßes.

Die Anzahl der gemessenen Längen je Meßlinie soll, wie bei der Bestimmung der Positionsabweichung, etwa 10 betragen. Dazu müssen Parallelendmaße in genügender Anzahl und entsprechend feiner Stufung zur Verfügung stehen. In jeder Meßlinie sind mindestens 5 Wiederhol-Meßläufe durchzuführen, um eine ausreichende Sicherheit der Meßergebnisse zu erhalten.

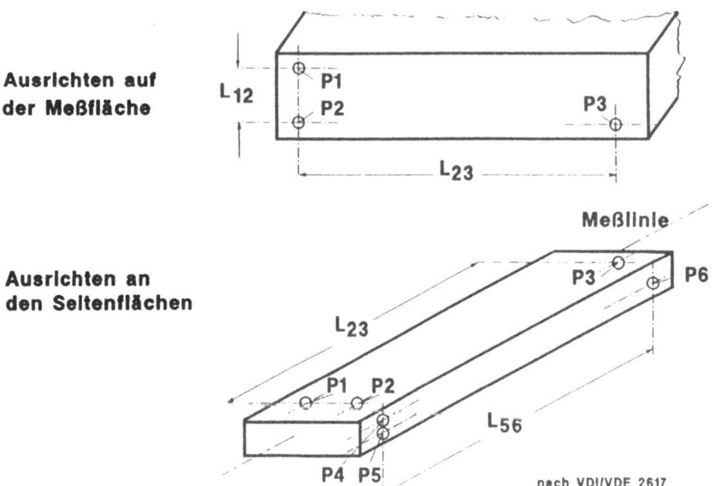

Bild 7.14: Ausrichten am Parallelendmaß

7.5.2 Kenngrößen und Auswertung

Die Längenmeßabweichung $\triangle L$ ist die Differenz aus angezeigter Länge L_a des Meßgerätes und kalibriertem Längenmaß des verwendeten Normals L_r.

$$\triangle L = L_a - L_r \tag{7.4}$$

Der Kennwert für die 1D-Längenmeßunsicherheit u_1 ist bestimmt durch einen konstanten Wert A_1 plus dem Produkt aus einem Steigungsfaktor K_1 und der gemessenen Länge L in mm. A_1 ist ein Grenzwert für das Streuverhalten des Meßgerätes, während das aufsummierte Produkt $K_1 * L$ ein Grenzwert für längenabhängige Abweichungen ist. Um ein uneingeschränktes Ansteigen der Meßabweichungen zu verhindern, wird ein oberer Grenzwert B_1 festgelegt.

$$u_1 = A_1 + K_1 * L \leq B_1 \tag{7.5}$$

Die Grenzwerte für die 2D-Längenmeßunsicherheit und die 3D-Längenmeßunsicherheit werden sinngemäß bestimmt zu:

$$u_2 = A_2 + K_2 * L \leq B_2 \tag{7.6}$$

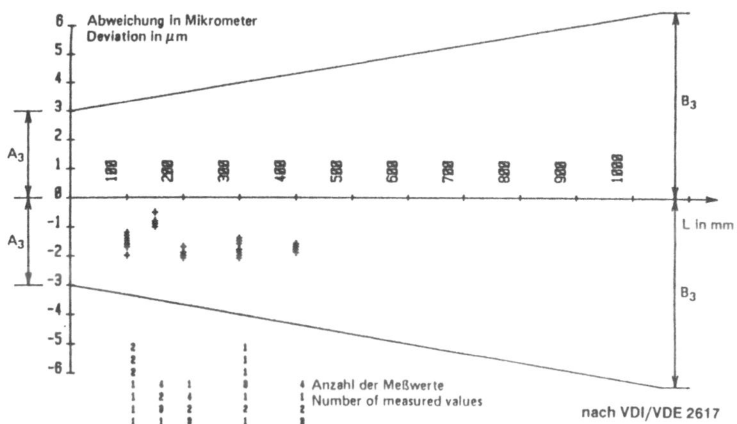

Bild 7.15: 3D-Längenmeßunsicherheit

und

$$u_3 = A_3 + K_3 * L \leq B_3 \tag{7.7}$$

Die Grenzwerte sind vom Meßgerätehersteller anzugeben. Keine der ermittelten Abweichungen darf die Grenzwerte überschreiten.

Der Meßgerätehersteller muß in seinem Datenblatt Angaben machen, unter welchen Betriebsbedingungen die angegebenen Grenzwerte gelten. Die Meßwerte werden zur Auswertung in ein Abweichungsdiagramm eingetragen (Bild 7.15). Die Meßabweichungen müssen zu 95% innerhalb der trichterförmig verlaufenden Grenzen liegen.

7.6 Überwachungsverfahren

7.6.1 Standardisiertes Überwachungsverfahren

Das von einem Anwenderarbeitskreis von Koordinatenmeßgeräten beschriebene Überwachungsverfahren entspricht der Richtlinie VDI/VDE 2617, Blatt 5. Das Überwachungsverfahren stellt den Anschluß der Koordinatenmeßgeräte an das amtliche Längennormal sicher.

Einschränkungen bei der Prüfkörperauswahl, exakte Festlegung des Meßablaufes sowie eine standardisierte Darstellung der Überwachungsergebnisse sollen die Durchführung und Bewertung der Überwachung erleichtern.

Ergänzend zu der Richtlinie VDI/VDE 2617, Blatt 5, wird zur Gesamtbeurteilung der überwachten Koordinatenmeßgeräte ein Überwachungsfaktor eingeführt. Dieser wird in einer Regelkarte geführt.

7.6.2　Prinzip des Überwachungsverfahrens

Die Überwachung eines Koordinatenmeßgerätes erfolgt durch Messungen an einer kalibrierten Kugelplatte (25 in einem Quadrat angeordnete Kugeln) in zwei räumlichen Anordnungen. Hierzu werden zunächst die Positionen aller 25 Kugelmittelpunkte gemessen. Aus der Differenz der berechneten räumlichen Abstände der Kugelmittelpunkte untereinander und den Daten der Plattenkalibrierung ergeben sich die Abstandsabweichungen. Diese werden dann mit den vom Betreiber für das überwachte Gerät festgelegten Grenzwerten verglichen.

Das Antastverhalten eines Koordinatenmeßgerätes muß gesondert überwacht werden. Hierzu werden neben der Kugelplatte eine kalibrierte Kugel sowie ein kalibrierter Ring gemessen. Die gemessenen Durchmesser und die Antaststreuungen werden ebenfalls mit den Grenzwerten verglichen.

Der für das Überwachungsverfahren notwendige Meßablauf sowie die Auswertesoftware wird von den Meßgeräteherstellern erstellt. Die Auswertung erfolgt über den Meßgeräterechner, so daß keine Datenübertragung auf einen weiteren Auswerterechner notwendig wird. Die Auswertesoftware wird nur dann zum Verkauf freigegeben, wenn sie durch einen von der Physikalisch-Technischen Bundesanstalt erstellten Datensatz nachweislich überprüft ist.

Die heute auf dem Markt befindlichen Prüfkörper zur Überprüfung der Geometrie und der Meßunsicherheit eines Koordinatenmeßgerätes verkörpern vorwiegend eindimensionale bzw. räumliche Abstände. Ihr Einsatz dient in erster Linie der Abnahme des Koordinatenmeßgerätes. Viele einzelne Meßlinien werden benötigt, um eine Aussage über die Meßunsicherheit zu treffen. Diese Art der Meßtechnik ist zu zeitraubend für eine periodische Überwachung. Der Zeitaufwand für eine vollständige Überwachung sollte höchstens eine Stunde betragen.

7.6.3　Prüfkörper

Die für das Überwachungsverfahren eingesetzte, kalibrierte Kugelplatte ist mit 25 Kugeln bestückt. Die Kugelplatten werden zunächst aus Stahl und zu einem späteren Zeitpunkt aus Aluminium gefertigt. Das Ausdehnungsverhalten entspricht auf diese Weise den meisten Produktionsteilen. Wichtig für den Einsatz eines Koordinatenmeßgerätes im Fertigungsbereich ist die relative Veränderung zwischen Prüfteil und justiertem Meßgerät unter den jeweils vorliegenden Temperaturen [73, 74].

Die Außenabmessung der Kugelplatte ist, ebenso wie die Anordnung der 25 Kugeln, quadratisch ausgeführt. Das thermische Ausdehnungsverhalten ist durch diese konstruktive Maßnahme in den für die Messung relevanten Richtungen gleich. Zur Minimierung der Abstandsänderung bei unbeabsichtigter Biegung der Kugelplatte sind die Kugeln in der neutralen Ebene der Kugelplatte montiert.

Die Abstände der Kugeln sind für drei festgelegte Plattengrößen ebenso normiert wie die Durchmesser der Kugeln. Einheitliche CNC-Meßabläufe können jetzt eingesetzt werden, unabhängig von Konstruktion und Hersteller der Kugelplatte. Entlastungsbohrungen zur Reduzierung des Gewichtes machen die Handhabung der Kugelplatte einfach. Der Einsatz von Hebezeug ist nicht erforderlich.

Der Werkstoff der Kugeln ist Keramik. Es werden handelsübliche Keramikkugeln mit Formfehlern $\leq 0.3\ \mu m$ eingesetzt, um eine sichere Wiederholbarkeit der Meßergebnisse zu erreichen. Die Härte von über 800 HV garantiert eine vernachlässigbar geringe Deformation während des Antastvorgangs.

Zur Überwachung des Tastsystems werden als Prüfkörper ein Lehrring mit Durchmesser $\leq 30\ mm$ (Innenmessung) und eine Kugel mit Durchmesser $\leq 30\ mm$ (Außenmessung) eingesetzt. Auch hier sind die zulässigen Formabweichungen auf $\leq 0.3\ \mu m$ zur Minimierung der Antastunsicherheit begrenzt. Die Montagevorrichtung für die Kugelplatte, den Lehrring und die Kugel ist so ausgeführt, daß die Prüfkörper verspannungsfrei auf dem Meßgerät montiert werden können. Die Kugelplatte kann in horizontaler und in vertikaler Richtung aufgestellt werden.

Durch die Montagevorrichtung erhält der Lehrring immer die gleiche Orientierung wie die Kugelplatte. Alle Prüfkörper: Kugel, Lehrring und Kugelplatte, werden mit dem gleichen Taststift gemessen. Die Orientierung der Kugelhalterung erlaubt immer den Antastbereich einer Halbkugel.

7.6.4   Meßablauf

Die Durchführung einer Überwachung beginnt mit der Installation der Taststifte im Tastkopf des Meßgerätes. Die zwei für die Überwachung notwen-

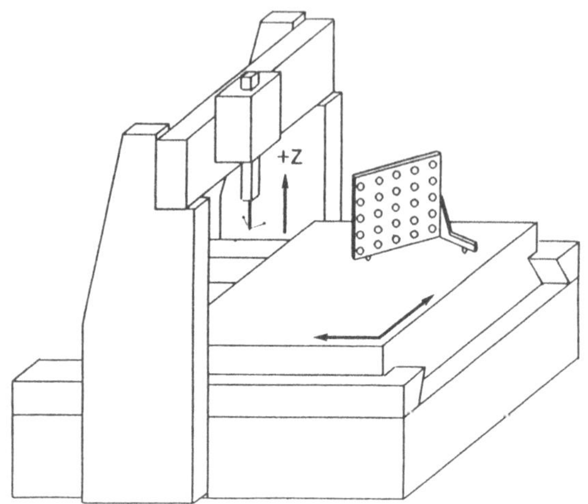

Bild 7.16: Aufbau einer Kugelplatte auf einem KMG

digen, gleich großen Taster werden so ausgerichtet, daß sie zur vorgesehenen späteren Stellung der Kugelplatte senkrecht stehen. Sie schließen miteinander einen rechten Winkel ein und bilden mit einer der Meßgeräteachsen einen Winkel von 35° bzw. 125°. Die anschließende Kalibrierung der Taster erfolgt nach der Anweisung des Meßgeräteherstellers an der für das Meßgerät mitgelieferten Kalibrierkugel.

Die Kugelplatte wird in vertikaler Lage, senkrecht zu einem der Taster aufgestellt. Das Meßprogramm wird nun gestartet. Es beginnt mit der Anforderung der Daten zum Meßgerät und der während der Überwachung vorliegenden Temperaturen im Meßvolumen. Weiterhin müssen Grenzwerte für die Abstandsabweichungen eingegeben werden (Grenzwerte siehe unten).

Der Meßvorgang selbst beginnt mit dem Tastertest. Dazu werden zuerst Kugel und Ring zur Lageerkennung manuell angetastet. Im folgenden CNC-Meßlauf werden an der Kugel in zwei parallelen Ebenen je vier gleichmäßig am Umfang verteilte Punkte angetastet, wobei die erste Ebene im Äquator der Kugel liegt. Die Antastpunkte der zweiten Ebene liegen unter einem Erhebungswinkel von 45° und um 45° zu denen der ersten Ebene gedreht. Ein weiterer Antastpunkt liegt auf dem Pol der Kugel. Der Ring wird an zwölf gleichmäßig am Umfang verteilten Punkten angetastet.

Die Messungen an Ring und Kugel werden immer dreimal wiederholt.

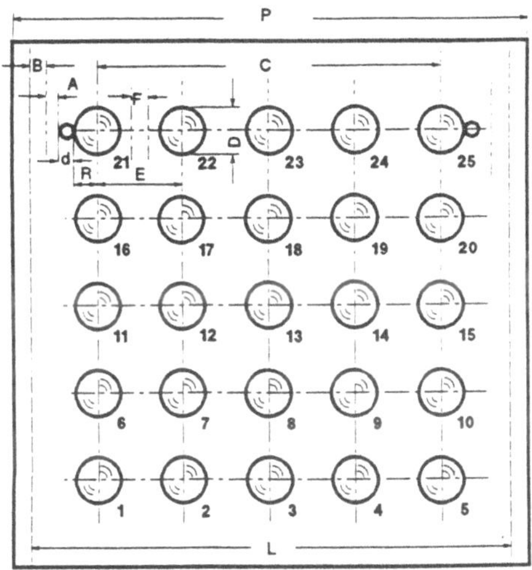

A = Freiraum für Antastung
B = Freiraum vor Endschalter
C = Größter Kugelabstand
D = Kugeldurchmesser, R = Kugelradius
d = Tastkugeldurchmesser
E = Abstand Kugel / Kugel
F = Max. Stegbreite = E−2*(R+d+A)
L = Verfahrweg Z−Achse
P = Kantenlänge Platte

Bild 7.17: Kugelplatte

Die Software bewertet das Antastverhalten des Tastkopfes. Ist die Streuung
der Antastpunkte größer als der vorgegebenen Grenzwert, wird ein unnötiges
Weiterarbeiten verhindert und eine entsprechende Fehlermeldung ausgegeben.

Ist der Tastertest positiv verlaufen, kann mit der Messung der Kugelplatte
begonnen werden. Dazu werden auf drei möglichst weit auseinanderliegenden
Kugeln jeweils fünf Punkte zur Lageerkennung angetastet. Der CNC-Meßlauf
mißt die 25 Kugeln auf kürzesten Wegen der Reihe nach. Auch hier wird jede
Kugel mit fünf Punkten angetastet. Nach dem Messen der 25 Kugeln werden
drei möglichst weit voneinander entfernte Kugeln nochmals gemessen, um
mögliche Lageveränderungen der Kugelplatte während des Meßvorgangs zu
erkennen.

Wurde eine Lageveränderung außerhalb des vorgegebenen Grenzwertes erkannt, bricht die Software die Überprüfung des Meßgerätes ab. Ist die erste
Lage der Kugelplatte gemessen, erfolgt eine Auswertung.

	A	B	C
L =	300	400	600
C =	240	332	532
P =	320	420	620
E =	60	83	133
D =	22	22	22
R =	11	11	11
d =	5	8	8
A =	5	5	5
B =	9	10	10
F =	18	35	85

Maße in mm

Bild 7.18: Abmessungen der Kugelplatten

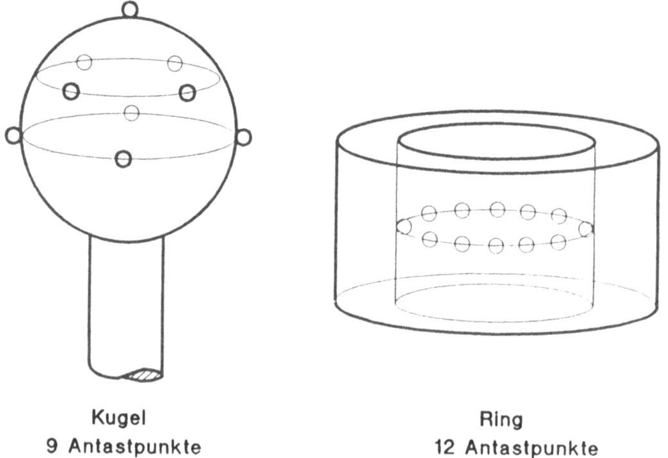

Bild 7.19: Tasterüberwachung an Kugel und Ring

Anschließend wird die Kugelplatte um 90° gedreht und der Meßvorgang beginnt mit dem zweiten Taster von neuem. Mit der zweiten ausgemessenen Lage der Kugelplatte ist die Überwachung abgeschlossen. Die Meßläufe an der Kugelplatte werden in jeder Lage nur einmal ausgeführt.

7.6.5 Kenngrößen und Auswertung

Aus den Ergebnissen der Antaststreuung des Tastsystems und den Abweichungen der gemessenen Kugelmittelpunktsabstände wird jeweils ein Faktor ermittelt. Die Faktoren heißen Überwachungsfaktoren (siehe unten) und werden in einer Tabelle ausgegeben. Die Überwachungsfaktoren können entweder manuell in einer Regelkarte geführt oder in einem Statistik-Auswerteprogramm weiterverarbeitet werden.

Möchte der Betreiber des Meßgerätes einen ausführlicheren Einblick in das Meßergebnis gewinnen, so kann ein Diagramm mit den Abweichungen der Kugelmittelpunktsabstände als Graphik, entsprechend der Richtlinie VDI/VDE 2617, Blatt 5, ausgegeben werden. Ebenso wird die Lage der Kugelplatte im Meßvolumen des Meßgerätes perspektivisch dargestellt. Um eine notwendige Analyse der Meßergebnisse möglich zu machen, wird eine Tabelle mit allen gemessenen Abstandsabweichungen ausgedruckt (siehe Anlage Meßprotokolle).

Der Überwachungsfaktor wird aus dem Verhältnis von maximaler Abweichung zu Grenzwert gewonnen. Ist das Ergebnis < 1.0, so liegt die maximale Abweichung innerhalb der vorgegebenen Grenzwerte, ist das Ergebnis > 1.0, liegt die maximale Abweichung außerhalb der zulässigen Werte.

Der Grenzwert berechnet sich entsprechend der Längenmeßunsicherheitsformel aus einer Konstanten $A_{\ddot{u}}$ und einem von der Meßlänge abhängigen Glied $K_{\ddot{u}} * l$ zu :

$$u_{\ddot{u}} = (A_{\ddot{u}} + K_{\ddot{u}} * l) \tag{7.8}$$

(l = Meßlänge in m)

Die Zahlenwerte für $A_{\ddot{u}}$ und $K_{\ddot{u}}$ sind vom Betreiber in Abhängigkeit von den Fertigungstoleranzen, die mit dem Meßgerät überprüft werden sollen, zu wählen.

7.6.5.1 Überwachungsfaktor für das Antastverhalten

Nach jedem der drei Meßläufe an der Kugel wird die Spannweite R aus den Radien zu jedem der neun Meßpunkte berechnet.

$$R = r_{\text{max}} - r_{\text{min}} \tag{7.9}$$

Der ungünstigste Wert R_{max} aus den drei Meßläufen wird durch den Faktor $A_{\ddot{u}}$ geteilt. Der Überwachungsfaktor berechnet sich zu:

$$\ddot{U} = \frac{R_{max}}{A_{\ddot{u}}} \tag{7.10}$$

Die Auswertung für die Antastung am Ring erfolgt gleichermaßen. Der ungünstigste Wert R_{max} aus drei Meßläufen wird ermittelt und ins Verhältnis zu $A_{\ddot{u}}$ gesetzt. Eine weitere Bedingung für die Messung an Ring und Kugel wird noch abgeprüft, ehe das Programm die Messung der Kugelplatte freigibt. Die ermittelten Durchmesser für die Kugel und für den Ring müssen innerhalb des Grenzwertes $u_{\ddot{u}}$ liegen. Der Überwachungsfaktor errechnet sich hier zu:

$$\ddot{U} = \frac{|\triangle d_{max}|}{u_{\ddot{u}}} \tag{7.11}$$

Die Abweichung $\triangle d$ errechnet sich als Differenz aus dem gemessenen Durchmesser d' von Kugel bzw. Ring und dem kalibrierten Durchmesserwert d. Für die Berechnung des Überwachungsfaktors wird die größte Abweichung $\triangle d_{max}$ aus drei Wiederholmessungen eingesetzt.

7.6.5.2 Überwachungsfaktor für die Kugelabstandsabweichungen

Die Abweichungen $\triangle l$ errechnen sich als Differenz aus den gemessenen Kugelmittelpunktsabständen l' und den Mittelpunktsabständen l der kalibrierten Koordinaten der Kugeln. Der Überwachungsfaktor für die Abweichungen der Kugelmittelpunktsabstände berechnet sich sinngemäß zu:

$$\ddot{U} = \left(\frac{\triangle l}{u_{\ddot{u}}}\right)_{max} \tag{7.12}$$

wobei $\left(\frac{\triangle l}{u_{\ddot{u}}}\right)_{max}$ den größten Wert aus allen bewerteten Abstandsabweichungen darstellt.

7.7 Ausblick

Als Verfahren zum Nachweis der Herstellerangaben hat sich die Abnahme
mit Parallelendmaßen oder Stufenendmaßen entsprechend der Richtlinie
VDI/VDE 2617, Blatt 2.1, durchgesetzt. Die Komponentenabnahme nach
der Richtlinie VDI/VDE 2617, Blatt 3, ist ein unverzichtbares Instrument,
um Defekte an Meßgeräten zu lokalisieren. Das Überwachungsverfahren nach
der Richtlinie 2617, Blatt 5, ist seit mehreren Jahren in der Erprobung und
wurde inzwischen in verschiedenen Werken mit Erfolg eingeführt. Die Unsicherheit der Kalibrierung einer Kugelplatte in der Physikalisch Technischen
Bundesanstalt liegt bei $< 1.0\,\mu m$. Zur Kalibrierung von Kugelplatten werden
DKD-Labors eingerichtet.

7.8   Meßprotokolle

Meßprotokoll
Überwachung Koordinatenmeßgerät

Standort   : Meßlabor   Datum   :   13.07.90

Abteilung   : ZQT 1   Uhrzeit   :   11:07

Prüfer   : Mayerle

Meßgerät   **Prüfkörper**

			Identnummer	Dat. letzte Kalibrierung
Hersteller	: X Y Z	Ring	: RP 05 325–9	22.10.89
Typ	: L 7810	Kugel	: 80 882	27.07.89
Invent.Nr.	: 15 704	Kugelplatte	: LZ 101 / 1	15.03.90

Ausdehnungskoeffizienten

Maßstäbe   : 9.5 $* 10^{-6}$/K   Kugel   :   10.5 $* 10^{-6}$/K

Kugelplatte   : 11.5 $* 10^{-6}$/K   Ring   :   11.5 $* 10^{-6}$/K

Tasterkonfiguration

Tastkugeldurchmesser   :   8   mm
Seitliche Auslenkung des Tasters   :   60   mm

Meßablauf

Name des Meßablaufs   : Kugelplatte.WDB

Grenzwerte für die Abstandsabweichungen

$A_0 = 1.3 \ \mu m$

$K_0 = 5.0 \ \mu m/m$

In der Bewertung berücksichtigte Temperaturen

Meßvolumen   :   20.3 $^{\circ}$C   Kugelplatte :   20.4 $^{\circ}$C

Maßstab Meßgerät   X :   20.1 $^{\circ}$C   Y :   20.2 $^{\circ}$C   Z :   20.5 $^{\circ}$C

Bemerkungen
____

____

____

____

Bewertung

Tastsystem

	Meßaufgabe	Anzahl der Überschreitungen	Ü – Faktor
Ring	Spannweite	1	1.00
Ring	Durchmesser	0	0.68
Kugel	Spannweite	0	0.58
Kugel	Durchmesser	0	0.22

Lage des Prüfkörpers
(Gerätekoordinaten)

Koordinaten 1. Messung (mm)

	X	Y	Z
Kugel 1	436.3996	186.5972	211.6316
Kugel 5	718.0534	362.4002	211.6543
Kugel 21	440.9852	179.1987	543.5124

Koordinaten Wiederholung (mm)

	X	Y	Z
Kugel 1	436.3988	186.5976	211.6318
Kugel 5	718.0527	362.4007	211.6545
Kugel 21	440.9849	179.1989	543.5125

Differenzen (mm)

	X	Y	Z
Kugel 1	0.0007	−0.0004	−0.0002
Kugel 5	0.0006	−0.0005	−0.0002
Kugel 21	0.0003	−0.0002	−0.0001

Bewertung

Abstandsmessung

Anzahl der Abstände	Anzahl der Überschreitungen	Ü – Faktor
300	39	1.35

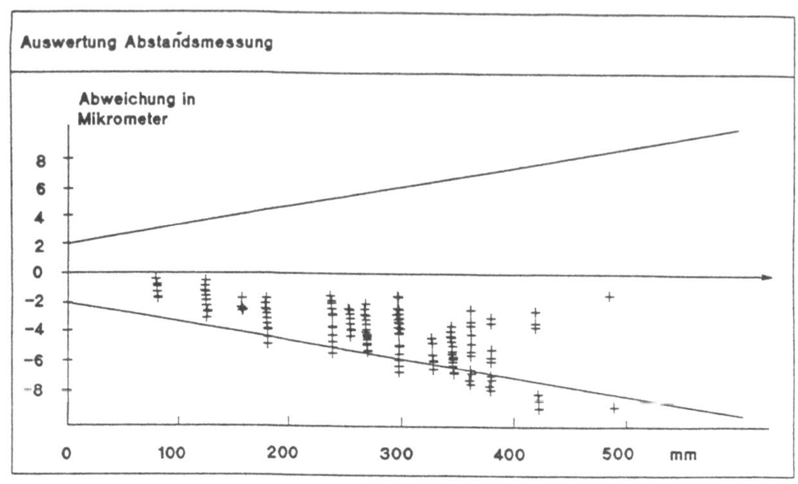

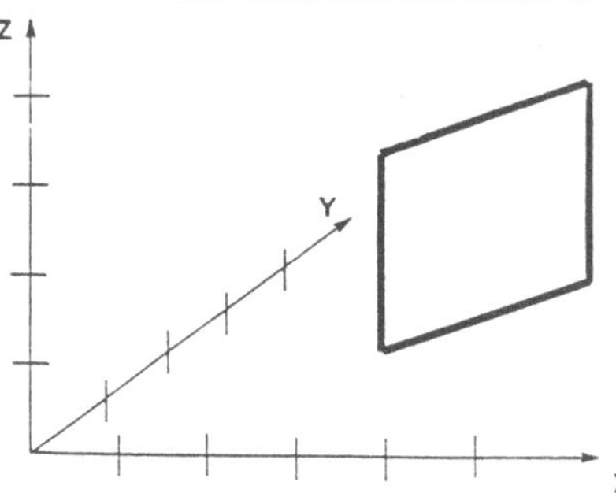

Einzelwerte

Abstand Kugel / Kugel	Nennmaß mm	Istmaß mm	Abweichung mm	Überschreitung mm
1 / 2	83.0065	83.0057	-0.0008	
1 / 3	166.0097	166.0082	-0.0015	
1 / 4	249.0143	249.0123	-0.0020	
1 / 5	323.0201	323.0174	-0.0027	-0.0003
⋮	⋮	⋮		
1 / 24	415.0022	414.9988	-0.0034	-0.0007
1 / 25	469.5303	469.5264	-0.0039	-0.0010
2 / 3	83.0032	83.0025	-0.0007	
2 / 4	166.0078	166.0065	-0.0012	
⋮	⋮	⋮		
2 / 25	415.0075	415.0044	-0.0031	-0.0004
3 / 4	83.0045	83.0041	-0.0005	
⋮	⋮	⋮	⋮	

8 Anwendung von Koordinatenmeßgeräten in Entwicklung und Kleinserienfertigung

Dipl.-Ing. R. Rausch, Stuttgart

8.1 Einleitung

Die heutigen schnellen Marktveränderungen erfordern besonders in der Automobilindustrie eine drastische Verkürzung der Entwicklungszeiten. Der Koordinatenmeßtechnik kommt hierbei eine besondere Bedeutung zu, da mit ihr viele Meßaufgaben durchgeführt werden können, für die es bisher keine Lösung gab bzw. der zeitliche Aufwand unvertretbar hoch war.

Die vielfältigen Aufgaben der Meßtechnik in Entwicklung und Versuch

- Fertigungsüberwachung von spanlos und spanend bearbeiteten Versuchsteilen

- Erstmusterprüfung

- Ein- und Ausbaumessung zur Verschleißermittlung

- Grundsatzuntersuchungen

- Schadensanalysen

- Bauteildigitalisierung für Berechnung, Konstruktion und Fertigung

- usw.

sind gekennzeichnet durch

- Kleine Losgrößen in der Versuchsteilefertigung

- Große Teilevielfalt mit vielen Varianten

- Hohe Genauigkeitsanforderungen

- Universelle Meßhilfsmittel, Spannmittel usw.

- Kurze Prüfzeiten

- Ergebnisdokumentation und -archivierung

Koordinatenmeßgeräte (KMG) erfüllen diese Forderungen nach hoher Flexibilität bei gleichzeitiger hoher reproduzierbarer Genauigkeit. Der wirtschaftliche und rationelle Einsatz im Entwicklungsbereich erfordert jedoch gezielte organisatorische Maßnahmen. Besonders durch die Einbindung in eine integrierte CAD/CAM-Prozeßkette wird eine schnellere und qualitativ bessere Produktentwicklung ermöglicht.

8.2 Einsatz von Koordinatenmeßgeräten in der Versuchsteilefertigung

Der zunehmende Einsatz von CNC-Bearbeitungsmaschinen in den Fertigungsbereichen sowie der Einsatz immer modernerer Fertigungstechnologien haben in den letzten 15 Jahren zu einer beträchtlichen Erhöhung der Fertigungskapazität geführt. Die Meßgeräteausrüstung folgt diesem Maschinenpark in der Fertigung – trotz des allgemein gestiegenen Qualitätsbewußtseins – in der Regel hinterher. Da in einem Entwicklungsbereich kurze Durchlaufzeiten die höchste Priorität haben, muß die Qualitätssicherung alle Rationalisierungspotentiale – besonders im Umfeld der Meßgeräte – ausschöpfen [75].

8.2.1 Systemkomponenten und Automatisierungsgrad

Koordinatenmeßgeräte bestehen im wesentlichen aus 4 Systemkomponenten, die je nach Anforderungen an Meßvolumen, Zugänglichkeit, Meßunsicherheit und Automatisierungsgrad unterschiedlich gestaltet sein können (Bild 8.1).

- Grundgestell

- Tastsystem als Meßwertaufnehmer

- Steuerung für automatisch ablaufende Programme

- Rechner mit problemorientierter Software

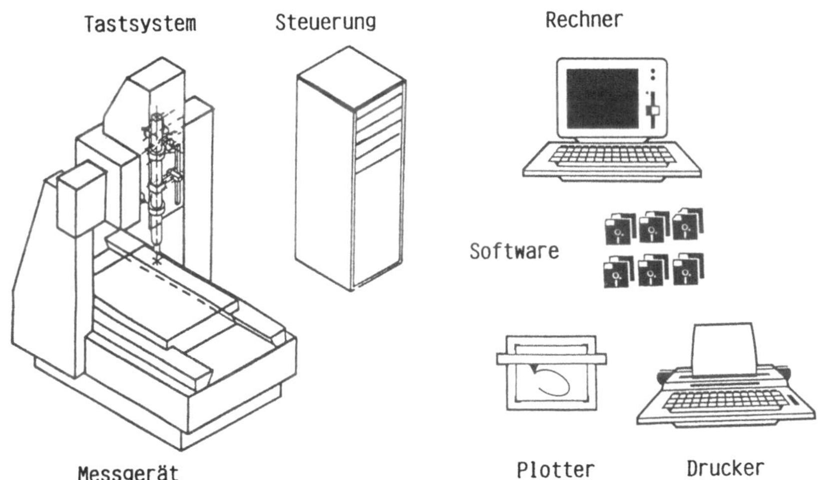

Bild 8.1: Systemkomponenten eines KMG

Hinsichtlich ihrer Hard- und softwaremäßigen Ausstattung lassen sich die Koordinatenmeßgeräte in drei Automatisierungsstufen einteilen (Bild 8.2):

- Handgeführte Geräte mit Positionsanzeige

- Handgesteuerte Geräte mit Rechner zur Meßdatenauswertung und Protokollierung

- CNC-Geräte für automatische Meßabläufe

8.2.2 Prismatische Bauteile

Die Meßzeitanalyse für ein ausgewähltes Teilespektrum aus der Automobilindustrie (Bild 8.3) zeigt, daß beim Messen auf Koordinatenmeßgeräten nur ca. 50% der üblichen Gesamtmeßzeit auf dem eingesetzten KMG anfallen müssen. Die restlichen ca. 50% sind Meßneben- und Rüstzeiten, die bei richtiger Organisation außerhalb des KMG erledigt werden können.

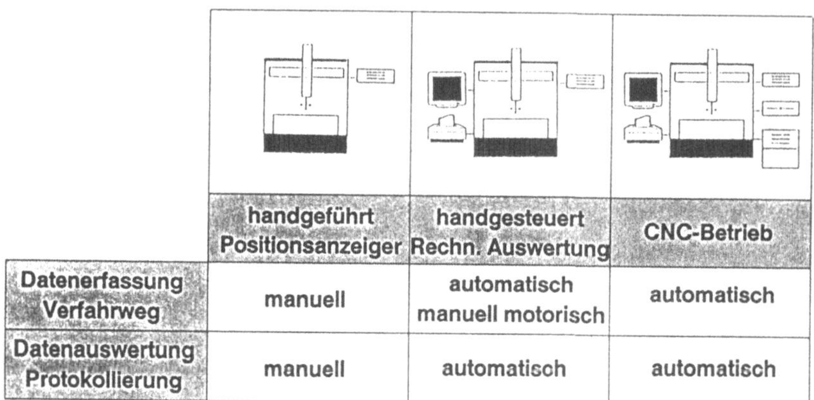

	handgeführt Positionsanzeiger	handgesteuert Rechn. Auswertung	CNC-Betrieb
Datenerfassung Verfahrweg	manuell	automatisch manuell motorisch	automatisch
Datenauswertung Protokollierung	manuell	automatisch	automatisch

Bild 8.2: Automatisierungsstufen

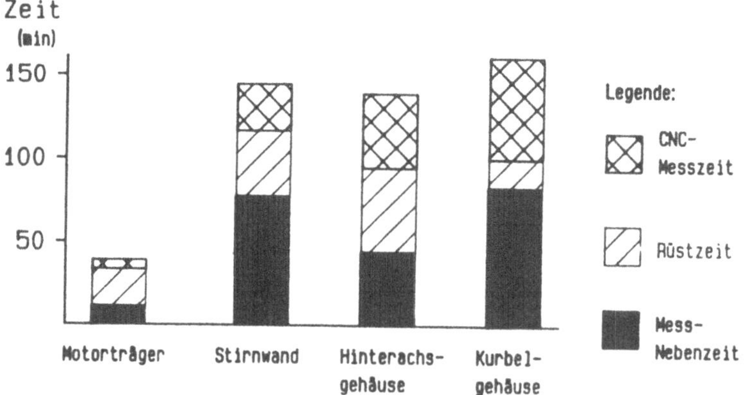

Bild 8.3: Meßzeitanalyse

Zu den *Rüstzeiten* gehören Tätigkeiten wie

- Tasterkonfiguration erstellen

- Meßhilfsmittel bereitstellen

- Werkstück aufspannen und ausrichten

Diese Zeiten können reduziert werden durch

- Aufbau externer Rüstplätze (Bild 8.4)

- Tasterwechseleinrichtungen

- Einsatz von Regalsystemen mit automatischer Zuführung

- Einsatz von Handhabungsgeräten

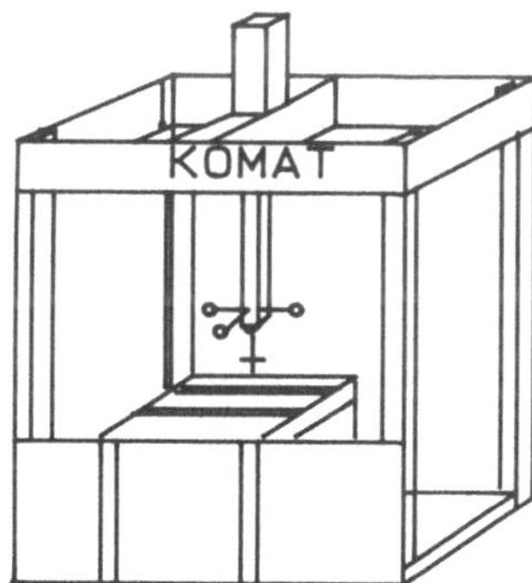

Bild 8.4: Rüstplatz

Die *CNC-Meßzeiten* sind meßgeräte- und steuerungsabhängig und können nur durch den Gerätehersteller verbessert werden. Dieser Prozeß ist in vollem Gange, wie viele Konzepte mit immer höherer Verfahrgeschwindigkeit bei gleichbleibender oder sogar besserer Genauigkeit zeigen.

Unter den *Meß-Nebenzeiten* sind alle Zeitverluste zu verstehen, die über den reinen Meßablauf hinausgehen, wie z.B.

- Festlegen des Prüfumfanges und der Meßstrategie

- Sollwert-Eingabe

- Ausrichtung des Werkstücks

- Umrechnung von Winkeln

- Tasterfestlegung usw.

Meß-Nebenzeiten lassen sich reduzieren durch:

8.2.2.1 Prüfvorbereitung mit maschinenferner Programmierung

Hierbei darf Prüfvorbereitung nicht mit Prüfplanung verwechselt werden. Während Prüfplanung die optimale Integration von Qualitätsprüfungen in den Fertigungsablauf darstellt, kommen beim Einsatz von KMG neue, den Prüfablauf vorbereitende Tätigkeiten hinzu, die das Ziel haben, das KMG nur für seine eigentliche Aufgabe – nämlich das Messen des Werkstücks – einzusetzen und alle vorbereitenden Tätigkeiten an einem separaten Platz durchzuführen.

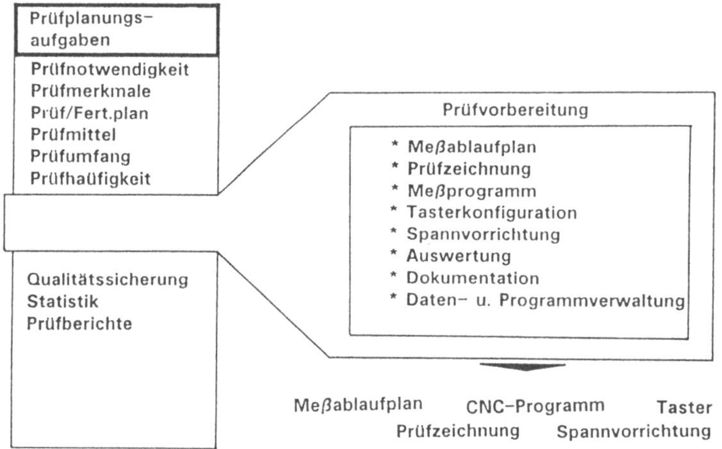

Bild 8.5: Prüfplanungs- und Prüfvorbereitungsaufgaben

Für die maschinenferne Programmierung werden vom Gerätehersteller leistungsfähige Programmiersysteme gefordert. Ausgangspunkt einer solchen Prüfvorbereitung (Bild 8.5) sollte ein PPS-System sein, wie es heute in jedem gut organisierten Fertigungsbetrieb eingesetzt wird.

Mit dem im PPS-System langfristig festgelegten Fertigungsspektrum (Bild 8.6) kann die Arbeitsvorbereitung bereits zu einem sehr frühen Zeitpunkt im Fertigungsprozeß eines Werkstücks den Fertigungsplan, der auch die Prüfarbeitsfolgen oder Hinweise auf bestehende Prüfpläne enthält, sowie die Zeichnung generieren [76] (Bild 8.7). Die Prüfvorbereitung erstellt an einem separaten Programmierplatz das CNC-Meßprogramm. Das fertig bearbeitete Teil wird an einem Rüstplatz auf eine Palette gespannt, grob ausgerichtet und die

```
IBM CAPACITY PLANNING AND OPERATION SEQUENCING SYSTEM-EXTENDED   RELEASE 1.5      06-4   RECHENTAG 0585   13.05.86
150 - TAGE BELEGUNG   FUER  MASCHINEN - GRUPPE :   PFKE   ENDKONTROLLE   ANZ.E.-MASCH.:   2
```

WA-NR.	FS	KONTIERUNG	OB	SACH - NR.	PLA ART	W	BENENNUNG	AFO	MEN-GE	VORG. STD.	AT.-ET.	I A	E- PL	VON MGRP.TAG	NACH MGRP.TAG	S P MGRP.
02571500	11	8611003296	03	AM1171411801	NO1	4	SAUGROHR UNTERT	090	27	1,0	595-595			PFBG 594	PFBG 597	
02889300	03	8611000203		CF102051U006	KO2	2	NOCKENWELLE	050	90	0,7	595-595			PFBG 594	PFBG 598	
02742500	03	8611006709		AM1022232904	NO1	4	MOTORTRAEGER LI	065	11	1,5	595-595			PFBK 590	PFBK 598	
02323200	03	8611003226		CL6010116601	TO1	3	KURBELGEHAEUSE	120	20	2,0	595-596			PFBF 594	PFBG 598	
02247800	12	8611120819		AT1282570412	UO1	1	TURB.R.SCHAUFEL	999	2	3,0	596-596		01	PFBK 590		
02761000	25	8602008287		MN3441500104	KO1	1	ZB.GEHAEUSE	055	2	1,0	596-596			PFBG 595	PFBG 598	
02503600	11	8611000214		6021420701	-KO2	8	AUSPUFFKRUEMMER	075	48	1,2	596-596			PFBG 595	PFBF 598	
02571700	18	8002117124		AM1171411501	NO2	5	SAUGROHR OBERTE	085	5	4,5	596-597			PFBG 594	PFBG 600	
02727800	05	8611004238		AM6010100421	KO2	2	ZB.ZYLINDERKOPF	055	1	1,7	596-596			PFBG 593	PFBF 598	
02835700	17	8611323276		01403501408	RO1	T	ZB HA-TRAEGER	030	1	5,0	596-597			PFBG 595	ARO1 599	
02388200	10	8611004595		VVO2OVS12SOO	BO1	1	SPANNVORRICHTUN	025	1	0,7	597-597			PFBG 596	SOO8 599	
02782500	03	8611004216		AM1020115301	TO1	2	ZYL.KURBELGEHAE	145	33	1,0	597-597			PFBG 593	1371 600	
02566200	29	8382000162		4421420101	KO1	3	ABGASKRUEMMER	065	7	0,8	597-597			PFBG 593	PFBG 598	
02563700	29	8382000162		4421420001	KO1	3	ABGASKRUEMMER	065	7	0,8	597-597			PFBG 593	PFBG 598	

02740800   050   KD 118 114 00 01   Achsschenkel   30   586   2,5   PFBF

WA-NR.	FS	KONTIERUNG	OB	SACH - NR.	PLA ART	W	BENENNUNG	AFO	MEN-GE	VORG. STD.	AT.-ET.	I A	E- PL	VON MGRP.TAG	NACH MGRP.TAG	S P MGRP.
02441700	17	8611323276	48	01403570205	KO2	8	RADTRAEGER	065	2	2,5	598-598			PFBG 597	PFBF 599	
02789300	29	8622005570		NV999017U100	KO1	1	GEHAEUSE	045	1	0,7	598-598			PFBG 597	PFBG 600	
02735600	03	8611000203		CF102051U006	KO2	3	NOCKENWELLE	050	74	0,7	598-598			PFBG 597	PFBG 601	
02620100	10	8611003251		AM1030112401	TO1	4	ZYL.KURBELGEHAE	058	26	1,0	598-598			PFBG 597	ARO1 600	
02529500	05	8611000215		AM6010516001	KO1	3	NOCKENWELLE AUS	090	5	0,7	598-598			PFBG 597	PFBF 600	
02725200	29	6422011029		3782420305	KO1	O	TRAGARM V.RE.	050	1	0,5	598-599			PFBG 598	PFBG 601	
02440900	17	8611323276	48	01403570305	KO2	8	RADTRAEGER	065	2	2,5	599-599			PFBG 598	PFBF 599	
02785100	20	8632112016		KE3892610103	NO1	1	GETR.GEHAEUSE	080	11	3,5	599-599			PFBG 598	PFBF 601	
02429700	11	8611003296	02	AM1171411501	NO1	5	SAUGROHR OBERTE	085	29	4,5	599-600			PFBG 598	PFBG 602	
02636100	05	8611007383		AM6010900337	NO1	1	ZB.LL.VERT.LTG.	090	4	2,5	599-600			PFBG 598	PFBG 602	
02764500	03	8611004525		CW101051U035	KO1	2	NOCKENWELLE	060	5	0,7	600-600			PFBG 599	PFBF 602	
02381800	20	8632112008		3872641401	NO1	8	GEHAEUSE.	105	10	1,5	600-600			PFBG 599	PFBF 602	
02304400	05	8611000210		CL6010167601	TO1	3	ZYLINDERKOPF	075	22	2,0	600-600			PFBG 599	1311 602	
02889600	51	8679001497		SL999010U008	KO1	1	A-RIC. BRENNKAM	070	1	1,7	600-600			PFBK 599	PFBK 602	
02889700	51	8679001497		SL999010U010	KO1	1	A-RIC. BRENNKAM	070	1	1,7	600-600			PFBK 599	PFBK 602	

Bild 8.6: Langzeitplanung mit PPS-System

Tasterkonfiguration auf Kollisionsfreiheit überprüft. Nach Fixierung auf dem Koordinatenmeßgerät kann sofort mit der Messung begonnen werden.

Gleichzeitig mit der Programmerstellung werden Unterlagen für den Meßgeräte-Bediener erstellt, wie z.B. eine Meßablaufplan (Bild 8.8). In einem weiteren Formblatt werden die für das Werkstück benötigten Taster (Bild 8.9) festgehalten.

Auch die Aufnahme des Teils auf dem Maschinentisch (Bild 8.10) wird genau dokumentiert, und – wenn möglich – auch graphisch festgehalten.

In der Prüfzeichnung (Bild 8.11) werden die zu messenden Elemente gekennzeichnet und mit den Anweisungsnummern des CNC-Programms versehen, so daß ein direkter Bezug zwischen Zeichnung und Meßprogramm zur Zuordnung der Meßergebnisse gegeben ist.

Der Aufbau des CNC-Programms kann programmtechnisch so gestaltet werden, daß auch alle fertigungsbegleitenden Prüfungen integriert werden können (Bild 8.12). Die einzelnen Prüfarbeitsfolgen, die in der Einzel- und Kleinserienfertigung sinnvollerweise im Fertigungsplan enthalten sind, werden so im CNC-Programm zusammengefaßt, daß sie separat aufgerufen und abgearbeitet werden können. Je nach Prüfumfang und Bearbeitungsfortschritt kann auch ein Programmteil aus dem Gesamtprogramm herausgelöst und als selbständiges Programm weiterverwendet werden.

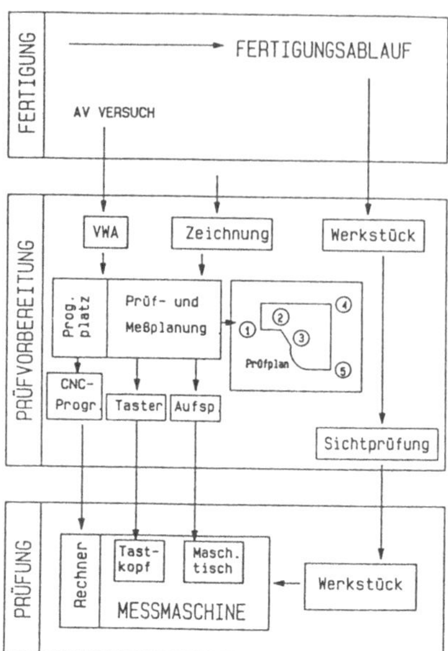

Bild 8.7: Prüfvorbereitung

Daimler-Benz AG, Entwicklungsbereich E70, Grundfilter- und Meßwesen	Maschine	Leitz KMG	Prüfart	Endkontrolle	Datum	8.4.86
Bezeichnung	Achsschenkel		Zeichnungs-Nr		Prüfer	Zander
Disposition-Nr.	8	Daten-Name	84-140	Meßzeit	35'	Manuell 5' · CNC 30' · Blatt 2 · von 5

Meßablaufplan

Nr.	Art	Bez.	Proj.	Ausr.	Nennmaß	O.Tol	U.Tol	Taster	Bemerkung
230	EBENE	A	RAU	Y	64.7	+0.1	-0.1	A	Stirnfläche
	ORI 2								
	Schnitt	A1+A1							
240	ZYL 1	2	RAU	X3 ⌀	01010	+0.1	-0.1	A	Kegel 1:10
250	EBENE	2	"	Y ⌀	0/0	"	"	A	Stirnfläche
260	Schnittpkt.	1	"	XY3	94.9/3M.4/444	+0.2	-0.3		Austrittspkt.
270	V-Winkel	1	XY	⌀	12°50'	+15'	-15'		Kegel 1:10
280	EBENE	2	RAU	Y ⊥	-18/0.15	+0.2	-0.2		Stirnfläche
	ORI 3								
	Ansicht	Z11							
290	ZYL 1	3	RAU	X3 ⌀	01010	+0.1	-0.1	A	Kegel 1:10
300	EBENE	3	"	Y ⌀	0/0	"	"	A	Stirnfläche
310	Schnittpkt.	1	"	XY3	91.5/19.6/-M12	+0.2	-0.2		Austrittspkt.
320	V-Winkel	1	XY	⌀	12°50'	+15'	-15'		Kegel 1:10
330	EBENE	3	RAU	Y ⊥	-18/0.15	+0.2	-0.2		Stirnfläche
340	ZYL 1	3	"	⌀ φ	0/10.1	H13		2	Bohrung φ 10.1
350	EBENE	3	"	Y ⌀	0/0			2	Stirnfläche
360	Schnittpkt.	1	"	XY3	M5/-44.5/-45	+0.2	-0.2		Tastschnittpkt.
370	KREIS	3	SEL	φ	6	H12		2	Bohr. 6 H12

Bild 8.8: Meßablaufplan

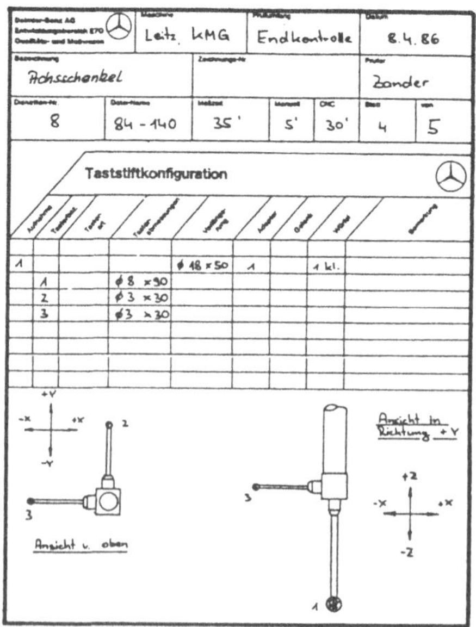

Daimler-Benz AG, Entwicklungsbereich E70, Grundfilter- und Meßwesen	Maschine	Leitz kMG	Prüfart	Endkontrolle	Datum	8.4.86
Bezeichnung	Achsschenkel		Zeichnungs-Nr		Prüfer	Zander
Disposition-Nr.	8	Daten-Name	84-140	Meßzeit	35'	Manuell 5' · CNC 30' · Blatt 4 · von 5

Taststiftkonfiguration

Aufnahme	Tastkopf	Taster Art	Taster-Abmessungen	Verlänge- rung	Adapter	Offset	Winkel	Bemerkung
1			⌀ 18 x 50	1		1 kl.		
	1		⌀ 8 x 30					
	2		⌀ 3 x 30					
	3		⌀ 3 x 30					

Bild 8.9: Tasterkonfiguration

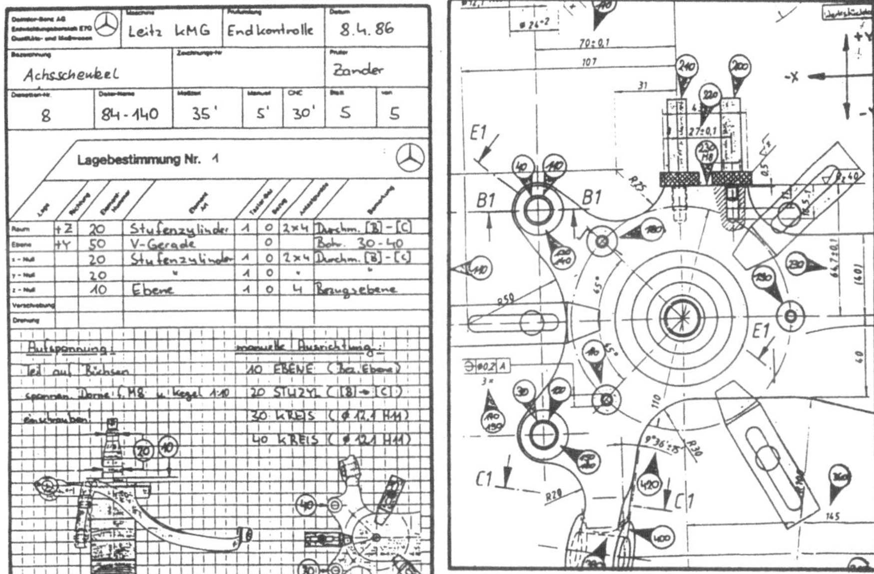

Bild 8.10: Lagebestimmung   Bild 8.11: Prüfzeichnung

8.2.2.2 Parametrisierte Programmierung

Eine sinnvolle Ergänzung zur maschinenfernen Programmerstellung von prismatischen Körpern ist bei Teilefamilien und Varianten die Anwendung der parametrisierten Programmierung (Bild 8.13). Hierbei werden in einem Grundprogramm die veränderlichen geometrischen Größen als Variablen definiert. Die Werte dieser Variablen werden über Tabellen eingelesen und im CNC-Programm zugeordnet. Einige CAD-Systeme haben bereits heute die Möglichkeit, geometrische Maße als Attribute zu definieren. Die Einbindung in ein parametrisiertes Programm kann dann automatisch erfolgen.

Der Einsatz der maschinenfernen Programmierung und die Anwendung von parametrisierten Programmen sind bedeutende Faktoren für die Reduzierung der Meßzeiten und damit für eine kürzere Bereitstellungszeit von Bauteilen. Je nach Komplexität des Werkstücks können die Belegungszeiten auf Koordinatenmeßgeräten bis zu 85% (Bild 8.14) reduziert werden.

Die Koordinatenmeßtechnik leistet damit einen wesentlichen Beitrag zur Forderung nach immer kürzeren Entwicklungs- und Erprobungszeiten neuer Produkte. Selbstverständlich darf hierbei nicht verschwiegen werden, daß in der Prüfvorbereitung ein erhöhter Zeitaufwand erforderlich ist, besonders dann,

FERTIGUNGSPLAN

Arb.Folge	10-30	40	50-80	90	100	110	120	999
NC-Bearb.	NC 75		NC 25		NC 40		NC 30	
Prüfart		ZW. Prüfung		ZW. Prüfung		ZW. Prüfung		End-Kontrolle

CNC-PROGRAMM

Arb.Folge		40	90	110	999	
Prüfart	Def. Objektlage	ZW. Prüfung	ZW. Prüfung	ZW. Prüfung	End-Kontrolle	Programm Ende

Bild 8.12: Programmorganisation für fertigungsbegleitende Prüfungen

wenn das Bauteil zum ersten Mal programmiert wird. Besteht jedoch bereits ein Grundprogramm, dann reduziert sich der Aufwand für die Meßprogrammierung um mindestens 50%. Doch kapitalintensive Koordinatenmeßgeräte mit hohen Stundensätzen rechtfertigen einen erhöhten Aufwand außerhalb des KMG, besonders dann, wenn kurze Durchlaufzeiten die höchste Priorität haben.

8.2.3 CAD/CAQ-Bausteine

Die Einbeziehung der Koordinatenmeßtechnik in ein integriertes CAD/CAM/CAQ-Konzept eröffnet weitere Rationalisierungspotentiale. Voraussetzung hierfür ist, daß eine 100%ige mathematische Beschreibung des Werkstücks im CAD-System vorliegt.

Betrachtet man den Informationsfluß eines CAD/CAM/CAQ-Systems, so dient das mathematische Modell der Sollgeometrie sowohl für die Fertigungsaufgabe wie auch für die Meßaufgabe als Eingangsinformation (Bild 8.15). Für den Fertigungsprozeß wie auch für den Meßprozeß werden hieraus unterschiedliche Teilmengen benötigt, da z.B. nicht jede aus der Fertigung hervorgehende Geometrie gemessen wird.

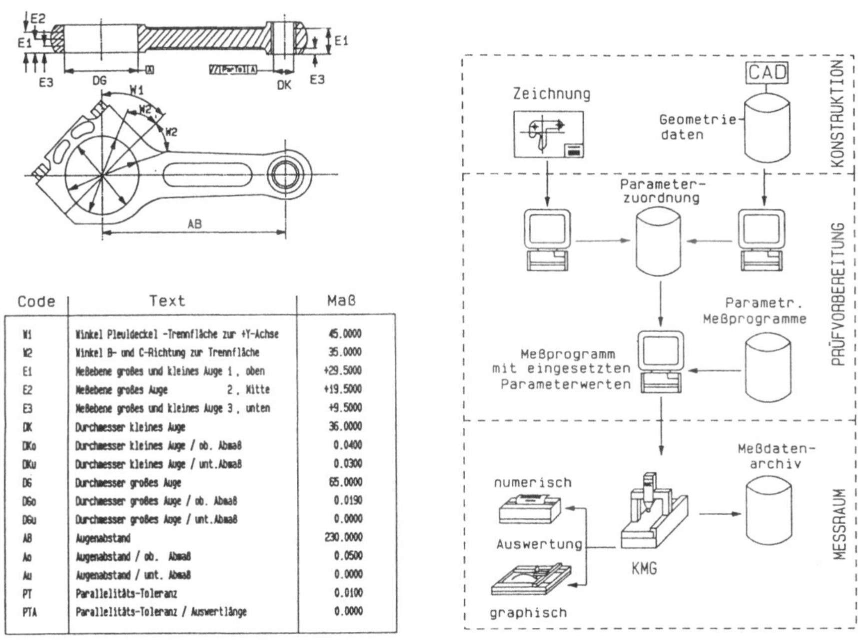

Code	Text	Maß
W1	Winkel Pleuldeckel -Trennfläche zur +Y-Achse	45.0000
W2	Winkel B- und C-Richtung zur Trennfläche	35.0000
E1	Meßebene großes und kleines Auge 1 , oben	+29.5000
E2	Meßebene großes Auge　　　　　2 , Mitte	+19.5000
E3	Meßebene großes und kleines Auge 3 , unten	+9.5000
DK	Durchmesser kleines Auge	36.0000
DKo	Durchmesser kleines Auge / ob. Abmaß	0.0400
DKu	Durchmesser kleines Auge / unt.Abmaß	0.0300
DG	Durchmesser großes Auge	65.0000
DGo	Durchmesser großes Auge / ob. Abmaß	0.0190
DGu	Durchmesser großes Auge / unt.Abmaß	0.0000
AB	Augenabstand	230.0000
Ao	Augenabstand / ob.　Abmaß	0.0500
Au	Augenabstand / unt. Abmaß	0.0000
PT	Parallelitäts-Toleranz	0.0100
PTA	Parallelitäts-Toleranz / Auswertlänge	0.0000

Bild 8.13: Parametrisierte Programmierung eines Pleuels

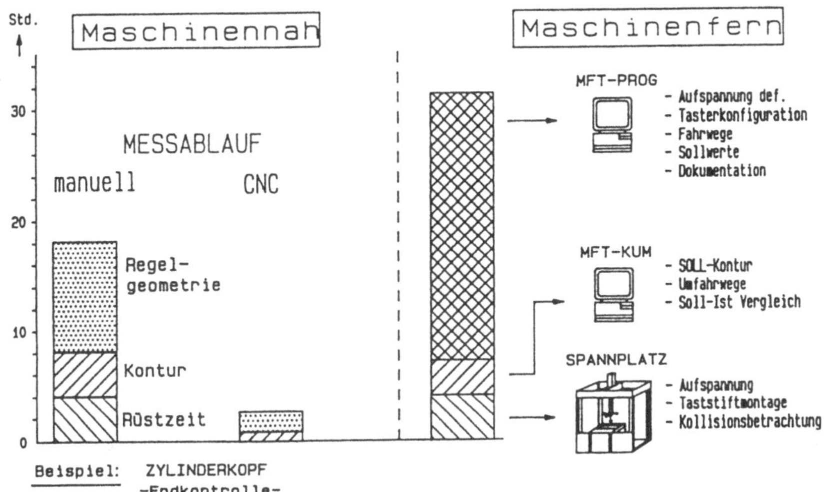

Bild 8.14: Meßzeitreduzierung auf Koordinatenmeßgeräten

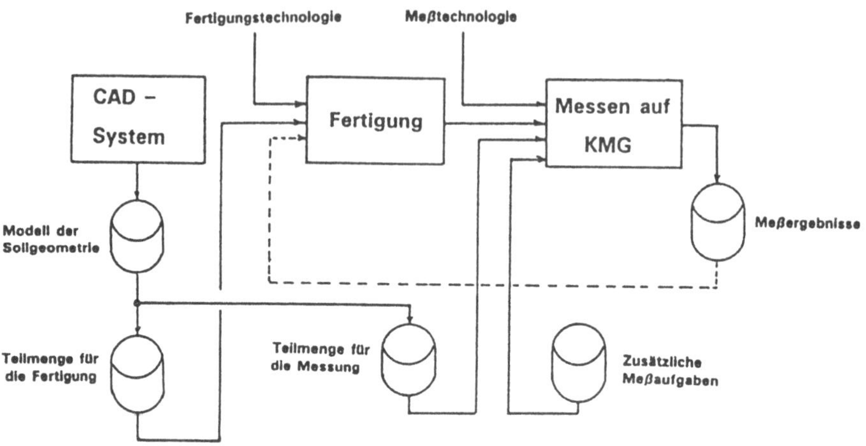

Bild 8.15: Informationsfluß eines integrierten CAD/CAM/CAQ-Systems

In den Meßprozeß – wie natürlich auch in den Fertigungsprozeß – fließen noch
eine Reihe technologischer Bedingungen ein. Es muß deshalb möglich sein,
außer den im CAD-System bereitgestellten noch zusätzliche Elemente und
Anweisungen zu definieren.

Für die Umsetzung der Werkstückgeometrie in meßtechnische Anweisungen
und den Datentransfer zwischen CAD-System und KMG werden für prismatische Bauteile zwei unterschiedliche Vorgehensweisen diskutiert (Bild 8.16):

- autarker Baustein

- integrierter Baustein

Der autarke Baustein baut in der Regel auf einem CAD-System auf, in das
meßtechnische Funktionen integriert sind. Die Bauteilgeometrie wird über die
VDA- oder IGES-Schnittstelle aus dem CAD-System des jeweiligen Anwenders übernommen und das Meßprogramm interaktiv erstellt. Die Anpassung
an unterschiedliche Koordinatenmeßgeräte erfolgt über Prozessoren (z.B. NC-
MES) und/oder Postprozessoren.

Den Vorteilen dieser Vorgehensweise

- keine Abhängigkeit von CAD-System und Meßgerät

- Einsatzmöglichkeit auf PC im Meßraum

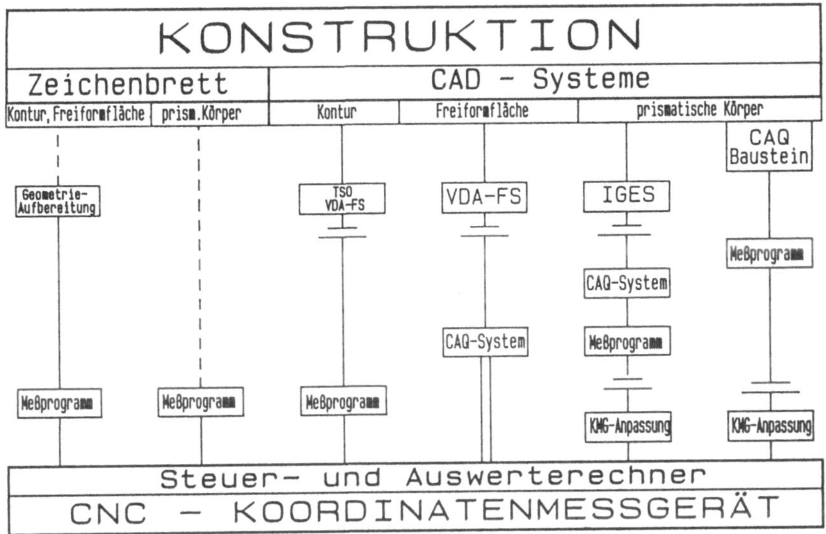

Bild 8.16: Schnittstellen zwischen CAD-Systemen und KMG

- ständige Systemverbesserungen und -erweiterungen durch großen Benutzerkreis

stehen jedoch auch gravierende Nachteile gegenüber:

- Arbeiten in zwei verschiedenen CAD/CAQ-Systemen (Benutzeroberfläche)

- Informationsverlust durch Datentransfer (IGES)

- Doppelte Archivierung

- evtl. zusätzlicher Rechner

Der CAD-integrierte Modul (Bild 8.17) arbeitet ähnlich wie die bekannten Fertigungsbausteine in CAD-Systemen. Die Erstellung des Meßprogramms erfolgt interaktiv direkt am Bildschirm. Das meßtechnisch aufbereitete Werkstückmodell wird in einem CAQ-Set innerhalb der Konstruktionsdatenbank abgelegt, die auch für die Programm-, Taster- und Spannmittelarchivierung benutzt werden kann. Kollisionsbetrachtungen durch Simulation der Tasterverfahrwege müssen sowohl für das Ursprungsmeßprogramm

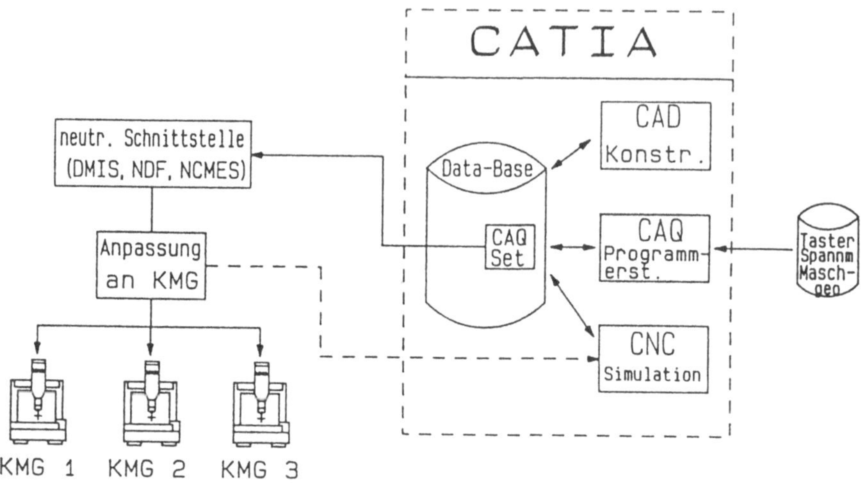

Bild 8.17: CAD-System mit integriertem Meßmodul

wie auch für das an das spezielle Koordinatenmeßgerät angepaßte Programm möglich sein.

Den Vorteilen dieser Systeme (z.B. AUDIMESS, VALISYS)

- Einheitliche Benutzeroberfläche für alle CAD/CAM/CAQ-Aktivitäten

- Anwendbarkeit der mächtigen CAD-Funktionen

- Einfaches Editieren und Archivieren

stehen

- Geringer Einfluß auf Funktionserweiterungen

- Einsatz eines teuren Arbeitsplatzes

als Nachteile gegenüber.

8.3 Konturen und Freiformflächen

Freiformflächen sind Oberflächen, die analytisch nicht geschlossen beschreibbar sind. Besonders die Automobilindustrie entwickelte deshalb schon frühzeitig eigene mathematische Approximations- und Interpolationsverfahren, um ihre vielfältigen Karosserieformen beschreiben zu können. Anstelle eines kartesischen Koordinatensystems wird eine parametrisierte Darstellung verwendet, wobei sich in der Praxis besonders

- Basis-Polynome

- Bezier-Polynome

- Coons-Darstellungen

bewährt haben. Der Polynomgrad ist abhängig von der Anzahl der Polynomstützpunkte. Für den Datenaustausch zwischen unterschiedlichen CAD/CAM/CAQ-Systemen hat sich die vom Verband der Automobilindustrie (VDA) spezifizierte Freiformflächenschnittstelle (DIN 66301) durchgesetzt und wird von nahezu allen Systemherstellern unterstützt.

Durch steigende Genauigkeitsanforderungen an Modelle, Werkzeuge und Werkstücke gewinnt die meßtechnische Verarbeitung von Freiformflächen auch über die Karosseriebeschreibung hinaus zunehmend an Bedeutung. Die heutigen Vorgehensweisen sowie zukünftige Verfahren werden nachfolgend dargestellt.

8.3.1 Messen von Konturen und Freiformflächen

Das Messen von Konturen erfordert eine aufwendige Aufbereitung der Solldaten. Mit einem Geometrieprogramm wird die Kontur zeichnungsgetreu im Rechner nachgebildet, in Meßschnitte zerlegt und anschließend in ein maschinenfern erstelltes Meßprogramm eingebunden (Bild 8.18). Diese Vorgehensweise wird heute überwiegend auch für das Messen von Freiformflächen angewendet. Im CAD-System werden Schnitte durch das mathematische Modell gelegt, maschinenfern aufbereitet und als Punktefolge in das Meßprogramm übernommen (Bild 8.19).

Die frühzeitige Festlegung der zu messenden Modellgeometrie erfordert eine gute Kenntnis der Bauteilfunktion und der Fertigungstechnik, da ein nachträgliches Messen an nicht definierten Elementen gegen Solldaten nur

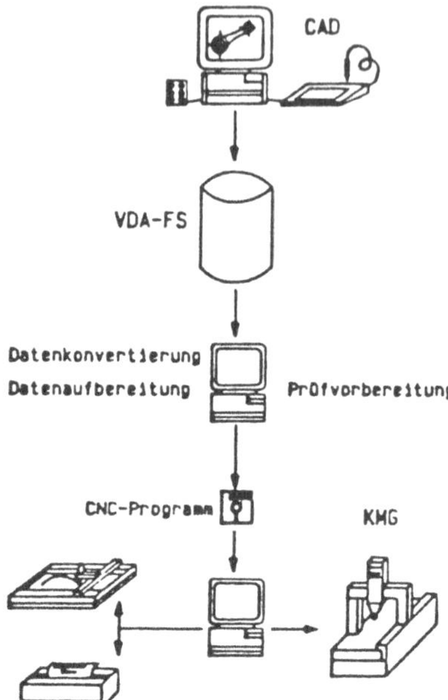

Bild 8.18: Konturmessung

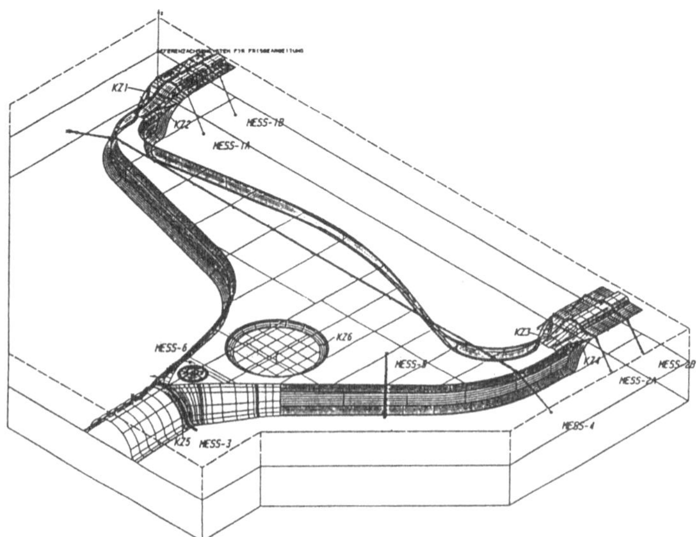

Bild 8.19: Meßschnitte an Freiformflächen

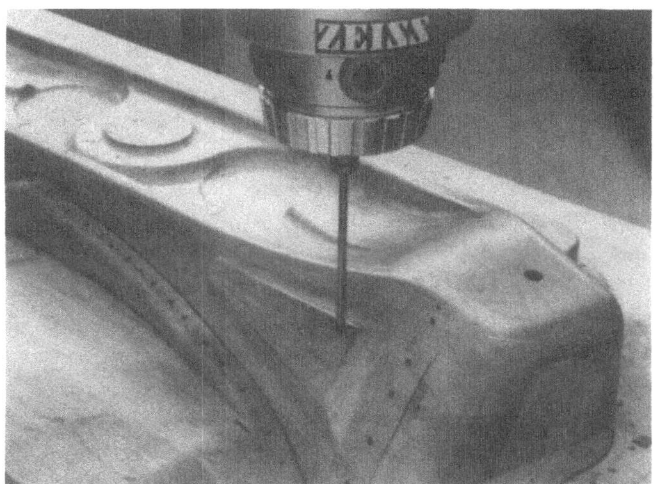

Bild 8.20: Holzmodell

über eine erneute Geometriefestlegung im CAD-System mit nachfolgender Aufbereitung möglich ist.

8.3.2 Digitalisieren von Freiformflächen

Im Entwicklungsstadium für ein neues Bauteil steht dem Modellbauer häufig nur eine grobe Skizze mit einigen funktionsbedingten Maßen zur Verfügung. Die Modellerstellung erfolgt iterativ in enger Zusammenarbeit mit den Versuchsabteilungen. Nach Abschluß aller Optimierungsarbeiten hat dann der Konstrukteur die Aufgabe, eine Werkstattzeichnung bzw. ein CAD-Modell für Folgeoperationen wie Berechnung, Fertigung usw. zu erstellen.

Die meisten der heute zur Verfügung stehenden CAD-Systeme bieten hierfür nur unzureichende Unterstützung. Mit den speziellen Systemen der Automobilindustrie sind zwar ca. 90% der Außenhaut und ca. 70–80% der Innenteile mathematisch beschrieben, die Anwendung auf körperlich vorliegende Modelle ist jedoch aufgrund des nicht stetigen Flächenverlaufs (Sicken, Rippen u.ä.) mit sehr großem Aufwand verbunden (Bild 8.20).

8.3.3 CAD/CAQ-Bausteine

Mit neuartigen Meß- und Digitalisierungsverfahren für Freiformflächen (z.B. DEA-Surfer, ZEISS-Holos) wird die Meßtechnik aktiv in eine integrierte CAD/CAM-Prozeßkette eingebunden, ohne daß eine direkte Anbindung an das hauseigene CAD-System erforderlich ist. Grundlage ist die mathematische Beschreibung der Fläche mit Approximations-Interpolationsverfahren, wobei die Gesamtfläche in aneinandergrenzende Einzelflächen, sog. Patches, unterteilt wird. Die Systeme laufen auf separaten Datenstationen, die mit dem Rechner des Koordinatenmeßgerätes verbunden sind. Der Datentransfer vom und zum CAD-System erfolgt über die Schnittstelle VDAFS 2.0 (Bild 8.21).

Für das Messen von Freiformflächen wird die Sollgeometrie des mathematisch vollständig beschriebenen Bauteils in das CAQ-System übertragen und die einzelnen Patches rechnerintern aufgebaut. Die Istgeometrie des an beliebigen Punkten angetasteten Modells wird über VDA-FS ebenfalls in das CAQ-System übertragen und über Koordinaten und Normalenvektor der Sollgeometrie zugeordnet, so daß eine graphische und/oder numerische Auswertung erfolgen kann. Der Meßablauf erfolgt automatisch, indem die zu messenden Gitterpunkte nach Bezier-Vorschrift berechnet werden. Für die Festlegung des Werkstückkoordinatensystems kann eine räumliche Besteinpassung in die Soll-Geometrie erfolgen, die genaue und reproduzierbare Meßergebnisse gewährleistet.

Beim Digitalisieren von Freiformflächen werden die vorher festgelegten Patches einzeln digitalisiert und mathematisch beschrieben. Der Prozeß läuft weitgehend automatisch ab, da der Maschinenbediener lediglich die Randkurven des Patches antastet und ein einzuhaltendes Toleranzband vorgibt. Der iterative Prozeß mit Gitterberechnung, Antastung, Verfeinerung des Meßgitters wird vom Rechner so lange fortgeführt, bis die Standardabweichung der Fläche innerhalb der Toleranz liegt (Bild 8.22).

Trotz dieser leistungsfähigen Verfahren darf nicht verkannt werden, daß bei empirisch ermittelten Modellformen der Aufwand für die Flächenbeschreibung noch erheblich ist. Häufig wird deshalb auf eine 100%ige Beschreibung des Modells verzichtet, indem nur die funktionsbedingten Teilflächen digitalisiert werden und die restlichen Teilflächen mit CAD-Funktionen hinzugefügt werden. Die reale Abbildung des Modells im CAD-System erfordert somit einen Iterationsprozeß, da die mit CAD hinzugefügten Flächen nachgemessen werden müssen.

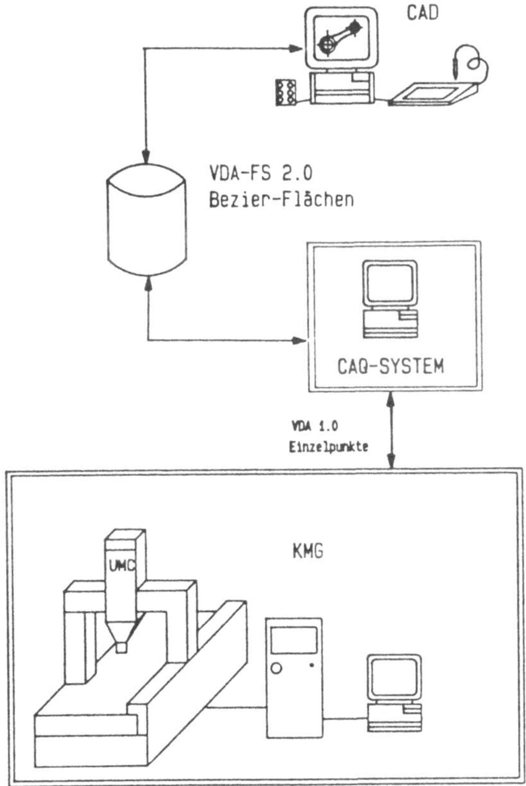

Bild 8.21: Aktives Messen und Digitalisieren

8.4 Koordinatenmeßtechnik für weitere entwicklungsspezifische Aufgaben

Über die Versuchsteilefertigung hinaus kann mit der Koordinatenmeßtechnik auch bei anderen entwicklungsspezifischen Aufgaben wirkungsvolle Unterstützung gegeben werden. Viele Aufgaben sind mit der Koordinatenmeßtechnik überhaupt erst lösbar, auch können erhebliche Meßzeitreduzierungen erzielt werden.

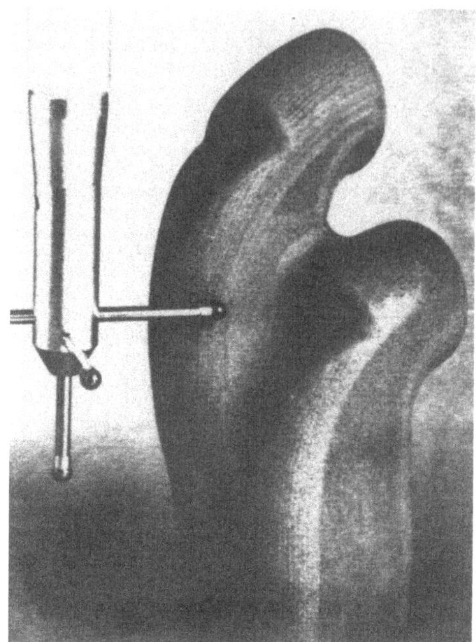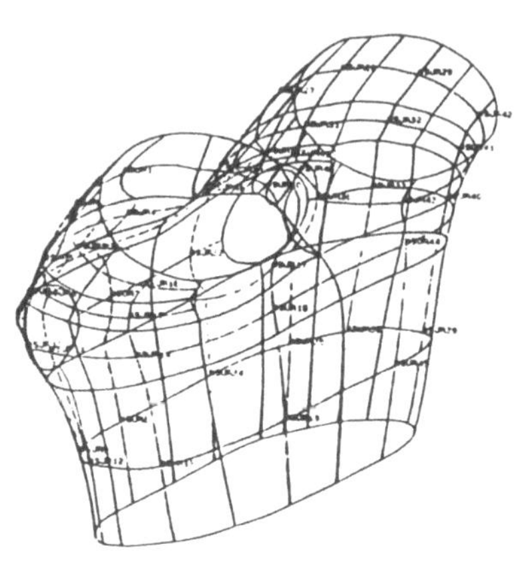

Bild 8.22: Körperliches und mathematisches Modell eines Einlaßkanals

8.4.1 Generierung von FE-Netzen

Für den Berechnungsingenieur stellt sich häufig die Aufgabe, komplexe Bauteile hinreichend genau zu beschreiben. Je nach Voraussetzung werden drei Verfahren angewendet:

- Zeichnung digitalisieren

- Datenübernahme aus CAD-Modell

- Bauteil digitalisieren

Liegt das Bauteil körperlich vor, erfolgt die Digitalisierung auf dem Koordinatenmeßgerät in parallelen Meßschnitten. Die Endpunkte werden zu Randkurven zusammengefaßt, überzählige Punkte eliminiert oder zusätzliche Punkte interpoliert und letztendlich ein Drahtmodell (Bild 8.23) bereitgestellt. Ein speziell entwickelter Netzgenerator erstellt hieraus das Flächenmodell für die Weiterverarbeitung mit FE-Berechnungsprogrammen.

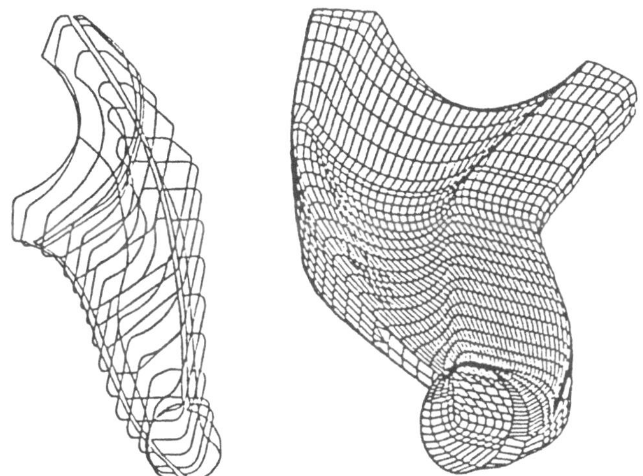

Bild 8.23: Ausleger: Drahtmodell und FE-Netz

8.4.2   Beispiel: Radialverdichterrad

Bei dem Radialverdichterrad (Bild 8.24) besteht die Aufgabe darin, die drei
verschiedenen Schaufeln auf Vorder- und Rückseite nach den von der Berechnung vorgegebenen Solldaten zu messen. Gegenüber dem bisher verwendeten
Universalmeßgerät mit drehender Spindel bzw. Drehtisch mit Einzelpunktantastung kann mit dem Koordinatenmeßgerät der Meßablauf weitgehend automatisiert werden. Wie bei der Messung von spiralverzahnten Kegelrädern
wird ein Punktenetz über die Schaufel gelegt und die Gitterpunkte angetastet.

Zur Vermeidung von Kollisionen muß der Radialverdichter auf dem Drehtisch
entsprechend dem Normalenvektor ständig nachgedreht werden.

Die Vorteile gegenüber der bisherigen Messung auf dem Universalmeßgerät
sind:

- automatischer Ablauf

- topographische Ergebnisdarstellung (Bild 8.25)

- Meßzeitreduzierung von 2 Tagen auf 2 Stunden bei doppelter Schaufel-
  und Punktezahl

- Besteinpassung

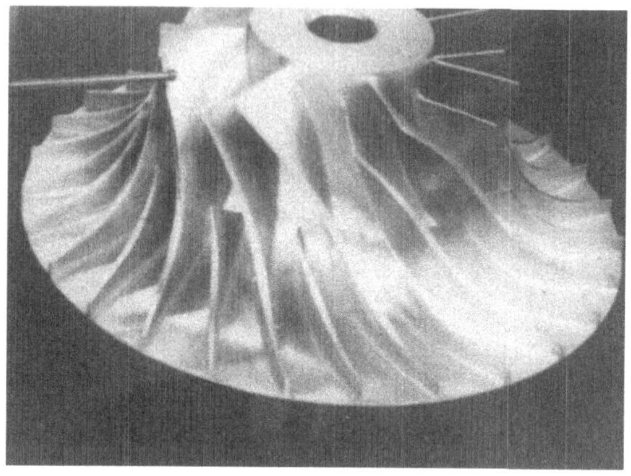

Bild 8.24: Radialverdichterrad

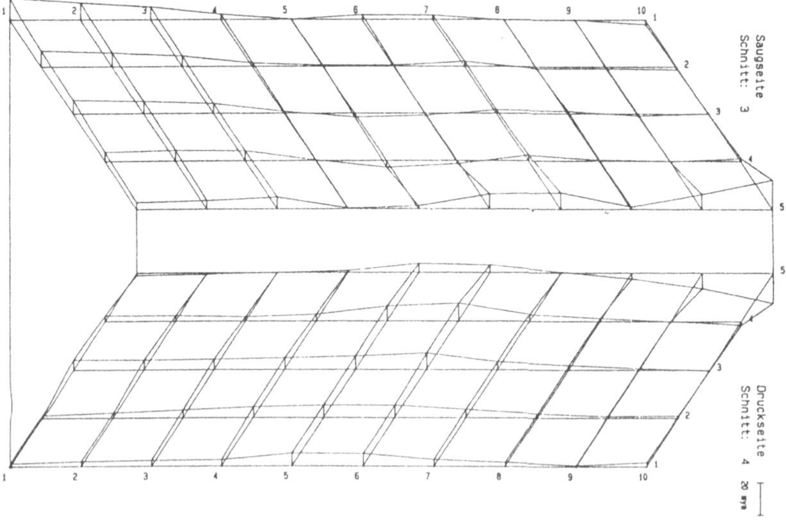

Bild 8.25: Topographische Ergebnisdarstellung

8.4.3 Beispiel: Lenkspindel

Für die Messung von Lenkspindeln (Bild 8.26) mußte eine spezielle Steuersoftware erstellt werden. Die Meßaufgabe beinhaltet das Messen von:

- Steigung des Rillenprofils

- Exzenter

- Form und Radius des Rillenprofils

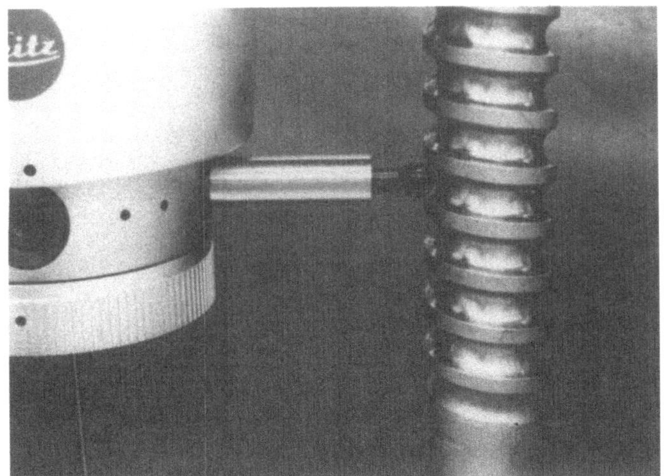

Bild 8.26: Messen einer Lenkspindel

Mit der Tastkugel, deren Durchmesser identisch ist mit den umlaufenden Kugeln, wird selbstzentrierend im untersten Gang angetastet. Durch Drehung des Rundtisches wandert der Taster an der Spindel hoch und übernimmt kontinuierlich Meßwerte. Das Messen des Rillenprofils erfolgt im Scanning-Betrieb. Da die Meßlinie ca. 9 Grad gegenüber der Spindelachse geneigt ist, wird räumliches Scannen benötigt.

Bei dem Leitrad aus dem automatischen Getriebe (Bild 8.27) besteht die Aufgabe darin, die Form der Schaufeln und ihrer Winkelstellung gegenüber der Nabe zu messen. Hierzu werden im CAD-System 3–5 Schnitte durch die Schaufel gelegt und die Solldaten im VDA-Format an den Rechner des KMG übertragen. Die Ermittlung der Winkelstellung erfolgt durch eine Best-Einpassung, d.h. Soll- und Istkontur werden mit größtmöglichem Überdeckungsgrad übereinandergelegt und die XY-Verschiebung bzw. die Winkelverdrehung gegenüber der Sollkontur errechnet.

Bild 8.27: Leitrad

8.5 Ausblick

Bei den vielfältigen Anstrengungen zur Verkürzung der Entwicklungszeiten neuer Produkte leistet die Koordinatenmeßtechnik einen bedeutenden Beitrag. Die Bauteilbereitstellung aus Eigen- und Fremdfertigung wird durch gezielte technische und organisatorische Maßnahmen beschleunigt und die Erprobungszeit durch die hohe reproduzierbare Genauigkeit der Koordinatenmeßgeräte reduziert.

Mit der Einbindung der Koordinatenmeßtechnik in eine integrierte CAD/CAM/CAQ-Prozeßkette wird außer Fertigung und Versuch auch den Berechnungs- und Konstruktionsbereichen wirkungsvolle Unterstützung gegeben und somit eine schnellere und qualitativ bessere Produktentwicklung ermöglicht.

9 Einsatzerfahrung mit Koordinatenmeßgeräten in der Großserienfertigung

Dipl.-Ing.(FH) R. Seitz, Stuttgart

9.1 Einleitung

Zur Erfüllung der hohen Qualitätsanforderungen an PKW-Aggregate in Bezug auf Funktion und Lebensdauer ist in der Großserienfertigung ein umfassendes Qualitätssicherungssystem notwendig.

Eine besondere Bedeutung kommt der statistischen Qualitätskontrolle in der mechanischen Fertigung zu. Nach den in Prüfplänen festgelegten Prüfhäufigkeiten werden dabei aus den Fertigungslinien Teile mit unterschiedlichem Bearbeitungszustand entnommen und geprüft.

An prismatischen Aggregateteilen, wie z.B. Kurbelgehäuse, Zylinderkopf und Getriebegehäuse, sind in der Qualitätssicherung in großem Umfang dreidimensionale Koordinatenmessungen durchzuführen. Diese Prüfungen haben häufig einen hohen Schwierigkeitsgrad und die Meßwerte müssen mit großer Genauigkeit ermittelt werden. Die Prüfaufgaben werden deshalb im Meßraum oder mit Mehrstellenmeßeinrichtungen, die auf das Werkstück zugeschnitten sind, durchgeführt.

Während die Untersuchungen im Meßraum sehr viel Zeit erfordern, (Wegezeiten, Engpässe) sind Mehrstellenmeßeinrichtungen fertigungsnah und führen schneller zum Meßergebnis. Dafür haben sie den großen Nachteil, in der Regel nur für ein Werkstück verwendbar und nicht umrüstbar zu sein. Zudem sind sie mit hohem Investitionsaufwand verbunden.

Die Entwicklung geht dahin, Koordinatenmeßgeräte in die Nähe der Produktionsmaschinen zu bringen, um Mehrstellenmeßeinrichtungen zu ersetzen. Damit kann auf Änderungen des Teilespektrums flexibel und schnell reagiert werden.

9.2   Anforderungen und Voraussetzungen

Die fertigungsnahe Koordinatenmeßtechnik stellt hohe Anforderungen. Sie muß bezüglich einfacher Bedienung, Automatisierungsgrad, Verfügbarkeit und Darstellung der Meßergebnisse deutlich den Meßraum-Standard übertreffen.

9.2.1   Anforderungen zur Vereinfachung der Bedienung

Die Bedienung erfolgt durch Mitarbeiter der Statistischen Qualitätsprüfung und der Fertigung (Werkerselbstprüfung). Diese Mitarbeiter haben keine Kenntnisse der Koordinatenmeßtechnik. Die Bedienung des Meßgerätes muß entsprechend einfach sein.

- Start der Anlage durch eine Funktionstaste (Einknopfbedienung).

- Beschränkung der werkstückbezogenen Dateneingabe auf ein Minimum.

- Einfache Aufspannvorrichtungen zur Reduzierung der Rüstzeiten.

- Wahlmöglichkeit für die Prüfung von Merkmalsgruppen oder Komplettprüfung, abhängig von Fertigungszustand oder Prüfhäufigkeit.

- Prüfung unterschiedlicher Teilevarianten in beliebiger Reihenfolge.

9.2.2   Anforderungen an den Automatisierungsgrad

- Reproduzierbare Fixierung der Werkstücke. Automatisches Finden und Ausrichten durch das Koordinatenmeßgerät.

- Automatische Kalibrierung der Meßtaster.

- CNC-gesteuerter Meßlauf mit automatischem Tasterwechsel.

- Online-Temperaturkompensation.

- Eintrag der Verwaltungsdaten ins Meßprotokoll.

- Störungsmeldungen mit Diagnose im Klartext (Fehlerdokumentation).

9.2.3 Anforderungen an die Verfügbarkeit

- Höhere Verfügbarkeit durch Verlagerung der Rüsttätigkeit außerhalb des Koordinatenmeßgerätes.

- Je nach betrieblicher Organisation teil- oder vollautomatische Beschickung des Meßgerätes.

- Intelligentes Sicherheitspaket, das Stillstandszeiten nach Kollisionen verhindert (Automatisches Freifahren des Tasters nach Kollision).

9.2.4 Anforderungen an die Auswertung der Meßergebnisse

- Darstellung des zeitlichen Qualitätsverlaufs ausgewählter Merkmale in Regelkarten.

- Übersichtliches und gut lesbares Meßprotokoll, begrenzt auf die notwendigen Daten.

- Dokumentation ausgewählter Meßwerte im übergeordneten Qualitätsrechner.

Die fertigungsnahe Qualitätssicherung durch Koordinatenmeßtechnik setzt in der Regel die Prozeßfähigkeit der Fertigung voraus. Durch relativ lange Meßzeiten gegenüber den Mehrstellenmeßeinrichtungen muß die Stichprobenprüfung angewandt werden. Sortieren oder Klassifizieren von Teilen bleibt dem Meßautomaten vorbehalten.

9.3 Ersteinsatz im Motorenwerk Untertürkheim

Vor dem Anlauf eines neuen Motortyps (4-Zylinder Benzinmotor) wurde 1980 im Werk Untertürkheim erstmals für die Prüfung der Teile Steuergehäusedeckel, Nockenwellenlagerbock und Ölpumpendeckel anstelle von Mehrstellenmeßeinrichtungen ein automatisch arbeitendes Koordinatenmeßgerät (flexibler Prüfautomat) vor Ort eingeplant. Ausgewählt wurde das Koordinatenmeßgerät WMM 850 der Fa. Zeiss. Die Installation erfolgte unmittelbar neben den Fertigungslinien in einem separaten Raum (Bild 9.1).

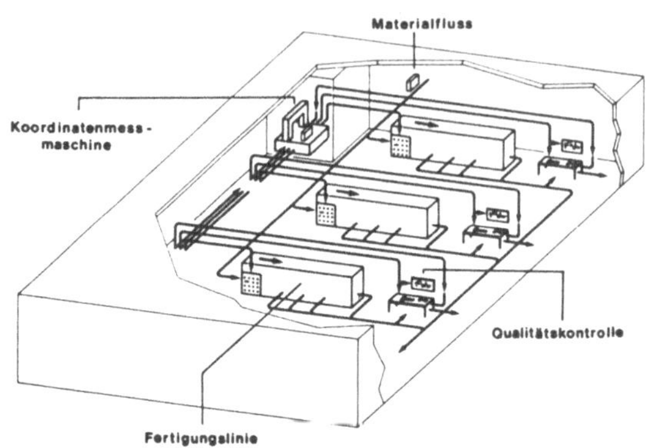

Bild 9.1: Anordnung „Flexibler Prüfautomat"

Das Meßgerät wird durch die vorhandenen Mitarbeiter der Statistischen Qualitätsprüfung oder Fertigung bedient. Die Bedienung wurde so gestaltet, daß keine spezielle Meßgeräte-Schulung erforderlich war. Das Anforderungsprofil an den Bediener ändert sich damit nicht.

Koordinatenmeßgeräte wurden damals noch nicht mit Tasterwechseleinrichtung angeboten. Außerdem konnten die Meßprogramme nur von geschulten Prüfern erstellt und eingesetzt werden. Deshalb mußten zur Erfüllung der Anforderungen für den fertigungsnahen Bereich zusätzliche Einrichtungen entwickelt werden:

- Start des Koordinatenmeßgerätes mit Autostart Routine (Einknopfbedienung).

- Tasteradapter zum einfachen Austausch der Meßtaster ohne manuelle Einstellarbeiten.

- Grobfixierung der Werkstücke und automatisches Finden und Ausrichten (Bild 9.2).

- Automatische Kalibrierung der Meßtaster.

- Reduzierung des Standard-Meßprotokolls auf die notwendigsten Daten.

Bild 9.2: Adapter für Taststiftkonfiguration und Aufspannvorrichtung

Gegenüber den bisherigen Verfahren mit Mehrstellenmeßeinrichtungen bietet diese Konzeption folgende Vorteile:

- Leistungsfähigere und flexiblere Fertigungsüberwachung.

- Breiteres Spektrum an Prüfaufgaben.

- Durchführung komplexerer Meßaufgaben.

- Einfache Umrüstung auf verschiedenartige Werkstücke.

- Problemlose Umstellung auf neue Werkstücke.

- Reduzierung von Anlaufproblemen wegen fehlender Sonderprüfeinrichtungen.

- Bessere Nutzung durch unbemanntes Messen.

- Automatische Prüfdatendokumentation.

Der praktische Einsatz hat aufgezeigt, daß durch extreme Temperaturschwankungen nicht vorbehaltlos gemessen werden kann. Zu hohe Temperaturgradienten führen zu unsicheren Meßergebnissen. Das Koordinatenmeßgerät verfügt über eine rechnerische Temperaturkompensation, hat jedoch keine Temperaturfühler an den Glasmaßstäben. Dies bedeutet, daß die rechnerische Temperaturkompensation mit der Lufttemperatur in Maßstabsnähe erfolgen mußte. Bei Vergleichsmessungen im Meßraum wurde ermittelt, daß die Meßergebnisse bis ca. 25°C abgesichert sind.

Zur Verbesserung der Situation wurden folgende Maßnahmen getroffen:

- Installation eines Kühlaggregates zur Begrenzung der Temperatur auf max. 28°C und Reduzierung der Temperaturgradienten.

- Messungen im Sommer verstärkt in der 2. Schicht (gemäßigtere Temperaturen).

- Verlagerung dringender, genauer Messungen im Sommer in den klimatisierten Meßraum.

Das vorgestellte Prüfsystem ist seit 11 Jahren mit Erfolg im Großserieneinsatz. Durch die große Flexibilität und Verfügbarkeit konnte eine hohe Fertigungssicherheit an besonders schwierigen Prüfmerkmalen erreicht werden.

Die positiven Erfahrungen mit Messungen vor Ort führten dazu, daß weitere Motorteile in den Meßablauf aufgenommen wurden. Dies führte sehr schnell an die Kapazitätsgrenzen der Anlage. Daher wurde ein zweites Koordinatenmeßgerät als „flexibler Meßautomat" zur Qualitätsüberwachung vor Ort beschafft.

Inzwischen ist das Teilespektrum von 3 auf 30 Teilevarianten gewachsen. Die Anlagen wurden mit neuer Rechnergeneration und automatischem Tasterwechsel ausgestattet und ans Netz der zentralen Prozeßüberwachung angeschlossen.

9.4 Einsatzerfahrungen mit einem automatisierten Kontrollzentrum im fertigungsnahen Bereich

Auch im Werksteil Hedelfingen – Kontrolle Getriebegehäuse – war 1985 abzusehen, daß die vorhandene Meßkapazität für zukünftige Aufgaben nicht mehr ausreichen würde. Grundsätzlich bestanden auch hier zwei Möglichkeiten:

1. Beschaffung weiterer Mehrstellenmeßvorrichtungen.

2. Fertigungsnaher Einsatz eines Koordinatenmeßgerätes und aufgrund der Variantenvielfalt (14 Varianten) mit Teilespeicher und automatischer Beschickung.

Nachdem sich der Einsatz eines Koordinatenmeßgerätes vor Ort zur Stichprobenprüfung von Motorenteilen bereits bewährt hatte, entschied man sich für die zweite Alternative. Beim Hedelfinger Projekt waren zusätzlich noch einige wichtige Unterschiede zu beachten:

1. Das System ist unmittelbar den Umgebungsbedingungen der Fertigungshalle ausgesetzt.

2. Die Getriebeteile sind aufgrund ihrer Größe und Gestalt hinsichtlich der Genauigkeit kritischer zu beurteilen.

3. Beschickung des Koordinatenmeßgerätes, Teile- und Programmverwaltung und Tasterwechsel zwischen einzelnen Programmschritten müssen vollautomatisch erfolgen.

9.4.1 Anlagenkonfiguration

Die Anlage wurde 1986 geliefert. Sie besteht aus einem Koordinatenmeßgerät, einem Paletten- und Teilelager, einem Regalbediengerät und einem Rechnerverbundsystem.

9.4.1.1 Aufbau

Als Koordinatenmeßgerät ist eine PMC 850/1200 der Fa. Zeiss eingesetzt. Diese ist ausgestattet mit schaltendem Tastkopf und einer 5-fach-
Tasterwechseleinrichtung. Eine Kabine schützt das Koordinatenmeßgerät vor
grober Schmutzeinwirkung.

Den Teiletransport zwischen Koordinatenmeßgerät und Regalsystem übernimmt ein in drei Achsen bewegliches Regalbediengerät. Seitlich neben
dem Koordinatenmeßgerät befindet sich das Regalsystem mit insgesamt 38
Plätzen. Die Regalplätze sind mit kodierten Paletten belegt. Zur Aufnahme der Getriebegehäuse dienen einfach zu handhabende Spannvorrich-
tungen. Die Teileeinlagerung erfolgt an einer zentralen Ein-/Ausgabestation
(Bild 9.3).

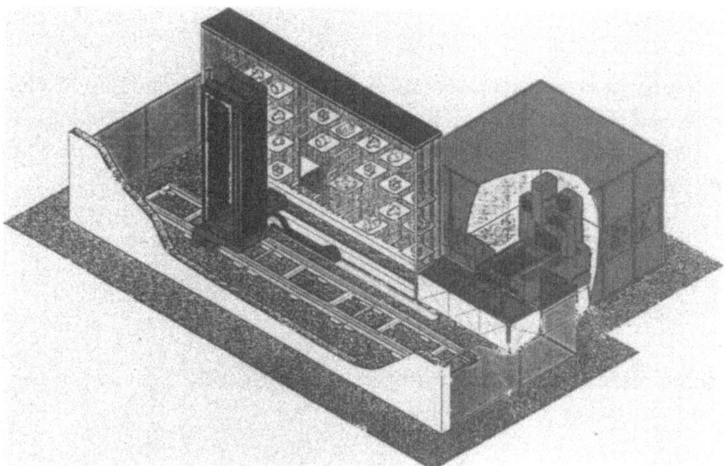

Bild 9.3: Regalsystem (Quelle: KOMEG)

9.4.1.2 Rechnerkonfiguration

Das Lagerverwaltungsprogramm sowie die statistischen Auswertungen laufen
auf einem Prozessrechner vom Typ HP 1000. Er ist im Meßraum installiert.
Der Meßdatenaustausch zwischen Prozessrechner und den Terminals am Regalsystem erfolgt über Modems. Meßgeräterechner ist ein HP 9836 (Bild 9.4).

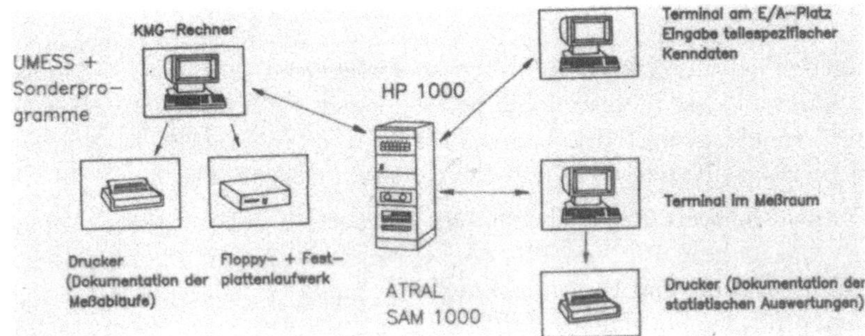

Bild 9.4: Rechnerkonfiguration

9.4.2 Software

Die für einen reibungslosen Ablauf der Anlage benötigte Software ist in verschiedene Teilbereiche untergliedert.

9.4.2.1 Basissoftware

Im Basisprogramm UMESS werden die Teileprogramme maschinenfern oder im Lernverfahren erstellt und die automatischen Meßabläufe gesteuert. Bei Bedarf wird ein Meßprotokoll mit Soll/Ist-Vergleich unmittelbar zur aktuellen Messung ausgegeben.

9.4.2.2 AUTO-RUN Katalog

Um die Meßabläufe automatisch abrufen zu können, sind sie in einer sogenannten „AUTO-RUN"-Datei abgelegt. Die Meßaufgabe und damit der Meßablauf wird bei der Eingabe der Teiledaten während des Einlagervorgangs festgelegt. Zur Überwachung der einzelnen Fertigungsabschnitte sind ca. 5O Meßprogramme im Einsatz.

9.4.2.3 Tasterwechsel

Der Tasterwechsel erfolgt automatisch während des CNC-Laufes. Dadurch lassen sich komplexe Meßaufgaben mit nur einer Aufspannung und einfachen Taststiftkombinationen durchführen.

9.4.2.4 Lagerverwaltung

Die Lagerverwaltung, sowie die Transportsteuerung der zu messenden Teile übernimmt das übergeordnete Softwarepaket ATRAL (Automatisches Transport- und Lagersystem). Dieser Programmteil führt auch die Kommunikation zwischen Regalsystem und Koordinatenmeßgerät durch.

ATRAL ist in mehrere Bedienebenen untergliedert. Im Grundbetrieb erfolgt die Ein-/Auslagerung von Werkstücken. Diese Ebene ist für die Mitarbeiter der Qualitätsprüfung und Fertigung bestimmt. Ein Prüfplan legt die jeweilige Meßaufgabe für das betreffende Teil fest.

In einer höheren Bedienebene werden vom Meßtechniker die Ablaufdaten erstellt bzw. Änderungen durchgeführt. Eine weitere Bedienebene ist dem Systemprogrammierer vorbehalten.

9.4.2.5 Statistische Auswertung

Mit dem Programmpaket SAM 1000 steht eine Software zur Verfügung, die im Anschluß an die Messungen die von UMESS gelieferten Meßdaten statistisch auswertet. Die durch SAM mögliche Informationsverdichtung gibt dem Anwender schnell Auskunft über die geprüften Teile.

Folgende Auswertungen sind möglich:

Gesamtauswertung: Betrachtung aller Nennmaße über eine wählbare Anzahl von Meßläufen.

$\overline{X}S$**-Karte:** Betrachtung eines Nennmaßes über eine Stichprobe (Stichprobe wählbar).

Istmaßverteilung (Trend): Betrachtung eines Nennmaßes über eine wählbare Anzahl von Meßläufen.

Zusätzlich besteht die Möglichkeit der Auswertung einer Langzeitstatistik (komprimierte Auswertung).

9.4.3 Ablauf

Mit der Funktion „Einlagern" bringt das Regalbediengerät die Palette mit Aufspannvorrichtung aus dem gewählten Lagerplatz in die Ein- und Ausgabestation. Der Prüfer spannt das zu messende Teil in die Vorrichtung und gibt die teilespezifischen Kenndaten ein. Anschließend wird die Palette eingelagert.

Das Koordinatenmeßgerät mißt die Werkstücke in der Reihenfolge der Einlagerung (First in - first out). Die Reihenfolge kann durch Setzen von Prioritäten geändert werden.

Der Teiletransport erfolgt vollautomatisch. Der Greifer des Regalbediengerätes holt die Palette mit dem zu messenden Teil aus dem Regal und bringt sie zum Übergabemodul. Über absenkbare Transportbänder werden Palette und Teil ins Meßvolumen des Koordinatenmeßgerätes gefahren. Anschließend startet das CNC-Meßprogramm. Parallel dazu bringt der Regalgreifer das nächste zu messende Teil zum Übergabemodul. Nach Abschluß der Messung fährt das Teil zurück ins Übergabemodul und wird anschließend ins Regal gebracht. Der Vorgang wiederholt sich, bis die Warteschlange abgearbeitet ist.

Lagerverwaltungsprogramm und Meßprogramm arbeiten unabhängig voneinander.

9.4.4 Erfahrungen

9.4.4.1 Meßunsicherheit

Das Kontrollzentrum steht mitten in der Fertigungshalle. Die Kabine ist nicht klimatisiert. Sie schützt das Koordinatenmeßgerät lediglich vor grober Schmutzeinwirkung.

Nach Aufnahme des Meßbetriebs zeigte sich sehr rasch eine große Streuung der Meßergebnisse. Bei manchen Maßen traten Unterschiede bis zu 0.06 mm auf (Bild 9.5). Nachmessungen im Meßraum ergaben, daß derartige Streuungen nicht dem Fertigungsprozess zuzuschreiben sind.

Die Temperatur in der Fertigungshalle weist jahreszeitlich bedingte Unterschiede zwischen 20°C im Winter und 35°C im Hochsommer auf. Die Kabinentemperatur liegt bis zu 2 Kelvin höher. Die zeitlichen Temperaturgradienten betragen max. 6 K/Tag und 1.5 K/Stunde (Zulässig sind 1.5 K/Tag und 0.8 K/Stunde).

Zur besseren Beurteilung der Temperatureinflüsse auf die Meßunsicherheit und das Teileverhalten wurden verschiedene Untersuchungen durchgeführt. So fand eine sorgfältige Messung eines Serienteils im Meßraum statt (Musterteil). Die mit sehr geringer Meßunsicherheit ermittelten Absolutmaße dienten als Basis für Vergleichsmessungen im Regalsystem.

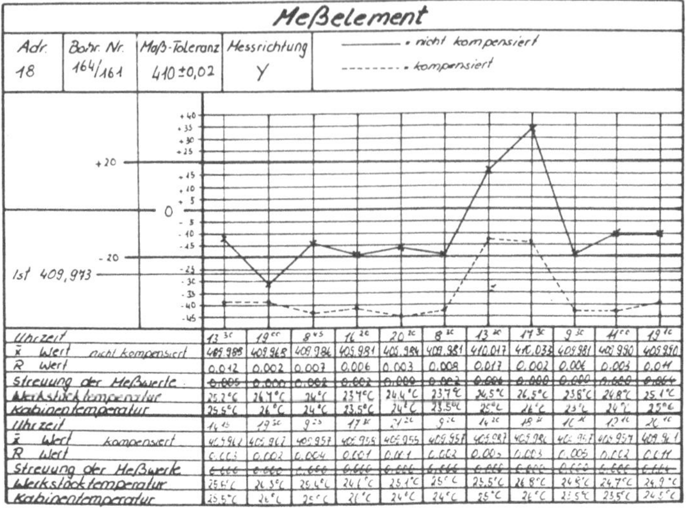

Bild 9.5: Meßunsicherheit 60 μm

Dies führte zu folgendem Ergebnis:

1. Die unterschiedlichen Temperaturen führen zu Maßschwankungen bis ±0.03 *mm*.

2. Die Abweichungen einzelner Merkmale ändern sich scheinbar nicht linear mit der Temperatur. Während Bohrungsdurchmesser bei einer Temperaturerhöhung kleiner wurden, weisen Abstandsmaße zu große Werte auf.

Um das Ausdehnungsverhalten einzelner Merkmale eines Teils ohne Einfluß des ebenfalls den Temperaturschwankungen ausgesetzten Koordinatenmeßgerätes beurteilen zu können, fand eine weitere Untersuchung im Meßraum statt.

Ein Schaltgetriebegehäuse wurde in einem Ofen gleichmäßig auf konstante Temperatur erwärmt und anschließend gemessen. Die CNC-Läufe waren kurz, um das Teil keiner zu starken Abkühlung zu unterwerfen. Die Messung erfolgte bei unterschiedlichen Temperaturen. Bei der Auswertung wurde der Temperaturkoeffizient jedes Merkmals errechnet. Die Werte lagen zwischen $(18 * 10^{-6})$ und $(26 * 10^{-6}\ K^{-1})$.

Die Untersuchung legte nahe, daß diese doch recht großen Unterschiede zwischen den Ausdehnungskoeffizienten auf das instationäre Temperaturverhalten der Werkstücke zurückzuführen ist.

9.4.4.2 Tasterkombinationen

Während der Erprobungsphase traten besonders bei langen Tastern (350 mm) Streuungen der Meßwerte bis zu 0.1 mm auf.

Ursachen für diese Streuungen sind:

- Thermische Ausdehnung des Tasters. Bild 9.6 zeigt den zeitlichen Ausdehnungsverlauf in Abhängigkeit von der Temperatur.

- Bei zuammengesetzten Tasterkombinationen lösten sich die Verschraubungen durch den Dauerbetrieb.

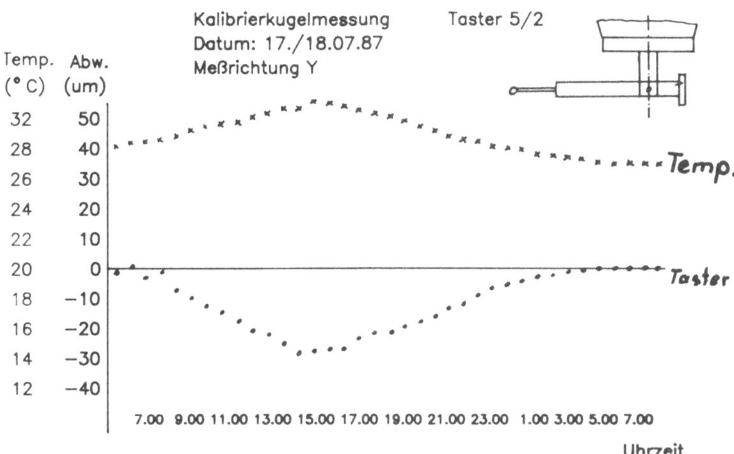

Bild 9.6: Thermisches Tasterverhalten

Manche Tasterkombinationen konnten aufgrund zu hohen Gewichtes nicht kalibriert werden.

9.4.5   Maßnahmen zur Reduzierung der Meßunsicherheit

Die Untersuchungen zur Meßunsicherheit der Anlage wurden von Fa. Komeg / Zeiss und der Mercedes-Benz AG durchgeführt. Als Ergebnis wurde eine Fülle von Maßnahmen festgelegt, die zum Ziel hatten, die Meßunsicherheit deutlich zu verbessern.

Schwerpunkt war die Meßunsicherheit durch den Temperatureinfluß. Das installierte Koordinatenmeßgerät verfügte über keine Temperaturfühler an den Glasmaßstäben und am Werkstück. Deshalb wurde als erste Maßnahme das Meßgerät ausgetauscht.

Das neue Meßgerät vom Typ PMC 850 HS (high speed) ist mit Temperaturfühlern an den Glasmaßstäben und am Werkstück, sowie automatischer Fehlerkorrektur (CAA) ausgestattet. In Verbindung mit der Meßsoftware UMESS 200 wurde eine automatische Temperaturerfassung und -kompensation ermöglicht. Später wurde auf die aktuelle und wesentlich verbesserte Version UMESS 300 umgerüstet.

Weitere Optimierungsmaßnahmen waren:

- Beim Bilden von Bezugselementen wurde die Anzahl der Antastungen erhöht (stabilere Elemente).

- Die Tasterkombinationen werden regelmäßig neu kalibriert (Temperatureinfluß).

- Zur Gewichtsreduzierung sind Titan-Taststifte und hohle Verlängerungen eingesetzt.

- Die Tasterkombinationen wurden an den Anschlußstellen verschweißt (Reduzierung der Streubreite von 7 μm auf 2 μm).

- Die Beschleunigung des Meßgerätes kann bei Bedarf reduziert werden (Festlegung im CNC-Programm).

- Der Elektronikschrank wurde außerhalb der Schutzkabine aufgestellt (zusätzliche Aufheizung). Außerdem wurde die Luftzirkulation verbessert.

- Beseitigung einiger mechanischer Probleme (Tastertarierung festgeklemmt, Palettenaufnahme hochgesetzt).

Nach Durchführung der genannten Maßnahmen wurden erneut Versuchsmessungen durchgeführt. Zunächst wurde der Ausdehnungskoeffizient für Aluminium $23.5*10^{-6}\,K^{-1}$ berücksichtigt. Nach Auswertung der Ergebnisse zeigte sich, daß der Werkstoff der Getriebegehäuse nicht diesem Ausdehnungskoeffizienten entsprach. An den Musterteilen wurde er deshalb experimentell ermittelt.

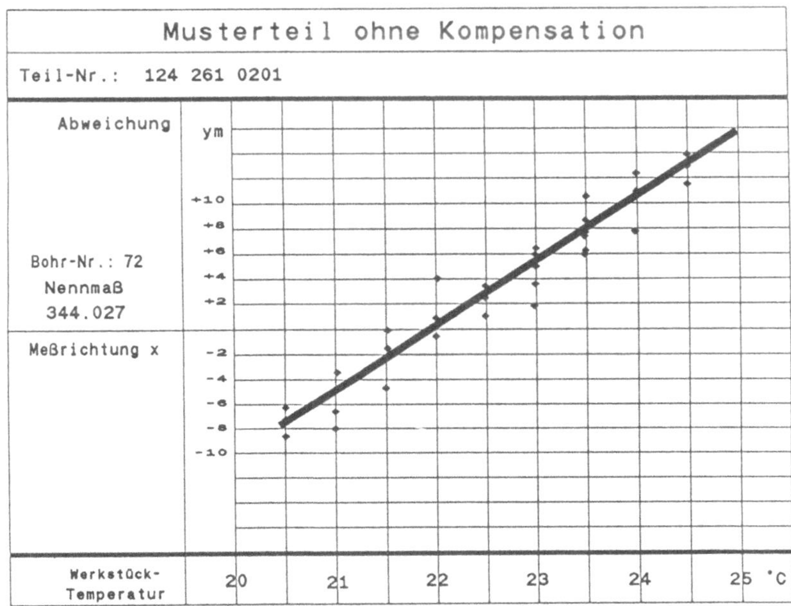

Bild 9.7: Ausdehnungskoeffizient

Bild 9.7 zeigt die direkte Abhängigkeit zwischen Werkstücktemperatur und Istmaßveränderung eines Merkmals. Legt man eine Ausgleichsgerade durch alle Werte, so kann für dieses Merkmal der Ausdehnungskoeffizient berechnet werden.

Im Mittel ergaben sich folgende Ausdehnungskoeffizienten:

- Schaltgetriebegehäuse: $21.5*10^{-6}\,K^{-1}$

- Automatikgetriebegehäuse: $20.5*10^{-6}\,K^{-1}$

Bei Verwendung dieser Ausdehnungskoeffizienten zur Temperaturkompensation wird die Meßunsicherheit von maximal $10\,\mu m$ erreicht (Bild 9.8). Bedingung ist, daß die Absoluttemperatur $30°C$ nicht überschreitet und der zeitliche

```
-------------------------------------------------------------------------
                    T R E N D V E R L A U F      Musterteil
-------------------------------------------------------------------------
 W·NR I WERKSTUECKNAME
   11 I MUSTERTEIL 31 01 MIT A 20.5
 ZEICHNUNGSNR          I OPERATIONSNR      I MASCHINENNR     I MESSMITTEL
 126 271 31 01/        I                   I                 I FL-MESSZENTRUM
 PRUEFER               I DATUM
 MUELLER               I 11. 2.1988
-------------------------------------------------------------------------
 ADRESSE =    22        SYMBOL  = X          BEZ     =   5
 NM NR   =     5        NM      = 344.020    OTOL    =   .009   UTOL  =  -.009
-------------------------------------------------------------------------
 (n      =       3)     n*S     =    .008    GES     =    31    AUSR  =    0
 Xq      =    .000      S       =    .003    GUT     =    31    AU    =    0
 Xq+n*S  =    .009      MAX     =    .004    ATOL    =     0    NA    =    0
 Xq-n*S  =   -.008     .MIN     =   -.005
-------------------------------------------------------------------------
 NR   ABW/ISTMASS UT      ISTMASSVERTEILUNG   OT  DATUM/UHRZEIT     TEILNR
-------------------------------------------------------------------------
    1     .002 I  I------------|--*----+-----I 88.02.16/11:28:55
    2     .004 I  I------------|-----*--------I 88.02.16/16:00:08
    3     .003 I  I------------|----*--+-----I 88.02.16/17:05:12
    4     .002 I  I------------|--*---------I 88.02.16/18:10:12
    5     .002 I  I------------|--*---------I 88.02.16/19:15:10
    6     .003 I  I----------|----*---/---I 88.02.16/20:20:17
    7     .002 I  I----------|---*--------I 88.02.17/ 9:27:25    15
    8     .001 I  I----------|-*----------I 88.02.24/17:06:46    9
    9    -.002 I  I------+----*--|--------I 88.02.24/21:09:03    38
   10    -.002 I  I-----*---.  I  --------I 88.02.24/22:13:26    46
   11    -.003 I  I------+--*---|--------I 88.02.24/23:36:03    55
   12    -.003 I  I------+--*---.-------I 88.02.25/ 0:40:38    63
   13    -.005 I  I-----*------|-------I 88.02.25/ 1:45:04    71
   14    -.005 I  I----*-------|--------I 88.02.25/ 2:49:29    79
   15    -.004 I  I----.*------|--------I 88.02.25/ 3:54:02    87
   16    -.004 I  I------*-----|-10µm---I 88.02.25/ 4:58:30    95
   17    -.001 I  I------+--*--|--------I 88.02.25/ 6:03:04    103
   18     .001 I  I----------|-*--------I 88.02.25/ 7:07:30    111
   19    0.000 I  I----------*---------I 88.02.27/12:27:20    B24
   20     .004 I  I----------|---*-------I 88.02.29/18:59:41
   21     .002 I  I----------|--*-------I 88.02.29/23:01:59
   22    0.000 I  I----------*---------I 88.03.01/ 3:04:43
   23     .003 I  I------------|---*--------I 88.03.01/ 7:07:05
   24     .001 I  I----------|-*-------I 88.03.01/16:33:46    9
   25     .001 I  I----------|-*-------I 88.03.01/22:06:32    42
   26     .001 I  I----------|-*-------I 88.03.03/16:44:50    MUELLER
   27     .001 I  I----------|-*-------I 88.03.03/17:48:33    MUELLER
   28    -.002 I  I-------*--|--------I 88.03.03/19:52:29    MUELLER
   29    -.001 I  I--------*-|--------I 88.03.03/22:40:20    MUELLER
   30     .002 I  I----------|--*------I 88.03.07/16:48:34    2
   31     .003 I  I------------|----*--------I 88.03.08/ 9:18:52    2
                  KLASSENBREITE =       .001
```

Bild 9.8: Meßunsicherheit 10 μm

Temperaturgradient höchstens 1.0 K/h beträgt. Auch die Temperaturdifferenz zwischen Fertigungshalle und Schutzkabine darf nicht größer als 1.0 Kelvin sein.

9.4.6 Freigabe zur Serienüberwachung

Der überwiegende Teil der zu prüfenden Maße ist mit $\pm 0.02\,mm$ oder größer toleriert. Das sind 88% der Maße beim Schaltgetriebegehäuse und 93% beim Automatikgetriebegehäuse. Die Meßunsicherheit beträgt somit maximal 25% der Werkstücktoleranz. Die Anlage war damit zur Serienüberwachung geeignet.

Zur Absicherung der Meßunsicherheit wurde, abhängig vom Temperaturverlauf, die Tasterkalibrierung und die Vergleichsmessung am Musterteil im 2 bis 4 Stunden-Rhythmus durchgeführt. Waren die Meßdaten des Musterteils innerhalb einer Toleranzbreite von 10 μm, so konnten die Meßergebnisse der Serienmessung anerkannt werden. Bei Überschreitung der Grenzwerte im Sommer mußte die Serienmessung eingeschränkt oder in den Meßraum verlegt werden.

Probleme bereitete die hohe Zahl an Ausreißern (ca. 14% der Meßwerte). Eine eindeutige Ursache ließ sich zunächst nicht feststellen.

9.4.7 Weitere Optimierung der Meßunsicherheit und Verfügbarkeit

9.4.7.1 Meßunsicherheit

Die Anlage wurde von März 1988 bis September 1990 unter den genannten Bedingungen zur Serienüberwachung eingesetzt.

Zur Verbesserung der Meßunsicherheit sind weitere Untersuchungen eingeleitet worden. Durch experimentelle Analysen wurde festgestellt, daß die Getriebegehäuse eine Abkühlzeit von 60 Minuten benötigen, bis der Temperaturausgleich im Werkstück vollzogen ist. Dabei ist es unerheblich, wie hoch die Anfangstemperatur bzw. die Temperaturdifferenz ist (Bild 9.9).

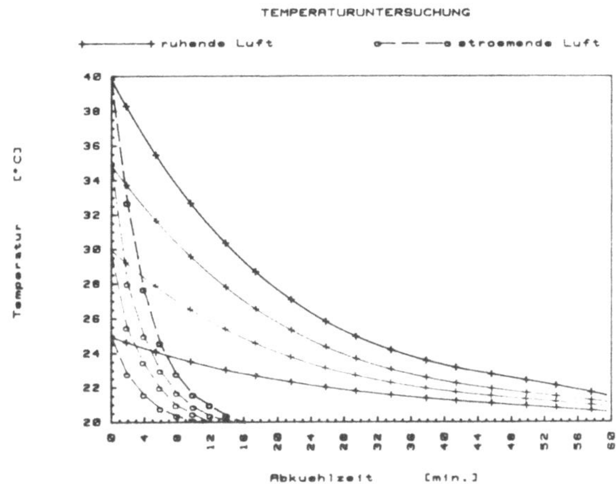

Bild 9.9: Abkühlzeit Getriebegehäuse

Das bedeutet grundsätzlich, daß die Werkstücke vor der Messung im Meßvolumen des Koordinatenmeßgerätes 60 Minuten zu temperieren sind. Diese

Temperierungszeit ist aber systembedingt nicht möglich. Die Messungen erfolgen dann im instationären Temperaturbereich. Die Einflüsse der Temperaturänderung während der Messung, haben dazu geführt, daß die Temperaturkompensation fehlerhaft durchgeführt und dadurch die Meßunsicherheit vergrößert wird.

Die Fortführung der Untersuchung hat dann gezeigt, daß die Abkühlzeit auf 12 Minuten reduziert werden kann, wenn das Teil mit leicht strömender Luft angeblasen wird (Bild 9.9).

Aufgrund dieser Erkenntnisse ist die Anlage im Oktober 1990 mit einer Thermoschutzkabine und Temperaturregelung nachgerüstet worden. Der Regalspeicher mit den eingelagerten Werkstücken steht weiterhin in der Fertigungshalle. Deshalb ist das Übergabemodul vor der Schutzkabine mit einer Luftschleuse versehen. In dieser wird das nächste, zur Messung bereitgestellte Werkstück, durch Anblasen innerhalb von 12 Minuten auf Meßkabinentemperatur gebracht. Dieses Konzept hat die Meßunsicherheit auf ca. 8 μm und 1% Ausreißer verbessert.

9.4.7.2 Software

Beim automatischen Betrieb traten Antastschwierigkeiten z.B. in Bohrungen auf. Besonders in der mannarmen Schicht führte dies zu langem Stillstand der Anlage. Um solche Ausfälle zu vermeiden, hat die Fa. Zeiss ein Sicherheitspaket entwickelt.

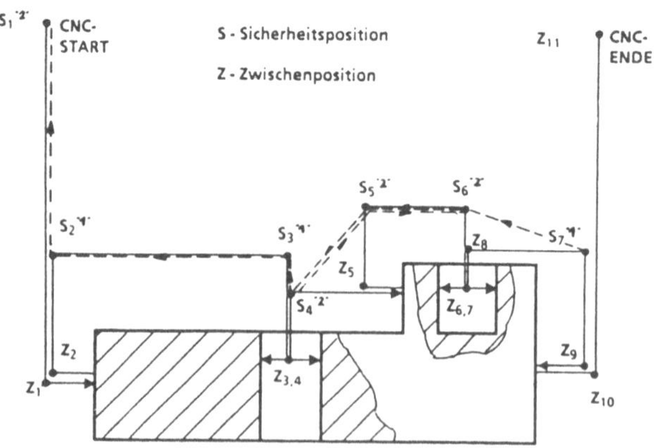

Bild 9.10: Sicherheitspaket

Das Werkstück wird mit einem Netz von Sicherheitspositionen umhüllt, die im Problemfall automatisch und kollisionsfrei vom Taster angefahren werden. Sicherheitspositionen sind besonders markierte Zwischenpositionen (Bild 9.10). Kann eine Antastung nicht übernommen werden, wird der Antastvorgang sechsmal wiederholt. Waren alle Antastversuche erfolglos, fährt der Taster zur letzten Sicherheitsposition und beginnt den Antastvorgang ein zweites Mal. Schlägt der Versuch erneut fehl, wird die Messung abgebrochen oder das nächste Element angefahren.

9.4.7.3 Erweiterung Tasterwechseleinrichtung

Aufgrund der Teilevielfalt reichte die 5-fach Tasterwechseleinrichtung nicht mehr aus, um alle Programmvarianten im mixed-Betrieb vollautomatisch ablaufen zu lassen. Deshalb wurde die Tasterwechselbank von 5 auf 10 Aufnahmen erhöht. Damit stehen alle benötigten Tasterkonfigurationen jederzeit zur Verfügung.

9.4.8 Ausblick

Die Anlage arbeitet heute weitgehend störungsfrei. Das Tastsystem, als empfindlichster Teil des Koordinatenmeßgerätes, muß im Turnus von ca. 6 Monaten gewartet werden (Schmutzprobleme). Die Anzahl der Ausreißer im Meßbetrieb reduzierte sich auf weniger als 1%.

Durch die bessere Temperaturstabilität konnten die Kalibriermessungen (Tasterkalibrierung an der Kugel, Nachmessen des Musterteils) auf einen 8 stündigen Rhythmus zurückgenommen werden. Damit erhöhte sich der Teiledurchsatz an der Anlage. Untersuchungen zur Meßunsicherheit sind noch nicht abgeschlossen.

Die Anlage überwacht die Fertigung von 14 Getriebevarianten. Sie läuft in 3 Schichten und überwacht die Fertigung in folgendem Turnus pro Schicht:

1. Kalibrieren der Taster, Test der Kalibrierdaten

2. Testmessung am Musterteil

3. Stichproben von drei Transferstraßen (mit je 3 Teilen)

4. Stichproben von zwei NC-Maschinen (mit je 3 Teilen)

Der Teiledurchsatz beträgt ca. 15 – 20 Teile pro Schicht. Die Meßzeit liegt je nach Meßumfang zwischen 20 und 90 Minuten. Das Auf- und Abrüsten eines Teils benötigt ca. 2 Minuten.

9.5 Meßroboter

Eine weitere Aufgabe für den fertigungsnahen Einsatz von Koordinatenmeßgeräten ergibt sich für die Qualitätsüberwachung neuer 12-Zylinder-Kurbelgehäuse und Zylinderköpfe.

Nachdem am Markt jetzt sogenannte „Meßroboter" mit erheblich kürzeren Meßzeiten angeboten werden, haben wir ein solches Meßgerät in Bezug auf den genannten Einsatzfall getestet.

Bild 9.11: Sirio 688 (Leitz)

Ausgewählt wurde aufgrund seiner Konzeption der Meßroboter SIRIO 688 (Bild 9.11). Der Eignungstest fand in der Produktionshalle in einer provisorischen Schutzkabine statt. Er wurde unter Fertigungsbedingungen (18°C bis 35°C) getestet.

Wesentliche Merkmale dieses Gerätes sind:

- Einsatzmöglichkeit bei 15°C bis 30°C Umgebungstemperatur

- Rundtakttisch

- Automatische Tasterwechseleinrichtung mit 24 Tasterablagen

- Großes Meßvolumen (600 x 800 x 800 mm)

- Kleine Meßunsicherheit

9.5.1 Reproduzierbarkeit und Meßunsicherheit

9.5.1.1 Reproduzierbarkeit des Tastsystems

Das Werkstückspektrum erfordert Tasterkonfigurationen, die bis zu 300 mm lang sind. Außerdem muß in der Regel während einer Meßaufgabe die Tasterkombination mehrmals gewechselt werden.

Die Reproduzierbarkeit des Tastsystems wurde an der Kalibrierkugel getestet. In einem Kalibrierprogramm wurden alle Taster vollautomatisch eingewechselt und mehrere CNC-Läufe an der Kalibrierkugel durchgeführt. Die Meßwerte aller drei Achsen liegen innerhalb der Spezifikation von 5 μm.

9.5.1.2 Meßunsicherheit und Temperatureinfluß

Zur Überprüfung der Längenmeßunsicherheit wurde ein kalibrierter, 2-seitiger Prüfkörper eingesetzt. Die Messungen haben ergeben, daß bis 30°C und rechnerischer Temperaturkompensation die Meßunsicherheit nicht überschritten wird (Bild 9.12).

Messungen über 30°C ergeben Meßunsicherheiten außerhalb der Spezifikation. Bei 35°C liegen ca. 20% der Meßwerte max. $2\mu m$ außerhalb der Toleranz. Die Funktionssicherheit des Meßgerätes blieb gewährleistet.

9.5.2 Dauerlauftest

An einem 12-Zylinder Kurbelgehäuse wurde ein 24 Stunden Dauerlauf durchgeführt. 180 Durchläufe mit je 161 Merkmalen (74 700 Antastungen) sind störungsfrei abgelaufen.

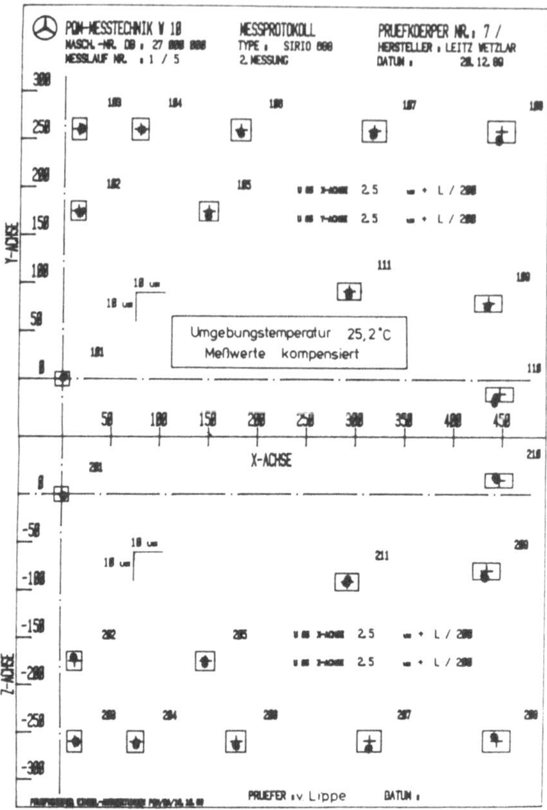

Bild 9.12: Prüfkörpermessung

9.5.3 Ausblick

Durch das positive Testergebnis wurden 2 Meßroboter beschafft. Zur Vermeidung von Stillstandszeiten sind sie mit einem separaten Rüstplatz ausgestattet. Die Werkstücke werden auf einer Vorrichtung außerhalb des Meßgerätes reproduzierbar fixiert und gespannt. Der Palettenwechsel Rüstplatz - Meßgerät erfolgt manuell. Die Meßroboter sind seit kurzem im Einsatz. Praktische Erfahrungen liegen zur Zeit noch nicht vor.

9.6 Wirtschaftlichkeit

Vor der Erstbeschaffung im Motorenwerk Untertürkheim wurde für die damals drei vorgesehenen Werkstücktypen (Steuergehäusedeckel, Ölpumpendeckel, Nockenwellenlagerbock) folgende Wirtschaftlichkeitsrechnung erstellt:

Investitionen:		
Koordinatenmeßgerät	DM	400 000.-
Nebenkosten	DM	50 000.-
Summe	DM	450 000.-
Mehrstellenmeßeinrichtung:		
Steuergehäusedeckel	DM	360 000.-
Ölpumpendeckel	DM	75 000.-
Nockenwellenlagerbock	DM	220 000.-
Summe	DM	655 000.-
Änderungskosten:		
CNC-Programme	DM	1 000.-
Mehrstellen-Meßeinrichtungen (bis Neubeschaffung)	DM	5 000.-

Unter wirtschaftlichen Gesichtspunkten betrachtet ergeben sich klare Vorteile für das Koordinatenmeßgerät. Gegenüber Mehrstellenmeßeinrichtungen fallen beim Koordinatenmeßgerät geringere Investitions- und Änderungskosten an. Auch sind Änderungen, wie sie bei Neuteilen oder neuen Werkstückvarianten erforderlich sind, mit geringerem Aufwand zu realisieren.

9.7 Ausblick

Durch den Einsatz von Koordinatenmeßgeräten in der Großserienfertigung vor Ort wird eine leistungsfähigere und flexiblere Fertigungsüberwachung von unterschiedlichen Werkstücken erreicht. Gegenüber den bisherigen Prüfverfahren mit Mehrstellenmeßeinrichtungen und Handmessungen bieten diese Systeme schwerpunktmäßig folgende Vorteile:

- Breites Spektrum an Prüfmerkmalen mit schwierigen Prüfaufgaben.

- Niedrigere Investitionskosten.

- Geringere Änderungskosten.

- Einsparung an Prüferzeiten.

- Problemlose Umstellung auf neue Werkstücke.

- Beliebige Erweiterungsmöglichkeiten für gezielte Qualitätsuntersuchungen.

- Bessere Nutzung der Einrichtungen durch mannlose Messung.

- Bedienung durch vorhandene Mitarbeiter der Statistischen Qualitätsprüfung und Fertigung.

10 Das Koordinatenmeßgerät im Qualitätsregelkreis

Dr.-Ing. H.J. Krumholz, Krefeld

Dipl.-Ing. W. Beuck, Aachen

10.1 Einleitung

Steigender Wettbewerbsdruck, kürzere Lieferzeiten, höhere Qualitätsanforderungen und der Zwang, auf Nachfrage- und Angebotsänderungen sofort zu reagieren, stellen derzeit hohe Anforderungen an ein Industrieunternehmen. Der Automatisierungsgrad, den man bei der Großserien- und Massenfertigung in Form von integrierten Fertigungsstraßen antrifft, wird jetzt auch in der Einzel- und Kleinserienfertigung durch NC-Maschinen, Bearbeitungszentren und zunehmend auch durch CNC- und DNC-Systeme realisiert.

Diese Automatisierungsmöglichkeiten beziehen sich jedoch alle auf die Bearbeitung von Werkstücken, während die Qualitätsprüfung noch vorwiegend nach konventionellen Methoden, d.h. an der Meßplatte, erfolgt. Nur in Einzelfällen wird mit vollautomatischen Prüfstationen in der Massenfertigung oder mit hochautomatisierten Koordinatenmeßgeräten für die Erstmuster- oder Stichprobenprüfung gearbeitet. Kennzeichnend für diese Entwicklung ist, daß der Anteil der Qualitätsprüfung an der Gesamtdurchlaufzeit sowie an den Personalkosten zu hoch ist, während die Betriebsmittelauslastung stark hinter dem betrieblichen Durchschnitt zurückbleibt.

Darüberhinaus weist die Untergliederung der Qualitätskosten einen erheblichen Anteil von Fehlerkosten aus, dem jedoch nur außerordentlich geringe Anstrengungen zur Fehlerverhütung gegenüberstehen. Prüfvorgänge werden somit fast ausschließlich zur Beurteilung der Weiterverwendbarkeit bereits gefertigter Objekte herangezogen. Reaktionen auf entdeckte Qualitätsmängel äußern sich als zusätzlicher Aufwand an Nacharbeit oder Neuauflagen von Ausschußteilen, während unentdeckte Qualitätsmängel zu Garantiefällen führen [77, 78].

Aktionen im Sinn einer Fehlerverhütung und gezielten Abstellung von Fehlerursachen dagegen erfordern Informationen über den Qualitätsstand des Unternehmens und einzelner Unternehmensbereiche, die in genügend kurzer Zeit, in ausreichendem Umfang und in verwendbarer Form nur selten zur

Verfügung gestellt werden können. Erschwerend kommen die Totzeiten zwischen Fehlerentstehung und Korrektursignal hinzu, die eine schnelle Reaktion nur für besonders einfache Probleme bzw. bestimmte Bereiche der Massenfertigung ermöglichen.

Da für die Fertigungs*meß*technik die gleichen Forderungen an Flexibilität, Objektivität und Schnelligkeit wie für die Fertigungstechnik gelten, wird die Übertragung der NC-Technik in Form hochpräziser, vollautomatisierter Koordinatenmeßgeräte auch in diesem Bereich immer stärker vorangetrieben. Durch die Einbindung von KMG in übergeordnete Qualitätsregelkreise wird ein direkter Informationsfluß geschaffen, der die metrologische Lücke im Produktionsprozeß schließt.

10.2 Die rechnerunterstützte Qualitätssicherung

Die Einbindung von Koordinatenmeßgeräten in automatisierte Fertigungssysteme sieht einen schnellen und gezielten Informationsaustausch aller an der Abwicklung eines Auftrages beteiligten Unternehmensbereiche vor. Notwendigerweise müssen zur Realisierung derartiger Konzepte bestehende Insellösungen zu einem integrierten System zusammengeschlossen werden.

Die dabei auftretenden Probleme bei der Kommunikation über Hard- und Softwaregrenzen dieser Inseln können im Rahmen eines MAP-Konzeptes – MAP steht für Manufacturing Automation Protocol – gelöst werden. Durch aktuelle Standardisierungsaktivitäten sollen Kommunikations- und Anwenderdienste vereinheitlicht werden, die einen bereichsübergreifenden Informationsfluß ermöglichen oder erleichtern. In Flexiblen Fertigungssystemen gewährleistet eine solche flexible Datenkopplung hohe Reaktionsgeschwindigkeiten auf sich ändernde Bedürfnisse des Marktes und steigert die Anpassungsfähigkeit an neue Aufgabenstellungen. Mit einer solchen Systemlösung ist eine wirtschaftliche Auftragsbearbeitung mit den Zielen

- Termintreue,

- kurze Produktionsdurchlaufzeiten und

- optimale Auslastung der Produktionskapazität

möglich [3].

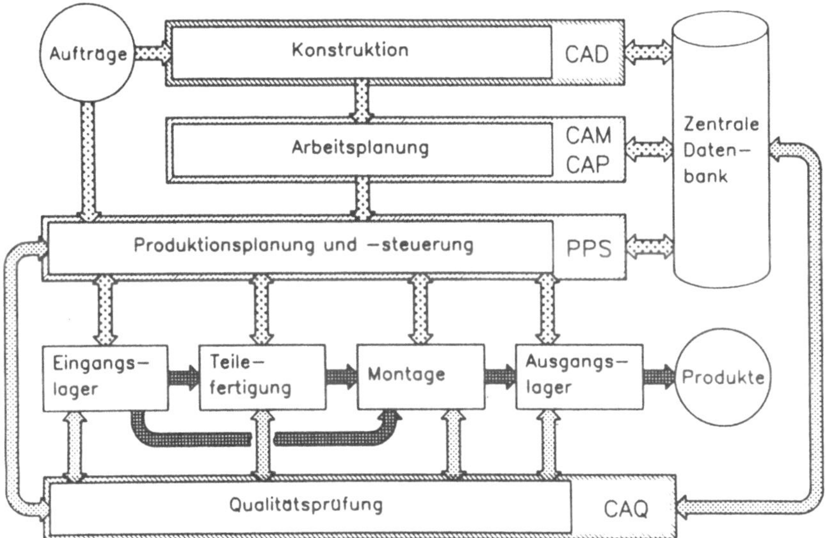

Bild 10.1: Auftragsabwicklung in einem Qualitätsregelkreis

Eine wichtige Voraussetzung für eine hohe Produktqualität ist die gleichbleibende Qualität der zugelieferten und eigengefertigten Einzelteile. Unter
Beachtung der nationalen und internationalen Richtlinien und Normen sowie
der juristischen Konsequenzen, die sich aus der neugeregelten Produzenten-
haftung ergeben, muß deshalb ein weiteres Ziel der Auftragsabwicklung darin
bestehen, enge Grenzen für die zulässigen Qualitätsschwankungen zu setzen.
Die dazu erforderliche kontinuierliche Prüfung der Produktqualität vom Wa-
reneingang über die verschiedenen Fertigungsschritte bis hin zur Montage
und zum Warenausgang wird von der rechnerunterstützten Qualitätssicherung übernommen.

Die planenden QS-Bereiche beeinflussen als zentrale Abteilungen im integrierten Datenverbund alle am Produktionsprozeß beteiligten Bereiche durch Hinweise auf mögliche Schwachstellen bzw. durch direkte Korrekturmaßnahmen.
Der Bereich CAQ übt hier eine Reglerfunktion aus, indem er produktions-
begleitend die Soll- und Istzustände vergleicht und bei Überschreitung von
vorgegebenen Grenzwerten regelnd eingreift.

In Bild 10.2 ist der Aufbau eines rechnerintegrierten Qualitätsregelkreises
dargestellt. Ausgehend von den Konstruktionsdaten werden in der Arbeitsvorbereitung u.a. die Bearbeitungsprogramme für die NC-Maschinen erstellt.
Parallel hierzu arbeitet die Prüfplanung auf der Basis dieser Unterlagen die

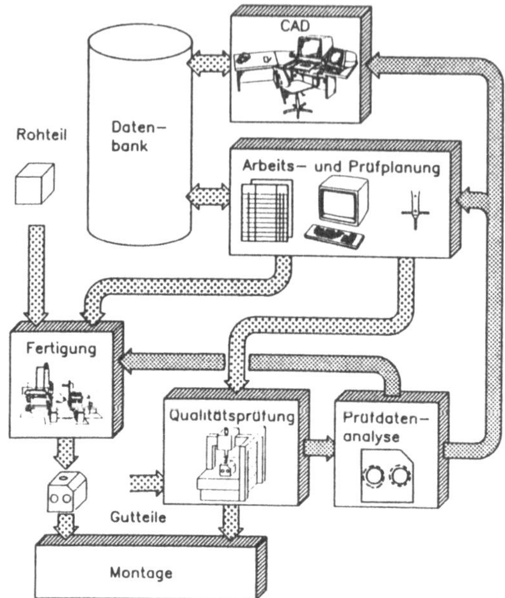

Bild 10.2: Qualitätsregelkreise

Prüfprogramme zur Qualitätsprüfung aus. Die Notwendigkeit zur Prüfung
und die erforderliche Prüfschärfe sollen dabei flexibel festgelegt werden.

Im Bereich der Qualitätsprüfung wird angestrebt, Koordinatenmeßgeräte so
in Flexible Fertigungssysteme zu integrieren, daß auch kleine Losgrößen flexibel geprüft werden können. Auf der Basis der ermittelten Prüfergebnisse
aus der kurzfristigen Prüfdatenanalyse können jetzt im kleinen Regelkreis
Korrekturmaßnahmen der Fertigung für die folgenden Teile initiiert werden.

Ferner besteht die Möglichkeit, durch eine langfristige Prüfdatenverarbeitung mit statistischen Methoden Korrekturmaßnahmen in der Arbeits- und
Prüfplanung sowie der Entwicklung und Konstruktion zu veranlassen. Diese
Maßnahmen werden durch produkt-, merkmals- oder fertigungsbezogene Auswertung der Prüfergebnisse abgeleitet. Eine solche differenzierte Auswertung
ist in der Lage, Fehlerhäufigkeiten, Fertigungsschwachstellen und kritische
Merkmale zu analysieren und zu bewerten. Somit können langfristig wir-
kende Qualitätsregelkreise automatisiert im Datenverbund realisiert werden.

In Bild 10.3 wird diese Thematik dargestellt. Ähnlich dem Zusammenwirken von NC-Programmierung und CAD – auch als CAM (Computer Aided

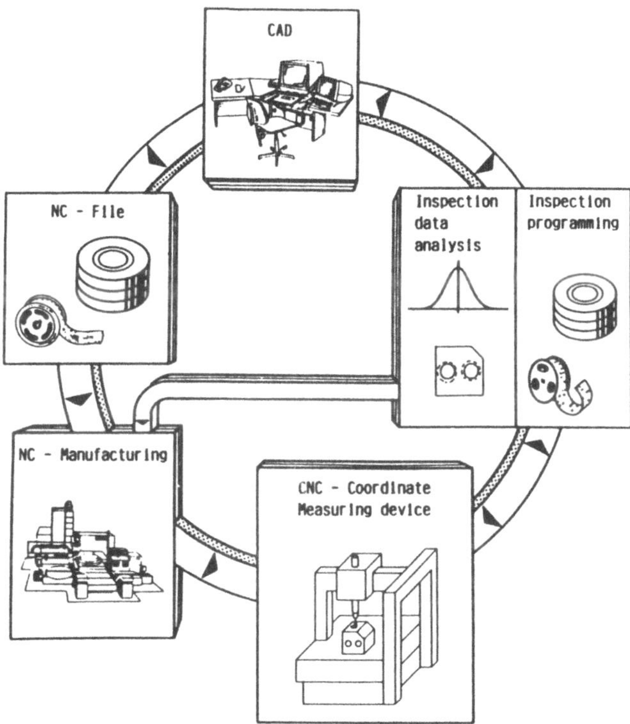

Bild 10.3: Informationsfluß zwischen Konstruktion, Fertigung und Kontrolle

Manufacturing) bezeichnet – soll hier das Zusammenwirken von CAD und Prüfprogrammierung betrachtet werden, durch die eine wesentliche Rationalisierung im Bereich der Qualitätssicherung erfolgen kann.

Die Kopplung zwischen der automatischen Zeichnungserstellung und der NC-Programmierung von Werkzeugmaschinen und Koordinatenmeßgeräten ist eine Voraussetzung für ein integriertes Systemkonzept zur Vorgabe der Parameter des rechnerintegrierten Qualitätsregelkreises. Da Koordinatenmeßgeräte aufgrund ihrer Rechnerkapazität die beste Voraussetzung für eine solche Integration bieten, können die mit KMG ermittelten Prüfergebnisse zu einer direkten Fertigungskorrektur im kleinen Qualitätsregelkreis genutzt werden. Dagegen sind Korrekturen aus der Konstruktion, Entwicklung und Arbeitsplanung sowie Produktionsplanung das Ergebnis einer langfristigen Prüfdatenanalyse und werden im großen Qualitätsregelkreis zur Verbesserung des Fertigungsprozesses verwendet.

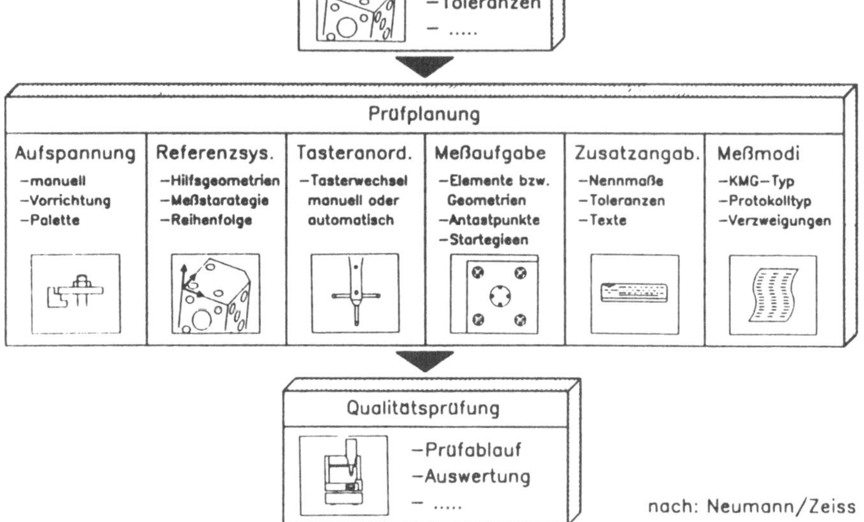

Bild 10.4: Eingangs- und Ausgangsinformationen für die Programmierung von Koordinatenmeßgeräten

10.3 Prüfplanung für Koordinatenmeßgeräte

Aufgrund ihres hohen Automatisierungsgrades sind Koordinatenmeßgeräte für den flexiblen Einsatz bei genauen Messungen an komplexen Geometrien prädestiniert. Einen Engpaß stellt jedoch die Programmierung der zu messenden Werkstücke dar. Bei der ursprünglich angewandten Methode der Lern- oder Teach-In-Programmierung stellte sich bald die Unwirtschaftlichkeit dieses Verfahrens speziell im Bereich der Einzel- und Kleinserienfertigung heraus, da während der oft sehr lange dauernden Programmierphase das Meßgerät für weitere Aufgaben blockiert ist.

Abhilfe läßt sich durch eine geräteferne Prüfprogrammerstellung – die Off-line-Programmierung – schaffen. Anhand der Konstruktionsunterlagen mit den entsprechenden Angaben bezüglich der interessierenden Maße und den zugehörigen Toleranzen definiert die Prüfplanung den Prüfablaufplan. Die

Art der Aufspannung des Werkstücks im Meßvolumen des Gerätes entscheidet über die Meßstrategie und die Reihenfolge der Hilfsgeometrien zur Erfassung des Referenz-Koordinatensystems entsprechend dem Zeichnungssystem.

Die Meßaufgaben werden anhand der Prüfmerkmale festgelegt. Die Anzahl der anzufahrenden Antastpunkte am jeweiligen Geometrieelement wird so festgelegt, wie sie der merkmalsbezogenen Prüfschärfe und der Meßstrategie für dieses Element entspricht. Die Zugänglichkeit der zu messenden Geometrieelemente am Werkstück entscheidet über die Auswahl der Tasterkonfiguration und/oder den Einsatz einer evtl. vorhandenen Tasterwechseleinrichtung.

Die Angabe der Nennmaße und Toleranzen für jedes Element erfolgt im nächsten Schritt. Zusätzliche Textinformationen sind meist sehr hilfreich, um die Lesbarkeit der Prüfprotokolle zu verbessern. Schließlich bestimmen Angaben zu den Meßmodi

- Typ des Koordinatenmeßgerätes,

- Verwendung eines Drehtisches,

- Art der Protokollierung,

- etc.

den Prüfablauf. Das so formulierte Prüfprogramm wird als Steuerdatensatz zum Rechner des Koordinatenmeßgerätes transportiert und steuert dort mit der entsprechenden Steuer- und Auswertesoftware den CNC-Prüfablauf, die Auswertung und die Protokollierung der Meßergebnisse.

Eine Zielsetzung der Programmierung von Koordinatenmeßgeräten im Verbund mit CAD-Systemen besteht darin, aus den im Konstruktionsbereich definierten Geometrien mit den zugehörigen Maß- und Toleranzangaben diejenigen zu übernehmen, die prüfrelevant sind. Um hier eine möglichst hochautomatisierte Programmierung zu gewährleisten, muß diese Kopplung neben der reinen Geometrie-Information – Geometrieelementen, Konturen, Flächen und Volumina – auch die von der Konstruktion vorgegebenen Sollmaße sowie die zulässigen Maß-, Form- und Lagetoleranzen übertragen.

Dies setzt natürlich voraus, daß in der internen Datenbasis des CAD-Systems ein attributiver Zusammenhang zwischen den dargestellten Geometrieelementen und den zugehörigen Maß- und Toleranzangaben besteht. Bei vielen Systemen, die ihren Ursprung als reine Zeichnungs-Erstellungssysteme hatten, erfolgt die graphische Ausgabe durch Überblenden unterschiedlicher „Layer"

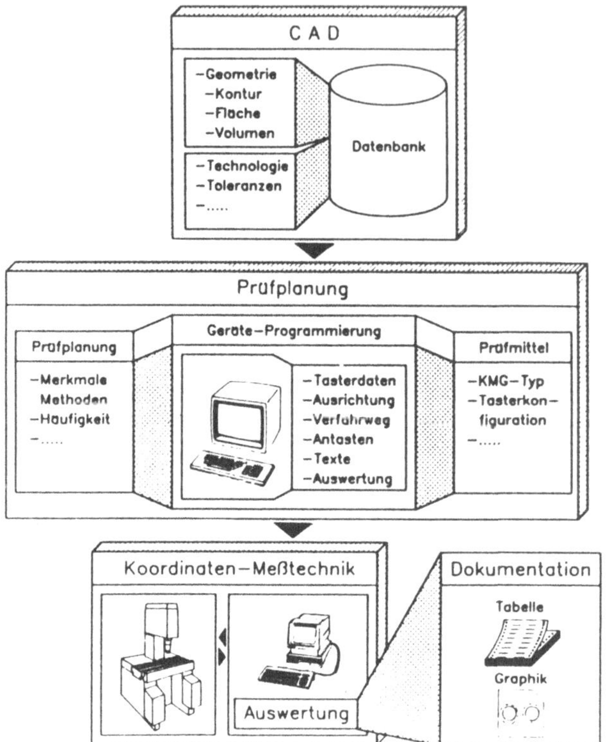

Bild 10.5: Programmierung von Koordinatenmeßgeräten im CAD-Verbund

(d.h. Zeichnungsebenen), die in keinem geometrischen Zusammenhang stehen.
Art und Umfang der notwendigen manuellen Zusatzeingaben der Prüfplanung
werden somit im wesentlichen vom Informationsgehalt der aus dem CAD-
System übernommenen Daten bestimmt.

10.3.1   Schnittstellen zwischen CAD-System und Koordinatenmeßgerät

Zielsetzung weiterer Entwicklungen muß es sein, prüfplanende Tätigkeiten
in den CAD-Bereich zu integrieren. Wenn die im Graphiksystem definierten Geometrieelemente als Prüfmerkmale definiert werden können, wobei als
zusätzliche Attribute die Prüfhäufigkeit und die Prüfschärfe vorgegeben werden können, ist eine hochautomatisierte Prüfprogrammierung gewährleistet.

Dies setzt allerdings voraus, daß das CAD-System in der Lage ist, diese Informationen zu verarbeiten und zu transportieren. In Bild 10.6 sind mögliche Datenübertragungs-Schnittstellen von CAD-Systemen zur Peripherie oder anderen Rechnersystemen dargestellt.

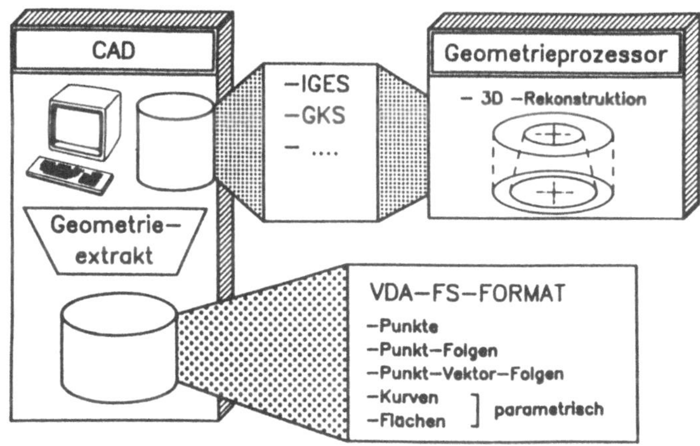

Bild 10.6: CAD-Schnittstellen für den Geometrieaustausch

Aufgrund ihrer weiten Verbreitung ist die IGES-Schnittstelle (Initial Graphics Exchange Specification) fast zu einer Norm für die Kopplung zwischen unterschiedlichen CAD-Systemen geworden[1]. Sie definiert den Austausch von Zeichnungsdaten in einem definierten medienunabhängigen Fileformat im Klartext. Die IGES-Files werden im System „A" durch einen *Preprozessor* durch Übernahme der entsprechenden Daten aus der internen CAD-Datenbasis bereitgestellt. Dies erfordert im System „B" nach dem Filetransfer eine Dekodierung und Rekonstruktion durch einen *Postprozessor*.

Die Schnittstelle „GKS", das Graphische Kern System, ist international als ISO 7942 genormt und ermöglicht den Austausch graphischer Informationen über einen *Metafile*. Der Schwerpunkt der Anwendung liegt hier auf einer einheitlich zu programmierenden graphischen Ausgabe auf verschiedene Peripheriegeräte. Auch hier muß die graphische Information nach dem Daten-Transfer wieder aufgearbeitet werden.

Als weitere Schnittstelle gelangt die vom Verband der Deutschen Automobilindustrie initiierte und unter DIN 66301 [48] genormte Flächenschnittstelle

---

[1]Die IGES-Schnittstelle wurde unter Mitwirkung des National Bureau of Standards der USA von den Firmen BOEING und General Electric entwickelt.

„VDAFS" im Bereich der Automobil- und deren Zulieferindustrie zur Anwendung. Auch hier ist ein Klartext-Fileformat[2] definiert, das es zuläßt, Textinformationen, Punkte, Punkt-Folgen, Punkt-Vektor-Folgen sowie Kurven und Flächen in parametrisierter Form zu transferieren. Diese Elemente sind hauptsächlich zur Beschreibung der Außenhaut von z.B. Karosserien geeignet und mit dieser Zielsetzung bearbeitet worden. Standard-Geometrieelemente wie Kreise, Zylinder, Ebenen etc. sowie die in der Koordinatenmeßtechnik so wichtige Beschreibung von Zwischenpunkten oder Tastergeometrien fehlen derzeit noch gänzlich.

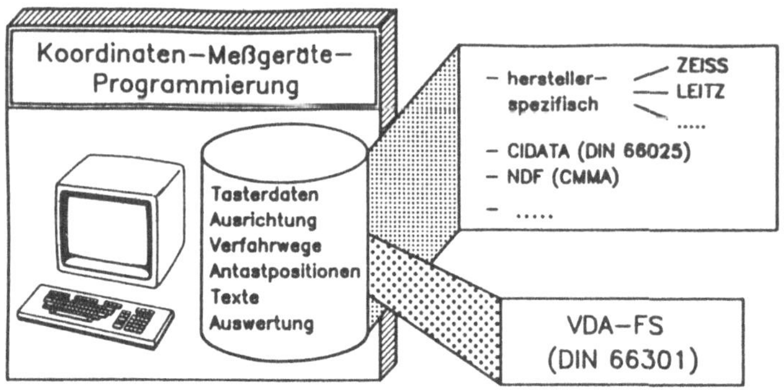

Bild 10.7: Schnittstelle zwischen Meßablauf-Programmierung am
CAD-System und Koordinatenmeßgerät

Für die Übertragung der Prüfprogramme vom Programmiersystem zum Koordinatenmeßgerät ergeben sich verschiedene Möglichkeiten (Bild 10.7). Prinzipiell ist die Prüfprogrammierung in einem maschinenfernen Teileprogrammiersystem der Hersteller möglich. Dies hat zwar den Vorteil, daß das Prüfprogramm direkt in das Steuerungsdatenformat der Herstellersoftware umgesetzt wird, weist jedoch auch die Einschränkung auf, daß das erstellte Teileprogramm nur auf den Geräten dieses Herstellers eingesetzt werden kann und mit dessen Bedienoberfläche erstellt werden muß. Auch das Bedienpersonal muß speziell auf diesem Programmiersystem geschult sein. Diese Nachteile treten besonders in Firmen auf, die mit Koordinatenmeßgeräten verschiedener Fabrikate arbeiten müssen.

Aufgrund dieser Einschränkungen gibt es seit langem Bestrebungen der CMMA[3], einem internationalen Zusammenschluß der Hersteller von Koor-

---

[2]Die VDAFS-Schnittstelle ist im 7-Bit ASCII-Format definiert.
[3]CMMA: Coordinate Measuring Machine Manufacturers Association.

dinatenmeßgeräten, einen *Neutral Data File* (NDF) zu definieren. In diesem NDF lassen sich alle Informationen des Prüfprogramms für Standard-Geometrieaufgaben kodieren. Eine Kopplung auf der Basis von NDF wurde erstmals anläßlich der Microtecnic 1984 in Zürich anhand der Prüfprogrammierung in einer CAD-Umgebung demonstriert.

Eine weitere Möglichkeit zur Kopplung von CAD-System und KMG, die schon frühzeitig in dem vom BMFT geförderten Projekt N.C.M.E.S.[4] vorgeschlagen wurde, ist die Übertragung der Meßprogramme auf der Basis von CIDATA (Control Input DATA) in Anlehnung an DIN 66025, die analog zur Steuerdatenvorgabe für Bearbeitungsmaschinen aufgebaut ist.

Eine Parallelentwicklung wird von US-Firmen der Meß- und Rechnertechnik mit der Sprachbeschreibung DMIS[5] vorangetrieben [49]. DMIS ist ähnlich wie die Sprache N.C.M.E.S. aufgebaut, liegt inzwischen als Version 2.1 vor und wird sich aufgrund der universellen Anwendbarkeit als Quasi-Standard auch international durchsetzen.

Als weitere Möglichkeit bietet sich die schon angesprochene VDA-Flächenschnittstelle an, insbesondere, wenn das Prüfprogramm nur zur Geometrieprüfung an Freiformflächen erstellt wird.

Alle nicht herstellerspezifischen Lösungen sind darauf angewiesen, daß der Hersteller in seiner Steuerungssoftware entsprechende Konvertierungsroutinen bereitstellen muß, um die allgemeinen Steuerdatenformate in das spezifische Datenformat umzusetzen.

Als Lösungsbeispiel für die Kopplung eines CAD-Systems mit einem Prüf-Programmiersystem für Koordinatenmeßgeräte soll die Erstellung eines Teileprogramms mit N.C.M.E.S. dienen. Aus dem prinzipiellen Aufbau eines solchen Programms (Bild 10.8) läßt sich sofort die Ähnlichkeit zur Programmiersprache EXAPT erkennen, die zur Beschreibung der Fertigungsvorgänge in NC-gesteuerten Werkzeugmaschinen entwickelt wurde. In beiden Fällen werden die Aufgaben als Teileprogramm in einer problemorientierten Sprache formuliert, die sowohl in der Syntax als auch der Semantik eindeutig definiert ist.

Die sich aus der Meßaufgabe ergebenden Zusatzinformationen sowie die vom CAD-System übernommenen Geometrie- und Technologieinformationen wer-

---

[4]N.C.M.E.S.: Numerical Controlled Measuring and Evaluation System. N.C.M.E.S. wurde als Offline-Programmiersystem für Koordinatenmeßgeräte in Gemeinschaftsforschung verschiedener deutscher Hochschulinstitute mit Fördermitteln des BMFT entwickelt.

[5]DMIS: Dimensional Measuring Interface Specification.

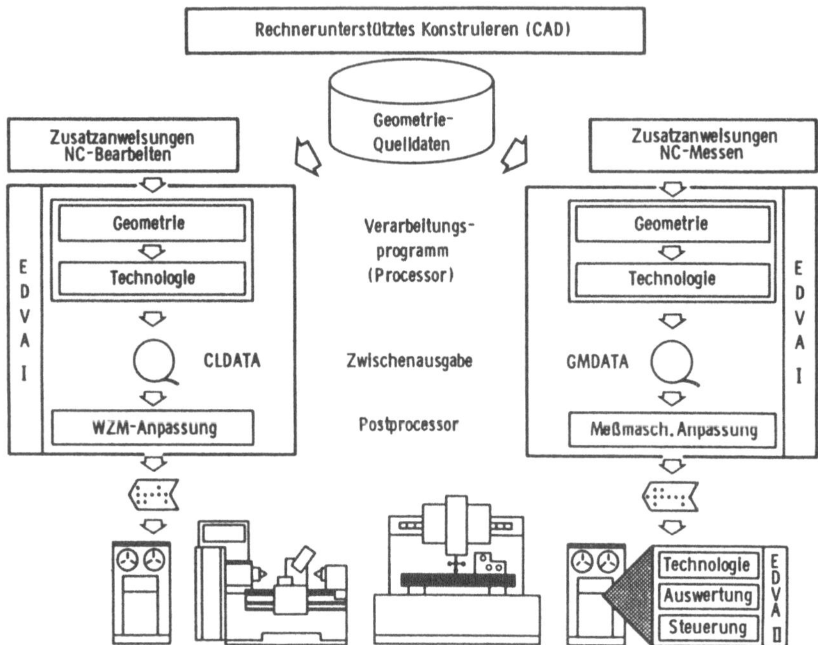

Bild 10.8: Maschinelle Programmierung auf der Basis
gemeinsamer Geometrie-Quelldaten

den in einem separaten Prozessorlauf in das maschinenunabhängige Zwischen-
format GMDATA[6] in Anlehnung an DIN 66215 umgesetzt.

10.3.2 Konstruktion eines Werkstücks im CAD-System

Ein solches Programmsystem in Form einer Sprache bietet neben der Trans-
parenz den Vorteil, daß die Beschreibung der Meß- oder Bearbeitungsschritte
stark abstrahiert und formalisiert werden kann. Das bedeutet, daß zum einen Standard-Meßaufgaben in Form von Macro-Unterprogrammen abgelegt
werden können, die bei Bedarf parametrisiert aufzurufen sind. Dadurch kann
sich der Benutzer im Laufe der Zeit eine umfangreiche Macro-Bibliothek für
häufig gebrauchte Teilschritte anlegen, die den Programmieraufwand dynamisch minimiert. Zum anderen sind Modifikationen bestehender Prüfpro-

---

[6]GMDATA: General Measurement Data.

gramme durch Variation der aufrufenden Parameter mit geringem Aufwand durchführbar.

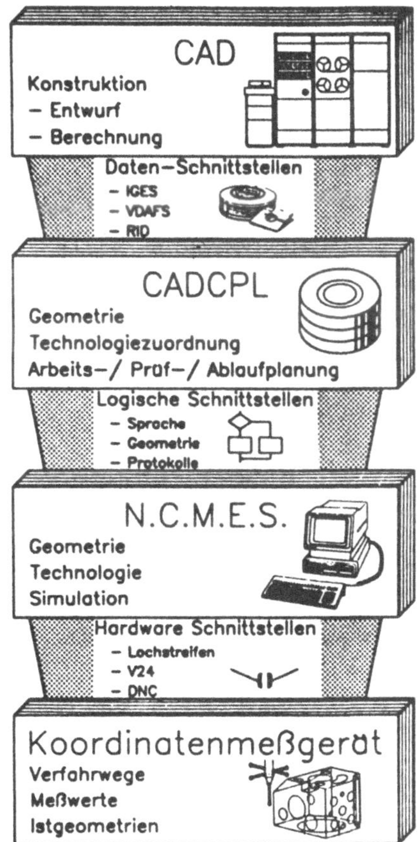

Bild 10.9: Kopplung von N.C.M.E.S. an ein CAD-System

Im anschließenden Prozessorlauf wird das Teileprogramm zuerst auf syntaktische Fehler geprüft. Anschließend interpretiert der Geometrieprozessor das Programm und löst Unterprogramme und Verschachtelungen so auf, daß der Technologieprozessor auf die Geometrieelemente zugreifen kann. Aufgabe des Technologieprozessorlaufs ist es, die komplexen Meßaufgaben in Einzelschritte aufzulösen, die Meßpunkte zu ermitteln und deren optimale Reihenfolge innerhalb eines Elementes festzulegen sowie die Tasterverfahrwege zu optimieren. Schließlich gibt dieser Prozessor noch die Steuerdaten in Werkstückkoordinaten an einer internen maschinenunabhängigen Schnittstelle aus.

Das Prüfprogramm, das in einem geräteunabhängigen Datenformat intern abgelegt ist, wird anschließend entsprechend der Anweisung LMODUL durch einen Postprozessor in das geforderte Steuerdatenformat umgesetzt. Es stehen Postprozessoren für die Formate GMDATA und CIDATA sowie für alle herstellerspezifischen Steuerdatenformate zur Verfügung. Das Steuer- oder Prüfprogramm wird dann im DNC-Betrieb online oder über entsprechende Datenträger wie Diskette oder Magnetband offline zum Rechner des Koordinatenmeßgerätes übertragen.

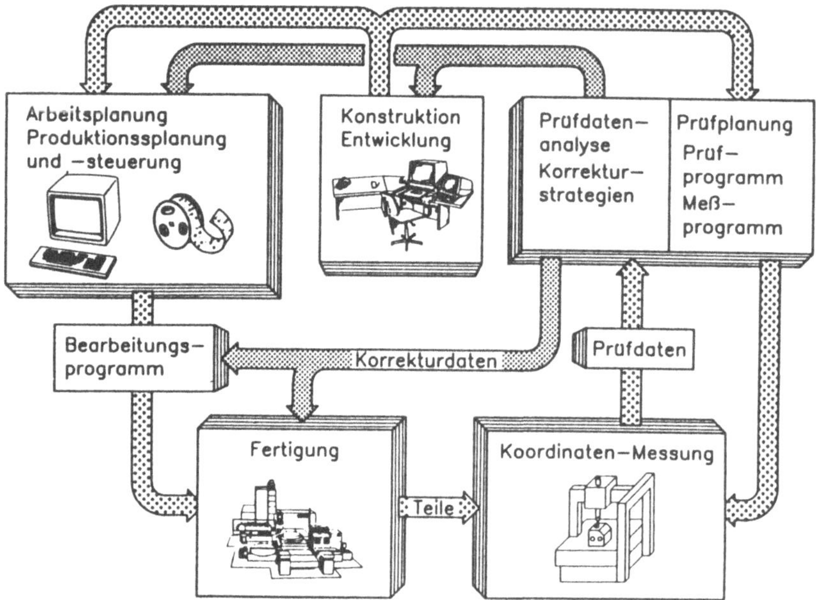

Bild 10.10: Korrekturdaten-Rückführung

10.4   Prüfdatenauswertung

Aufbauend auf den bisher angesprochenen Möglichkeiten zur Vorgabe der Sollgeometrie für die Prüfprogrammierung von Koordinatenmeßgeräten soll im folgenden die Nutzung der Prüfergebnisse untersucht werden. In Bild 10.10 ist die prinzipielle Vorgehensweise dargestellt. Die Ergebnisse der Qualitätsprüfung mit einem Koordinatenmeßgerät, die Prüfdaten, werden während des CNC-Ablaufs ermittelt.

Nach einer Prüfdatenanalyse und der Aufbereitung der gemessenen Abweichungen für den kleinen Qualitätsregelkreis wird angestrebt, Korrekturmaßnahmen je nach Fehlertyp und -ursachen direkt an der Fertigungseinrichtung oder an den Teileprogrammen für die Bearbeitung vornehmen zu können. Nach einer weiteren Analyse ist es denkbar, Änderungen im Konstruktions- oder Entwicklungsbereich bzw. bei Arbeitsplanung und Fertigungssteuerung und -planung zu veranlassen. Als erste Maßnahme kann die Prüfplanung die Prüfschärfe für besonders kritische Merkmale anheben.

Um diese Vorgehensweise zu vertiefen, soll der gesamte Regelkreis an einem Lösungsbeispiel aus dem Bereich der Verzahnungstechnik detailliert werden.

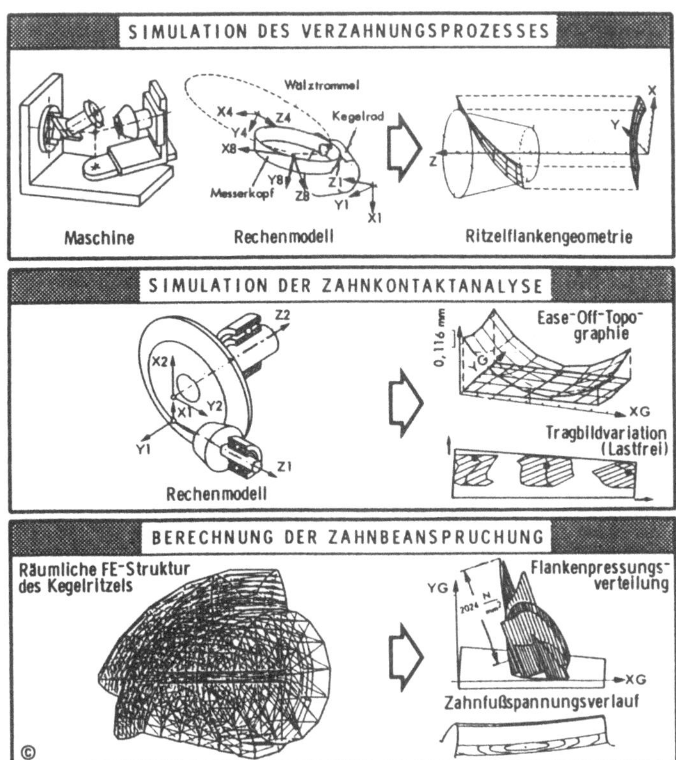

Bild 10.11: Berechnungssystem für Kegelräder

10.4.1 Ein Qualitätsregelkreis in der Zahnradfertigung

In Bild 10.11 sind die wesentlichen Module der Kegelradberechnungskette[7], einem Konstruktions- und Entwicklungssystem zur Auslegung von Kegelradgetrieben, dargestellt. Das Programmsystem simuliert den Herstellungsprozeß der Verzahnung und führt mit diesen Ergebnissen weitere Berechnungen – wie Zahnkontaktanalyse und Zahnbeanspruchungsberechnungen – durch. Die Simulation des Verzahnprozesses basiert auf der Umsetzung der realen Verzahnmaschine in ein Rechnermodell. Das Ergebnis der Simulation, bei welcher der in der Wälztrommel aufgespannte Messerkopf durch den im Reitstock aufgespannten Radgrundkörper entsprechend der Kinematik der Verzahnmaschine schneidet, ist die ideale Flankengeometrie. Analog zum Radkörper werden für das Ritzel im Fall der Gleason- oder der Oerlikonverzahnung die wälzfähige Flankengeometrie und die zugehörigen Maschinen-Einstellparameter berechnet.

Mit den so ermittelten Flankengeometrien für Rad und Ritzel wird die Güte des berechneten Radsatzes durch die Simulation des Abwälzverhaltens in der Zahnkontaktanalyse berechnet. Das Ergebnis wird in der *EASE-OFF-Topographie*, der räumlichen Darstellung der Berührlinien-Kontaktabstände, dargestellt. Diese Berechnung kann lastfrei für verschiedene Achslagen des Getriebes durchgespielt werden.

Schließlich bietet die Kegelradkette die Berechnung der Zahnbeanspruchung in Form von Finite-Element-Berechnungsläufen an, die Auskunft über die Flankenpressung der Berührlinien der Verzahnung geben. Diese Berechnung kann für verschiedene Laststufen des Getriebes durchgespielt werden. Diese Simulation gibt Auskunft über Beanspruchungs-Spitzen unter realen Lastverhältnissen, wobei besondere Aufmerksamkeit dem gegen Ausbrüche empfindlichen Fußbereich gelten muß. Um dem leistungsfähigen Konstruktions- und Berechnungsmodul einen entsprechenden Geometrie-Prüfmodul zur Seite zu stellen, wurde das Kegelrad-Meßprogramm KEGMES – und in seiner Verallgemeinerung zur Messung von radialsymmetrisch angeordnete Freiformflächen das Meßprogramm RADMES – entwickelt[8].

---

[7]Die Kegelradkette wurde mit Unterstützung der Forschungsvereinigung Antriebstechnik (FVA) am Laboratorium für Werkzeugmaschinen und Betriebslehre (WZL) der RWTH Aachen entwickelt.

[8]KEGMES und RADMES wurden ebenfalls mit Unterstützung der Forschungsvereinigung Antriebstechnik (FVA) am Laboratorium für Werkzeugmaschinen und Betriebslehre (WZL) der RWTH Aachen entwickelt.

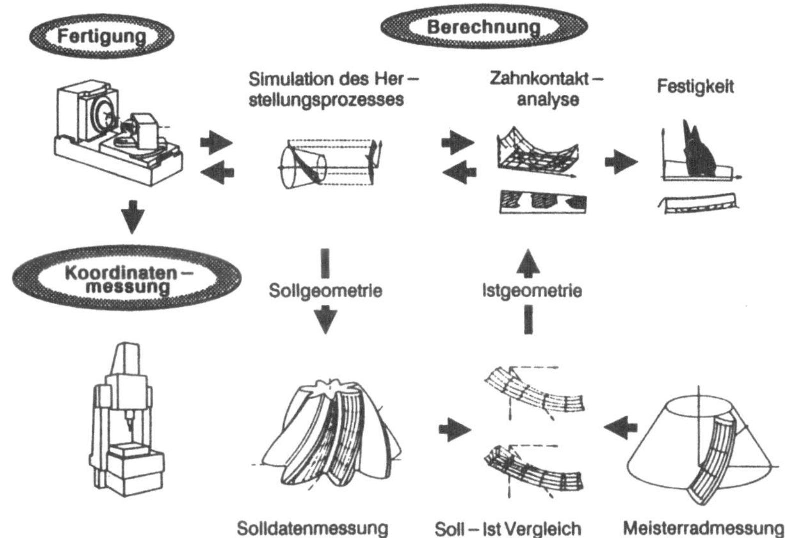

Bild 10.12: Systemverbund

Bild 10.12 zeigt das zugrundeliegende datentechnische Systemkonzept. Die berechnete ideale Flanken- und Radkörpergeometrie wird von der Kegelradkette zum Meßprogramm KEGMES transferiert. Dieses bildet daraus einen Steuerdatensatz, auf dessen Format im folgenden noch näher eingegangen werden soll. Die Steuersoftware des KMG-Herstellers decodiert diese Steuerdaten, führt die Ausrichtung des Werkstücks durch und steuert den Prüfablauf nach den Vorgaben der Steuerdaten. Die angetasteten Koordinaten werden als Meßwerte im Werkstück-Koordinatensystem an KEGMES zurückgegeben und dort ausgewertet. Nach einer Best-Einpassung und einer Tasterradiuskorrektur wird die gemessene Kontur als Ist-Geometrie an die Kegelradkette zurückgegeben. Die Differenzen zwischen Soll- und Istdaten können bei Bedarf auch zur visuellen Beurteilung graphisch dokumentiert werden.

Da beim Austausch der Steuerdaten und Meßwerte ein Meßgitter auf den Zahnflanken punktweise übertragen werden muß, bietet sich hierfür die Codierung in Form eines VDAFS-Files an (Bild 10.13). Hier sind die Spalten des Meßgitters zeilenweise als MDI-Sets, d.h. als Folge von Punkten mit den dazugehörigen Normalenrichtungen, abgelegt. Durch die Angabe der zu den Gitterpunkten gehörenden Normalenrichtungen ist es möglich, den Antast-

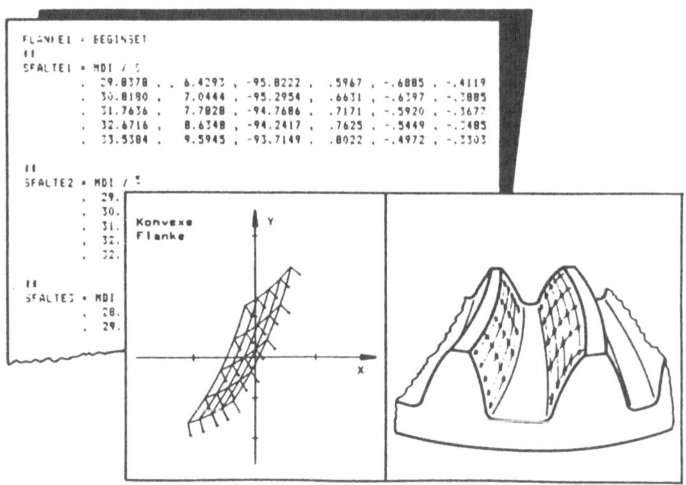

Bild 10.13: Solldaten-File im VDAFS-Format, Projektion einer Flanke
und Meßgitterdarstellung

prozeß so zu programmieren, daß jeder Punkt der Zahnflanke senkrecht zur
Oberfläche angetastet wird.

In Bild 10.14 ist der Aufbau und die Wirkungsweise des zu Beginn angesprochenen Regelkreises zur Optimierung der Auslegung und der Fertigungsqua-
lität von Kegelradverzahnungen gezeigt. Die Kegelradberechnung generiert
bei der Simulation zum einen die Flankengeometrie, wie sie als Sollvorgabe
für die Messung benötigt wird, und ermittelt zum anderen durch die oben beschriebenen Simulationsrechnungen die Einstellparameter für die Fertigungsmaschine.

Der in Bild 10.14 detaillierte Meßmodul prüft mit einem Koordinatenmeßgerät die Abweichung der gefertigten Flanke gegenüber den theoretischen
Solldaten. Die topographische Ausprägung der Flankenabweichung für die
konvexe und konkave Flanke wird im anschließenden Soll-Ist-Vergleich mathematisch analysiert.

Um das Wälzverhalten der Verzahnung zu überprüfen, wird eine simulierte
Tragbildanalyse durchgeführt. Bei dieser Untersuchung wird der EASE-
OFF der gemessenen Ritzel- und Radflanke durch einen rechnersimulierten
Abwälzprozeß ermittelt. Die Analyseergebnisse liefern Rückschlüsse über die
einzusetzenden Korrekturmaßnahmen an den Einstellungen der Maschine,
um gezielten Einfluß auf den Spiral- und Eingriffswinkel, die Höhen- und

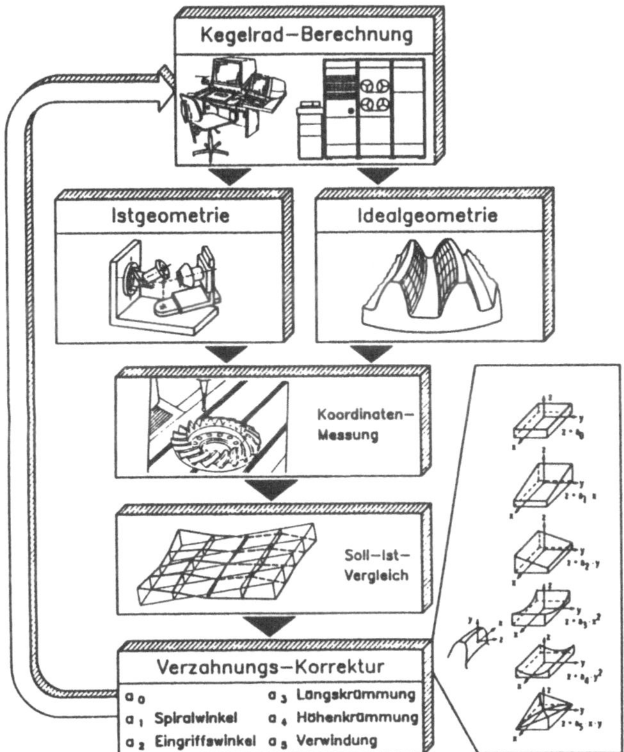

Bild 10.14: Verzahnungskorrektur nach einer Topographiemessung

Längskrümmung sowie die Flankenverwindung nehmen zu können. Mit diesen Korrekturwerten für die ursprüngliche Maschineneinstellung wird eine neue Auslegung der Verzahnung berechnet, um damit neue Einstellparameter für die Verzahnmaschine zu erzeugen. Der hier aufgezeigte Regelkreis wird so lange durchlaufen, bis eine optimale Maschineneinstellung für die Serienproduktion gefunden ist.

10.4.2 Wirtschaftliche Fertigung durch Paarungslehrung

Neben der Nutzung der Meßergebnisse für die Rad- und Ritzelgeometrie bietet es sich an, alle Meßergebnisse einer Charge des Radsatzes zu speichern und einer anschließenden Analyse zu unterziehen. Bei dieser Art der Auswertung werden die Kennwerte für den EASE-OFF, für die Tragbilder verschiedener Achslagen, die Einflankenwälzprüfung und die Schwingungsanalyse für alle Variationen des Prüfloses rechnerintern verwaltet. Aufgrund der Ergebnisse dieser Analysen werden dann die Räder und Ritzel so miteinander gepaart, daß jede Radpaarung den gewünschten Anforderungen bestmöglich entspricht.

Hohe Anforderungen an optimal gepaarte Verzahnungen werden insbesondere von Firmen der Automobilindustrie gestellt, die diese in großen Stückzahlen produzieren und montieren. Das Ziel besteht darin, eine lange Lebensdauer der einzelnen Radpaarungen mit minimaler Geräuschentwicklung in unterschiedlichen Belastungsfällen bei minimalen Kosten zu kombinieren.

Somit kann ein geschlossener datentechnisch vernetzter Qualitätsregelkreis von der Konstruktion über die Fertigung zur Qualitätssicherung aufgebaut werden. Die demonstrierte Anwendung behandelt zwar das überdurchschnittlich komplexe Gebiet der Kegelradverzahnung, ist als Ganzes jedoch auf ein bestimmtes Werkstückspektrum beschränkt. Die Erzeugung der Korrekturdaten aus den systematischen Abweichungen und deren Nutzen in Konstruktion und Fertigung folgt beschreibbaren mathematischen Zusammenhängen. Eine ähnliche Vorgehensweise ist daher auch im Bereich der Konstruktion und Fertigung von vergleichbaren Freiformflächen-Teilen oder der Digitalisierung von Modellen mit anschließendem Kopierfräsen durchführbar.

Will man diese Vorgehensweise aber so verallgemeinern, daß sie auf ein beliebiges Werkstückspektrum mit differierenden Fertigungsverfahren anwendbar wird, eine Forderung, die in Zukunft immer stärker in den Vordergrund treten wird, so läßt sich ausblickend folgender Schluß ziehen:

10.5   Einsatz von Expertensystemen zur Qualitätssicherung

Ein bereichsübergreifender Qualitätsregelkreis für beliebige Werkstücke bei unterschiedlichen Fertigungsverfahren wird bei der Sollwert-Vorgabe auf untergeordnete Schwierigkeiten stoßen. Problematisch ist jedoch die Rückführung der analysierten Meßergebnisse anzusehen, da geeignete Korrekturstrategien für allgemeine Fertigungsabläufe noch fehlen. Die Ursachen für diesen Mangel liegen hauptsächlich in der Komplexität der Fertigungsverfahren und Produktionsabläufe.

Hochautomatiserte Prüfmittel, wie Koordinatenmeßgeräte oder Meßroboter und Vielstellenmeßgeräte, lassen die Anzahl der verfügbaren Informationen stark anwachsen. Aufgabe der Experten aus allen Produktionsbereichen ist es nun, auf der Basis dieser Informationen Schlußfolgerungen zu ziehen und Strategien abzuleiten, um die Fehlerursachen am Ort der Entstehung optimal beseitigen zu können. Gezielte Korrekturstrategien müssen mit der Kenntnis dieser Zusammenhänge und den Informationen des diagnostizierten Istzustandes erarbeitet und durchgeführt werden.

Mit dieser Zielsetzung wurden in jüngster Zeit Expertensysteme entwickelt, um auf der Basis von Wissensdatenbanken menschliche Entscheidungsprozesse in ihren Regeln systematisieren zu können. Durch die direkte Rückführung des Istzustandes aus der Prüfdatenanalyse in Form von fertigungs- und merkmalsspezifischen Statistiken stehen diese Informationen direkt für Entscheidungsprozesse zur Verfügung. Die statistische Sicherheit wächst mit zunehmender Informationsübermittlung immer mehr an. Somit entsteht eine aktuelle Wissensgrundlage auf der Basis von Informationen über die Konstruktion, die Produktionsabläufe, die Fertigungsverfahren und -techniken sowie die Maßnahmen der Qualitätssicherung.

Diese Wissensbasis unterstützt den menschlichen Experten zusammen mit den gespeicherten Entscheidungsregeln des Expertensystems bei der Fehlerdiagnose. Es werden die Fähigkeiten dieses Systems genutzt, Hypothesen über mögliche Schwachstellen und Fehlerursachen aufzustellen, abstellende Maßnahmen zu entwickeln und Prognosen über deren Wirksamkeit abzugeben. Durch den Einsatz dieser noch relativ neuen Technik sollte es möglich werden, in einem datentechnisch und logisch geschlossenen Qualitätsregelkreis zwischen Konstruktion, Fertigung und Qualitätssicherung die Qualität der gefertigten Produkte auf einem hohen Niveau zu stabilisieren und möglicherweise weiter zu verbessern.

Literaturverzeichnis

[1] **Warnecke, H.-J.; Dutschke, W.**: *Fertigungsmeßtechnik - Handbuch für Industrie und Wissenschaft.* Springer-Verlag, Berlin, Heidelberg, New York, London, Paris, Tokyo, 1984

[2] **Kirstein, H.**: *Vergleich unterschiedlich automatisierter Meßmaschinen beim Einsatz zur Erstmusterprüfung.* Qualität und Zuverlässigkeit 26 (1981) 12

[3] **Koerth, D.**: *Rationalisierung der Qualitätsprüfung durch Automatisierung von Planungs- und Auswertetätigkeiten beim Einsatz von Universalmeßmaschinen.* Dissertation RWTH Aachen, 1977

[4] **Dietsch, M.**: *Wirtschaftlicher Vergleich von Mehr-Koordinatenmeßgeräten mit konventionellen Prüfmitteln.* IPA Stuttgart, Fachtagung KMM 77, Vortrag 10, Stuttgart

[5] **Pfeifer, T.; Wollersheim, H.-R.**: *Messung der Zylinderformabweichung durch Abtastung der Mantellinie entlang einer Schraubenlinie.* Forschungsbericht des Landes Nordrhein-Westfalen, Westdeutscher Verlag, 1981

[6] **Wollersheim, H.-R.**: *Theorie und Lösung ausgewählter Probleme der Form- und Lageprüfung auf Koordinatenmeßgeräten.* Dissertation, RWTH Aachen, 1984

[7] **Krumholz, H.-J.**: *Optimierte Istgeometrie-Berechnung in der Koordinatenmeßtechnik.* Dissertation, RWTH Aachen, 1986

[8] **DIN 7184**: *Form- und Lagetoleranzen.* Beuth Verlag, Berlin und Köln

[9] **Pfeifer, T.; u.a.**: *Einsatzschwerpunkt der Drei-Koordinatenmeßtechnik.* Industrie-Anzeiger 100 (1978) 70, S. 36-42

[10] **Braun, D.**: *Anwendungserfahrung mit Mehr-Koordinaten-Meßmaschinen.* Qualität und Zuverlässigkeit 26 (1981) 12

[11] **Herzog, K.**: *Mehr-Koordinaten-Meßtechnik, Hardware, Software, Einsatzgebiete.* Zeiss-Informationen 25 (1980) 91, S. 52-63

[12] **Baule, W.; Ertl, F.**: *Drei-Koordinaten-Meßmaschinen.* Werkstatt und Betrieb 108 (1975) 11, S. 713-735

[13] **VDI/VDE 2617, Blatt 1**: *Genauigkeit von Koordinatenmeßgeräten - Kenngrößen und deren Prüfung. Grundlagen.* Beuth Verlag, Berlin und Köln, 1986

[14] **VDI/VDE 2617, Blatt 2.1**: *Genauigkeit von Koordinatenmeßgeräten - Kenngrößen und deren Prüfung. Meßaufgabenspezifische Meßunsicherheit, Längenmeßunsicherheit.* Beuth Verlag, Berlin und Köln, 1986

[15] **VDI/VDE 2617, Blatt 3**: *Genauigkeit von Koordinatenmeßgeräten - Kenngrößen und deren Prüfung. Komponenten der Meßabweichung des Gerätes.* Beuth Verlag, Berlin und Köln, 1989

[16] **VDI/VDE 2617, Blatt 4**: *Genauigkeit von Koordinatenmeßgeräten - Kenngrößen und deren Prüfung. Drehtische auf Koordinatenmeßgeräten.* Beuth Verlag, Berlin und Köln, 1989

[17] **VDI/VDE 2617, Blatt 5**: *Genauigkeit von Koordinatenmeßgeräten - Kenngrößen und deren Prüfung. Überwachung durch Prüfkörper.* Beuth Verlag, Berlin und Köln, 1991

[18] **Bebie, W.; Huser, P.; Wirtz, A.**: *Können Sie sich eine Drei-Koordinaten-Meßmaschine ohne Rechner leisten?* Technische Rundschau Nr. 6, 1975

[19] **Holler, R.**: *Rechnersimulation der Kinematik und Drei-Koordinaten-Messung der Flankengeometrie von Schneckengetrieben und Kegelrädern.* Dissertation RWTH Aachen, 1976

[20] **Schöling, H.**: *Optimierung der Off-Line-Programmierung von CNC-Mehrkoordinaten-Meßgeräten.* Dissertation, RWTH Aachen, 1982

[21] **Pfeifer, T.; Fürst, A.**: *Vorteile und Voraussetzung für eine direkte Vermessung der Werkstückgeometrie auf NC-Werkzeugmaschinen.* Deutsche Übersetzung eines Vortrags zum IFAC-Symposium in Tokyo, Oktober 1977

[22] **Neumann, H.-J. (Hrsg.):** *CNC-Koordinatenmeßtechnik.* Kontakt und Studium, Band 172, Expert Verlag, 1988, S. 1-35

[23] **Knapp, W.; Rüegg, A.:** *Software-Geometriekorrektur an Werkzeugmaschinen und Koordinatenmeßgeräten.* Technische Rundschau, Heft 39, 1987, S. 70-75

[24] **DIN/ISO 5459:** *Technische Zeichnungen, Form- und Lagetolerierung.* Beuth Verlag, Berlin und Köln, 1982

[25] **DIN 32880:** *Koordinatenmeßtechnik. Geometrische Grundlagen – Begriffe.* Entwurf der DIN 32880, Teil 1, 1987

[26] **Bronstein, I.N.; Semendjajew, K.A.:** *Taschenbuch der Mathematik.* Verlag Harri Deutsch, Thun und Frankfurt/Main, 1989

[27] **Löbnitz, D.:** *Untersuchung zur Form- und Lageprüfung mit Hilfe von Mehrkoordinatenmeßgeräten.* Dissertation, RWTH Aachen, 1980

[28] **Wolf, H.:** *Ausgleichsrechnung I – Formeln zur praktischen Anwendung.* Dümmler-Verlag, Bonn, 1975

[29] **Wollersheim, H.-R.:** *Theorie und Lösung ausgewählter Probleme der Form- und Lageprüfung auf Koordinatenmeßgeräten.* Dissertation, RWTH Aachen, 1984

[30] **Porta, C.; Wäldele, F.:** *Testing of Three Coordinate Measuring Machine Evaluation Algorithms.* Commission of the European Communities, Report EUR 10909 EN, 1986, BCR Information Applied Metrology - Reference Materials

[31] **Drieschner, R.:** *Test von Software für Koordinatenmeßgeräte mit Hilfe simulierter Daten.* VDI-Bericht 751 (1989), S. 351-366

[32] **N.N.:** *Verschiedene Produktbeschreibungen.* Leitz Meßtechnik GmbH

[33] **Breyer, K.-H.:** *Neue Sensoren erweitern die Einsatzmöglichkeiten für Koordinatenmeßgeräte.* VDI-Bericht 751 (1989), S. 245-259

[34] **Ahlers, R.-J.; Rauh, W.:** *Optoelektronische Koordinatenmeßgeräte und ihre Einbindung in Qualitätssicherungssysteme.* VDI-Bericht 836 (1990), S. 99-111

[35] **Molitor, M.:** *Berührungslose optoelektronische Meßautomaten für die Geometrieerfassung an Werkstücken.* Dissertation, RWTH Aachen, 1988

[36] **Broermann, E.:** *Optische Meßverfahren zur Geometrieerfassung an Fräs- und Bohrwerkzeugen.* Dissertation, RWTH Aachen, 1989

[37] **Mordhorst, H.-J.; Weckenmann, A.:** *Einfluß der Antaststrategie auf Meßergebnisse und deren Unsicherheit beim Messen auf Koordinatenmeßgeräten.* Qualität und Zuverlässigkeit 35 (1990) 1, S. 25-30

[38] **Trapet, E.; Wäldele, F.:** *Koordinatenmeßgeräte in der Fertigung - Temperatureinflüsse und erreichbare Meßunsicherheit.* VDI-Bericht 751 (1989), S. 209-227

[39] **Neumann, H.-J.:** *Maschinenferne Teileprogrammierung im Zeiss Universalprogramm UMESS.* VDI-Bericht 378, 1980

[40] **N.N.:** *Leitz QUINDOS Betriebssystem für dimensionelles Messen.* Firmenschrift Leitz

[41] **Wollersheim,   H.-R.:**   *Problemorientierte   Programmiersprache N.C.M.E.S. mit Anwendungsbeispielen.* VDI-Bericht 378, 1980

[42] **Wollersheim, H.-R.:** *Graphisch unterstützte NC-Programmierung von Meßgeräten mit dem Technologiebaustein N.C.M.E.S.* Industrieanzeiger 35/36 (107) 1985

[43] **Ulfsby, S.:** *Tornado User's Guide.* Report: Sentralinstitutt for Industriell Forskning

[44] **Blume, P.; Fischer, W.E.:** *CAD-Berichte, Datenbanksysteme für CAD-Anwendung.* Forschungsbericht der Philips GmbH, Forschungslaboratorium Hamburg, Kernforschungszentrum Karlsruhe, August 1978

[45] **N.N.:** *Produktbeschreibung EXAPT CAD-System CADEX.* EXAPT, Peterstraße 17, D-5100 Aachen

[46] **Weissflog, U.:** *Produkt-Daten-Austausch; IGES und seine Alternativen.* VDI-Bericht 570.5, 1985, S. 147-160

[47] **N.N.:** *Initial Graphics Exchange Specification (IGES), Version 2.0.* U.S. Department of comerce, National Bureau of Standards, Washington DC 20234, USA, 2/1983

[48] **DIN 66301:** *Rechnergestütztes Programmieren. Format zum Austausch geometrischer Informationen.* Beuth Verlag, Berlin und Köln, 1986

[49] **N.N.**: *Dimensional Measuring Interface Specification (Version 2.1)*. CAM-I Computer Aided Manufacturing - International, Inc., 611 Ryan Plaza Drive Suite 1107, Arlington, Texas 76011 (USA), 1989

[50] **Storr, A.; Grossmann, B.; Ohnheiser, R.**: *Integration von NC-Mehrkoordinatenmeßgeräten in flexiblen Fertigungssystemen. Erschienen in: Fortschritte durch digitale Meß- und Automatisierungstechnik.* Herausgeber: Syrbe, M.; Thoma, M., Berlin, Heidelberg, New York, Tokio: Springer, 1983

[51] **Hesper, H.-J.**: *Handbuch der Fertigungsmeßtechnik.* Abschnitt 7.2.3 „Anwendungen"

[52] **Bambach, M. u.a.**: *Zur Genauigkeit von Mehrkoordinaten-Meßgeräten und deren Überprüfung.* VDI-Z 122 (1980) 13, S. 535-548

[53] **Herzog, K.**: *Mehrkoordinatenmeßtechnik, Hardware – Software – Einsatzgebiete.* Sonderdruck aus Zeiss Information Nr. 91, S. 62-63

[54] **Wirtz, A.**: *Fachtagung „Erfahrungsaustausch Drei-Koordinaten-Meßgeräte 77" Vortrag Nr. 17.* 8. Arbeitstagung des IPA Stuttgart, 1977

[55] **Lotze, W.**: *Vortrag zum IV. Oberflächenkolloquium.* Manuskript Techn. Hochschule Dresden, Februar 1976

[56] **Breyer, E.; Kukulies, S.**: *Prüfdatenverarbeitung in der Kleinserienfertigung.* Industrie-Anzeiger 100 (1979)

[57] **Hesper, H.-J.**: *Überwachung von Drei-Koordinaten-Meßgeräten mit Kugeln als Prüfkörper.* Vortragsmanuskript zur Fachtagung "Kalibrierung von Koordinaten-Meßgeräten" vom 8. und 9. Juni 1982 bei der PTB in Braunschweig

[58] **VDI/VDE/DGQ 2619**: *Prüfplanung.* Beuth Verlag, Berlin und Köln

[59] **Breyer K.-H., Pressel H.-G.**: *Auf dem Weg zum thermisch stabilen Koordinatenmeßgerät.* QZ 37 (1992) Heft 1

[60] **Bambach, M.; Fürst, A.; Pfeifer, T.**: *Ermittlung der Meßunsicherheit von 3-D-Tastsystemen.* Technisches Messen tm 1979 Heft 4, S. 161-169

[61] **Neumann, H.-J.**: *Erhöhung der Effektivität von Koordinatenmeßgeräten durch Drehtische und Tasterwechseleinrichtungen.* Qualität und Zuverlässigkeit 31 (1986) 7, S. 281-285

[62] **Koch, K.-P.; Peter, R.; Weisig, S.**: *Koordinatenmessung mit einem Lasertriangulationstaster.* Feinwerktechnik & Meßtechnik F & M 95 (1988), Heft 6

[63] **Neumann, H.-J.**: *Der Einfluß der Meßunsicherheit auf die Toleranzausnutzung in der Fertigung.* QZ 30 (1985), Heft 5, S. 145-149

[64] **Neumann, H.-J.**: *Koordinatenmeßtechnik in die Fertigung integrieren.* Qualität und Zuverlässigkeit 35 (1990) 10, S. 577-580

[65] **Breyer, K.-H.**: *Wann nutzt die rechnerische Korrektur dem Anwender von Koordinatenmeßgeräten.* Firmenschrift Carl Zeiss, 60-12-013

[66] **Neumann, H.-J.**: *Genauigkeitskenngrößen für Drehtische auf Koordinatenmeßgeräten.* Qualität und Zuverlässigkeit 33 (1988) 10, S. 523-528

[67] **Neumann, H.-J.**: *Koordinatenmeßtechnik - Technologie und Anwendung.* Bibliothek der Technik, Bd. 41. Verlag Moderne Industrie, Landsberg/Lech, 1990

[68] **VDI/DGQ 3441**: *Statistische Prüfung der Arbeits- und Positionsgenauigkeit von Werkzeugmaschinen.* Beuth Verlag, Berlin und Köln, 1977

[69] **VDI/VDE 2861, Blatt 1**: *Montage- und Handhabungstechnik, Kenngrößen für Handhabungsgeräte, Achsbezeichnungen.* Beuth Verlag, Berlin und Köln, Entwurf 1991

[70] **VDI/VDE 2861, Blatt 2**: *Montage- und Handhabungstechnik, Kenngrößen für Industrieroboter, einsatzspezifische Kenngrößen.* Beuth Verlag, Berlin und Köln, Entwurf 1991

[71] **VDI/VDE 2861, Blatt 3**: *Montage- und Handhabungstechnik, Kenngrößen für Industrieroboter, Prüfung der Kenngrößen.* Beuth Verlag, Berlin und Köln, Entwurf 1991

[72] **DIN 66216**: *Koordinatenachsen und Bewegungsrichtungen für numerisch gesteuerte Arbeitsmaschinen.* Beuth Verlag, Berlin und Köln

[73] **Schüßler, H.-H.**: *Periodische Überwachung von Koordinatenmeßgeräten mittels kalibrierter Prüfkörper.* Technisches Messen 57 (1990) 3, S. 103-113

[74] **Neumann, H.-J.**: *Überwachen von Koordinatenmeßgeräten mit einem Prüfkörper.* Qualität und Zuverlässigkeit, 34 (1989) 4, S. 182-188

[75] **Rausch, R.; Schäfer, A.**: *Einsatz von Koordinatenmeßgeräten in Entwicklung und Versuch.* VDI-Bericht 751 (1989), S. 261-277

[76] **Reles, T.**: *Rechnergestützte Auswahl von Prüfmerkmalen im Rahmen der Prüfplanung für die mechanische Fertigung.* Dissertation, RWTH Aachen, 1985

[77] **Pfeifer, T.; Beuck, W.**: *Qualität durch Fehleranalyse verbessern.* Industrie-Anzeiger 40 (1989), S. 23-26

[78] **Beuck, W.**: *Fehlerursachen in flexiblen Fertigungssystemen.* Erschienen in: *Qualitätssicherung in flexiblen Fertigungssystemen (QS in FFS).* FQS-Schrift Nr. 95-02, Forschungsgemeinschaft Qualitätssicherung e.V. (FQS), Frankfurt/Main, 1991, S. 17-28

Abbildungsverzeichnis

Tabellenverzeichnis

Stichwortverzeichnis